浙江省高职院校"十四五"重点立项建设教材

高等职业教育系列教材

任务式编写 | 岗课赛证融通 | 借助仿真创设情境

# PLC技术及工程应用
## （FX$_{3U}$）

主　编 | 梅晓妍
副主编 | 徐　晶　夏冰冰　吴起飞
参　编 | 王基力　李　洋　纪　峰　陈　兴

本书以工程应用为引导，在任务实施过程中介绍理论知识并训练读者的实践技能，系统阐述 PLC 的工作原理、结构功能和指令系统，讲解梯形图和 SFC 编程方法，实现 PLC 的规划设计、编程调试等整个工程应用过程，设计多种系列练习方法以提升读者的工程应用能力。本书有 5 个模块，分别为走进 PLC、基本指令的应用、功能指令的应用、顺序功能图的应用和 PLC 综合应用，包含"可编程控制系统设计师"四级证书的考试内容。本书在内容编排上做到了知识的系统性与工程应用相结合，实现书证融通。

本书可作为职业院校、职业本科院校电气自动化、机电一体化、电子信息及其他相关专业的教材，也可以作为工程技术人员继续教育的参考用书或 PLC 的培训教材。

本书配套电子资源包括微课视频、仿真视频、电子课件、习题解答、源程序和参考资料等，需要的教师可登录 www.cmpedu.com 免费注册，审核通过后下载，或联系编辑索取（微信：13261377872，电话：010-88379739）。

图书在版编目（CIP）数据

PLC 技术及工程应用：FX3U／梅晓妍主编． -- 北京：机械工业出版社，2025.4． --（高等职业教育系列教材）． -- ISBN 978-7-111-77897-4

Ⅰ．TM571.61

中国国家版本馆 CIP 数据核字第 2025Z1A881 号

机械工业出版社（北京市百万庄大街 22 号　邮政编码 100037）
策划编辑：李文轶　　　　　责任编辑：李文轶　赵小花
责任校对：张昕妍　陈　越　责任印制：常天培
河北虎彩印刷有限公司印刷
2025 年 7 月第 1 版第 1 次印刷
184mm×260mm・14.25 印张・371 千字
标准书号：ISBN 978-7-111-77897-4
定价：69.00 元

电话服务　　　　　　　　　网络服务
客服电话：010-88361066　　机　工　官　网：www.cmpbook.com
　　　　　010-88379833　　机　工　官　博：weibo.com/cmp1952
　　　　　010-68326294　　金　书　网：www.golden-book.com
封底无防伪标均为盗版　　　机工教育服务网：www.cmpedu.com

# 前言 Preface

党的二十大报告提出，"坚持把发展经济的着力点放在实体经济上，推进新型工业化，加快建设制造强国、质量强国、航天强国、交通强国、网络强国、数字中国。实施产业基础再造工程和重大技术装备攻关工程，支持专精特新企业发展，推动制造业高端化、智能化、绿色化发展。"在这一战略背景下，PLC 技术作为工业自动化和智能制造的关键支撑技术，发挥着至关重要的作用。

目前，PLC 技术已成为职业院校装备制造大类与电子信息大类等专业不可或缺的核心教学内容。为了积极响应当前职业教育改革创新的号召，并致力于培养出与社会经济发展相契合的高素质技能型人才，本书坚持"产教融合、校企合作"的原则，以宁波舟山港集团宁波梅东集装箱码头有限公司和海天集团的 PLC 工程项目为载体，与企业工程技术人员合作编写。

本书具有以下特点。

1) 对标职业资格证书，实现知识技能互融互通。

为满足机电类学生从事 PLC 技术员岗位的知识技能需求，把企业现场 PLC 控制的典型工作任务序化为本书中的任务，本书基于三菱公司仿真软件 FXTRN 及校企合作自研 PLC 实训设备设计典型工作任务，创设情境。借助仿真软件良好的交互性及自研 PLC 实训设备提供的典型综合实训环境，将抽象理论知识的学习转化为真实可见的"实例化"体验。

在此基础上，本书把成熟的教材任务与基本理论有机结合，把"可编程序控制系统设计师"（国家职业资格四级）证书中应知应会内容有机融入本书的基本理论与技能训练任务中，实现书证融通。

2) 内容易读好懂，资源方便好用。

本书内容既尊重学科规律，又符合学生认知规律。从学生学习角度出发，本书在可读性上做了 3 点探索：一是模块 2~模块 4 每节均采用任务引入的方式引出相关学习内容，通过介绍具体任务的实施过程，帮助学生轻松掌握晦涩难懂的指令和 SFC 编程语言；二是对于仿真软件中有一定难度的编程练习，提供了相应的仿真视频和编程指导微课，微课中重点讲解编程思路，扫描二维码即可观看；三是针对应用技能为主的"PLC 综合应用"模块，重点分析了 PLC 任务的具体实施步骤，以帮助读者形成系统的知识体系，提高解决实际问题的能力。

本书落实立德树人的根本任务，将 5 个"素养小栏目"附于每一模块中，具体为"责任担当、爱国如家：PLC 编程学习者的核心价值观""科学规范、求真务实：PLC 编程的基石""学以致用、服务社会：PLC 编程的实践与贡献""知行合一、德技并修：PLC 编程中的工匠精神与职业素养""推陈出新、团结协作：PLC 综合应用中的创新与协作"。同时，本书将二十大精神融入实践应用任务中，更好地培养学生的综合素质和社会责任感，为他们的全面发展提供有力支撑。

本书由梅晓妍担任主编并负责统稿，徐晶、夏冰冰、吴起飞担任副主编，王基力、李洋、纪峰和陈兴参与编写。具体分工如下：梅晓妍编写模块1、2、3，其中王基力与李洋共同编写模块2~3的项目应用部分，即编程、调试及程序图绘制；模块4由徐晶、夏冰冰共同编写；模块5中的案例部分由来自企业的全国五一劳动奖章获得者吴起飞提供并撰写，程序图绘制部分由纪峰完成并编写。本书的PLC技术要点解析及行业标准部分由企业专家陈兴编写。

在本书的编写过程中，编者参考了一些经典本科教材和优秀高职高专教材，同时得到了许多老师的支持，在此一并表示感谢！

由于编者水平有限，对于书中不妥之处，恳请读者批评指正。

编　者

# 目录 Contents

前言
**模块1　走进 PLC** ……………… *1*
  1.1　PLC 应用实例 ……………… *1*
    复习与提高 ……………… *4*
  1.2　认识 PLC ……………… *4*
    1.2.1　PLC 的历史 ……………… *4*
    1.2.2　PLC 的定义 ……………… *6*
    1.2.3　PLC 的特点 ……………… *6*
    1.2.4　PLC 的应用 ……………… *8*
    1.2.5　PLC 的基本组成 ……………… *8*
    1.2.6　PLC 的工作原理 ……………… *11*
    1.2.7　PLC 的主要性能指标 ……………… *13*
    1.2.8　PLC 型号含义 ……………… *14*
    1.2.9　PLC 的分类 ……………… *15*
    复习与提高 ……………… *18*
  1.3　学习软件简介 ……………… *19*
    1.3.1　仿真软件 ……………… *20*
    1.3.2　编程软件 ……………… *22*
    复习与提高 ……………… *23*
  素养小栏目 ……………… *23*

**模块2　基本指令的应用** ……………… *25*
  2.1　电动机的起停控制——输入继电器
    与输出继电器 ……………… *25*
    2.1.1　电动机的点动控制 ……………… *25*
    2.1.2　电动机的连续运行控制 ……………… *31*
    2.1.3　实践应用：信号灯的点动控制 ……………… *34*
    2.1.4　实践应用：信号灯的启停控制 ……………… *38*
    复习与提高 ……………… *41*
  2.2　电动机的正反转控制——置位与
    复位指令 ……………… *42*
    2.2.1　电动机的正反转控制
      （双重互锁）……………… *42*
    2.2.2　四路抢答器的控制 ……………… *49*
    2.2.3　实践应用：多路抢答器的控制 ……………… *56*
    复习与提高 ……………… *59*
  2.3　信号灯的时序控制——定时器和
    辅助继电器 ……………… *60*
    2.3.1　三盏信号灯的时序控制 ……………… *61*
    2.3.2　信号灯的闪烁控制 ……………… *66*
    2.3.3　信号灯的停电保持控制 ……………… *71*
    2.3.4　实践应用：多盏信号灯的时序
      控制 ……………… *72*
    复习与提高 ……………… *74*
  2.4　产品生产的计数控制——
    计数器 ……………… *74*
    2.4.1　工件的计数控制 ……………… *75*
    2.4.2　实践应用：汽车转向灯的 PLC
      控制 ……………… *81*
    复习与提高 ……………… *84*
  2.5　自动门的开合控制——脉冲式触点
    与脉冲输出指令 ……………… *85*
    2.5.1　脉冲式触点指令控制自动门的
      开合 ……………… *85*
    2.5.2　脉冲输出指令控制自动门的
      开合 ……………… *88*
    2.5.3　实践应用：电动机的综合运行
      控制 ……………… *95*
  复习与提高 ……………… *104*
  素养小栏目 ……………… *105*

**模块3　功能指令的应用** ……………… *106*
  3.1　抢答器的主控控制——主控触点
    指令（MC/MCR）……………… *106*
    3.1.1　主控触点指令说明 ……………… *106*
    3.1.2　主控触点指令应用 ……………… *108*
    复习与提高 ……………… *110*
  3.2　数码管的显示控制——传送

　　　　指令（MOV） ………………… 111
　　　3.2.1　传送指令说明 ……………… 111
　　　3.2.2　传送指令应用 ……………… 118
　复习与提高 ………………………………… 121
　3.3　运料车的往返控制——比较
　　　　指令（CMP） ………………… 122
　　　3.3.1　比较指令说明 ……………… 122
　　　3.3.2　比较指令应用 ……………… 125
　复习与提高 ………………………………… 126
　3.4　交通灯的交替控制——区间
　　　　比较指令（ZCP） ……………… 127
　　　3.4.1　区间比较指令说明 ………… 127
　　　3.4.2　区间比较指令应用 ………… 129
　　　3.4.3　知识拓展：触点比较指令 … 129
　复习与提高 ………………………………… 132
　3.5　抢答器的跳转控制——条件
　　　　跳转指令（CJ） ………………… 133
　　　3.5.1　条件跳转指令说明 ………… 133
　　　3.5.2　条件跳转指令应用 ………… 135
　复习与提高 ………………………………… 136
　3.6　电动机的择一控制——子程序
　　　　调用指令（CALL-SRET） …… 137
　　　3.6.1　子程序调用指令说明 ……… 137
　　　3.6.2　子程序调用指令应用 ……… 139
　复习与提高 ………………………………… 140
　3.7　四则运算器的设计——加减
　　　　乘除指令 ………………………… 141
　　　3.7.1　加减乘除指令说明 ………… 141
　　　3.7.2　加减乘除指令应用 ………… 149
　　　3.7.3　知识拓展：加1指令INC …… 150
　　　3.7.4　知识拓展：减1指令DEC …… 152
　复习与提高 ………………………………… 154
　3.8　计件包装系统控制——BCD码
　　　　变换指令（BCD）/七段译码
　　　　指令（SEGD） ………………… 155
　　　3.8.1　BCD码变换指令说明 ……… 155
　　　3.8.2　七段译码指令说明 ………… 157
　　　3.8.3　BCD码变换指令/七段译码指令

　　　　应用 ……………………………… 158
　复习与提高 ………………………………… 159
　3.9　霓虹灯的闪烁控制——循环
　　　　指令（ROL/ROR） …………… 160
　　　3.9.1　左循环指令说明 …………… 160
　　　3.9.2　右循环指令说明 …………… 162
　　　3.9.3　循环指令应用 ……………… 163
　复习与提高 ………………………………… 165
　素养小栏目 ………………………………… 165
**模块4　顺序功能图的应用** ……………… 166
　4.1　广告灯的控制——单流
　　　　程SFC …………………………… 166
　　　4.1.1　两盏广告灯的控制 ………… 166
　　　4.1.2　四盏广告灯的控制 ………… 176
　复习与提高 ………………………………… 178
　4.2　多路抢答器的控制——选择
　　　　分支SFC ………………………… 179
　　　4.2.1　两路抢答器的控制 ………… 179
　　　4.2.2　四路抢答器的控制 ………… 182
　复习与提高 ………………………………… 184
　4.3　十字路口交通灯的控制——并行
　　　　分支SFC ………………………… 184
　　　4.3.1　十字路口红绿交通灯的控制 … 185
　　　4.3.2　十字路口红黄绿交通灯的
　　　　　　控制 ………………………… 187
　复习与提高 ………………………………… 190
　素养小栏目 ………………………………… 191
**模块5　PLC综合应用** …………………… 192
　5.1　自动门控制系统设计与装调 …… 192
　复习与提高 ………………………………… 201
　5.2　双轴运料单元控制系统设计与
　　　　装调 ……………………………… 201
　复习与提高 ………………………………… 213
　5.3　电动机正反转控制系统设计与
　　　　装调 ……………………………… 213
　复习与提高 ………………………………… 219
　素养小栏目 ………………………………… 220
**参考文献** ………………………………………… 222

# 模块 1 走进PLC

PLC 是在继电器控制技术、计算机技术和现代通信技术的基础上逐步发展起来的一种新型工业控制设备。随着其自身技术的不断发展与提高，PLC 已成为实现工业生产自动化的支柱产品。因此，作为一名即将步入工作岗位的准职业人，必须掌握 PLC 技术及其应用，以适应未来职业发展的需要。

本模块从常见的 PLC 应用控制系统入手，主要介绍 PLC 的历史、定义、特点、应用、基本组成、工作原理等内容，以期帮助读者掌握 PLC 的入门知识。在此基础上，本模块选取日本三菱公司 $FX_{3U}$ 系列 PLC 作为学习对象，对其外观面布置及各部分的功能进行说明，并分析 PLC 型号含义及其主要性能指标。

## 1.1　PLC 应用实例

［学习目标］
- 了解 PLC 的基本应用。

［重点与难点］
- PLC 在自动化控制系统中的核心作用。

［素养目标］
- 具有问题分析与解决能力：分析 PLC 在不同应用场景下的简单工作原理和控制逻辑。
- 培养职业责任感和使命感：树立正确的职业观念，遵守工程伦理规范，确保技术的应用符合社会发展的需要和人民的利益。

［课前准备］
- 上网查阅资料：PLC 技术作为工业自动化和智能制造的关键支撑技术，发挥着哪些至关重要的作用？

1.1　PLC 应用实例

**1. 口罩自动化生产线的 PLC 控制**

口罩自动化生产线是一种高效、连续的生产系统，如图 1-1-1 所示，主要用于制造各种口罩，如医用口罩、防护口罩等。这条生产线通过集成先进的机械、电气和自动化技术，实现了从原材料到成品的全自动化生产过程。

**2. 组装数码相机机器人的 PLC 控制**

组装数码相机的机器人需要具备高精度、高灵活性、自动化和高效化、高可靠性和稳定性、完善的视觉识别系统、可编程性好等特点，这些特点共同保证了机器人能够准确、高效地完成数码相机的组装任务,如图 1-1-2 所示。

图 1-1-1　口罩自动化生产线

**3. 巧克力涂层冰棒生产线的 PLC 控制**

巧克力涂层冰棒生产线如图 1-1-3 所示,它是一种专门用于生产巧克力涂层冰棒的自动化生产线,其核心控制设备是可编程控制器(PLC)。

图 1-1-2　机器人组装数码相机　　　　图 1-1-3　巧克力涂层冰棒生产线

**4. 机床加工的 PLC 控制**

自动化车间机床精密加工是一种高效、高精度、高质量、高柔性的加工方式,如图 1-1-4 所示。它是在高度自动化的车间环境中,利用高精度的机床设备对原材料进行精密加工的过程。这种加工方式通常用于制造高精度、高质量、高复杂度的零部件和产品,如航空航天器件、精密模具、高精度轴承等。

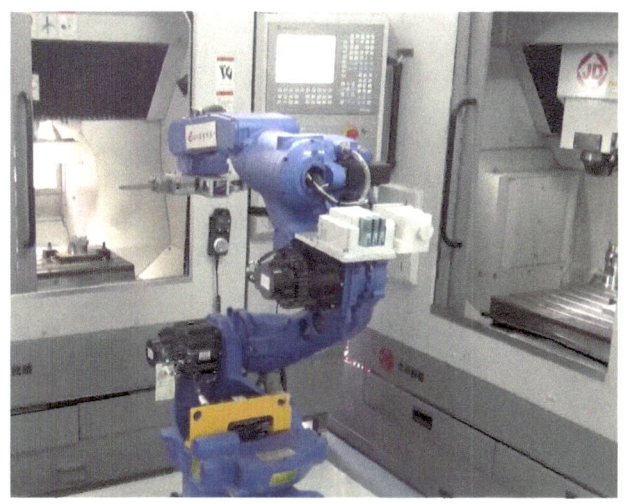

图 1-1-4　自动化车间机床精密加工

**5. 汽车机器人生产线的 PLC 控制**

汽车机器人生产线如图 1-1-5 所示，它是汽车制造中使用机器人进行自动化生产的过程。这种生产线通常结合了先进的机器人技术、自动化设备和智能化管理系统，以提高生产效率和产品质量。

图 1-1-5　汽车机器人生产线

在汽车机器人生产线中，机器人负责执行各种复杂的生产任务，如焊接、冲压、涂装等。这些机器人通常具备高精度和高灵活性，能够在不同的生产环境下实现高效、准确的生产操作。同时，生产线还配备了先进的传感器和控制系统，可以对生产过程中的各环节进行精确控制，从而确保产品质量的稳定性和一致性。

**6. 医院自动化药品输送带的 PLC 控制**

医院自动化药品输送带如图 1-1-6 所示，它是医院药品管理和分发系统中的重要组成部分。它主要用于将药品从药房或药品存储区自动输送到各个科室或病房，以确保药品能够及时、准确地送达患者手中。

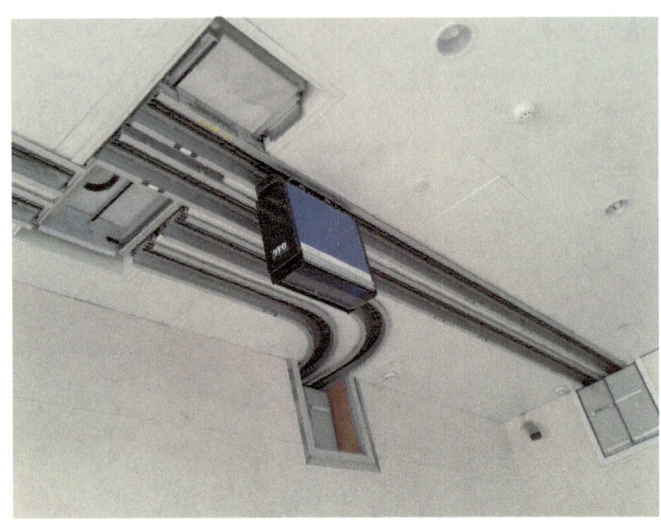

图 1-1-6　医院自动化药品输送带

医院自动化药品输送带通常与医院的信息化管理系统相结合，通过计算机控制或自动化设备实现药品的自动识别和输送。这种系统能够大幅提高药品分发的效率和准确性，减少人为错误和漏发药品的风险。

 **复习与提高**

**综合题**

拍摄记录身边常见的智能控制系统，并搜集调查其是否以 PLC 为控制核心。

## 1.2　认识 PLC

[学习目标]
- 了解 PLC 的产生、发展、特点、性能指标和应用。
- 掌握 PLC 的结构、原理、型号含义和分类。

1.2　认识 PLC

[重点与难点]
- PLC 的定义、PLC 的工作原理及 PLC 的应用。

[素养目标]
- 具有信息获取与处理能力：学会使用网络、图书等资源获取 PLC 及相关技术的最新信息。

[课前准备]
- 上网查阅资料：了解什么是 PLC、PLC 的发展历史及应用场合等。

### 1.2.1　PLC 的历史

PLC 的历史如图 1-2-1 所示。20 世纪 60 年代初，美国汽车制造业竞争激烈，产品更新的周期越来越短，对生产流水线的自动控制系统更新也越来越频繁。而原来的继电器控制经常需要重新设计和安装，很不方便。美国通用汽车公司为了适应生产工艺不断更新的需求，提出了一种设想：把计算机的功能完善、通用灵活等优点和继电器控制系统的简单易懂、操作方便、价格低廉等优点结合起来，制造出一种新型的工业控制装置。美国通用汽车公司于1968年6月发布了新型电气控制装置的10条招标要求和PLC的概念。

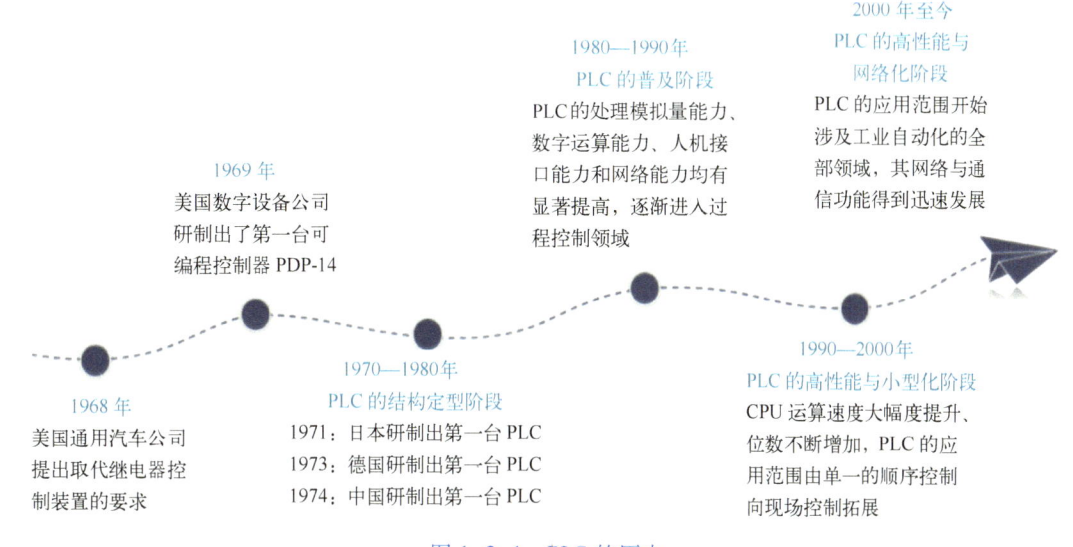

图1-2-1 PLC的历史

美国数字设备公司（DEC）根据这一招标要求，于1969年成功研制了世界上第一台可编程控制器PDP-14，并在汽车自动装配线上成功使用，这标志着PLC第一次进入人们的视野。紧接着，世界其他各国也相继成功研制PLC。1971年，日本从美国引进这项技术并研制出日本第一台PLC（DCS-8）；1973年，德国西门子公司研制出欧洲第一台PLC；我国于1974年研制出PLC，于1977年开始工业应用。

从1969年第一台PLC问世至今，它的发展大致可以分为以下几个阶段：

1970—1980年：PLC的结构定型阶段。在这一阶段，由于PLC刚诞生，各种类型的顺序控制器不断出现，但迅速被淘汰。最终以微处理器为核心的现有PLC获得了市场的认可，并得以迅速发展推广。PLC的原理、结构、软件、硬件趋向统一与成熟。PLC的应用领域由最初的小范围、有选择使用，逐步向机床、生产线扩展。

1980—1990年：PLC的普及阶段。这是PLC发展最快的时期，年增长率一直保持为30%~40%。在这一阶段，PLC的应用范围开始向顺序控制的全部领域扩展，且各PLC生产厂家产品的品种开始系列化，PLC的处理模拟量能力、数字运算能力、人机接口能力和网络能力得到大幅度提高，PLC逐渐进入过程控制领域，在某些应用上取代了过程控制领域处于统治地位的DCS系统。

1990—2000年：PLC的高性能与小型化阶段。在这一阶段，随着微电子技术的进步，PLC的功能日益增强，PLC的CPU运算速度大幅度上升、位数不断增加，使得适用于各种特殊控制的功能模块不断被开发，PLC的应用范围向现场控制拓展。此外，PLC的体积大幅度缩小，出现了各类微型化PLC。

2000年至今：PLC的高性能与网络化阶段。在本阶段，为了适应信息技术的发展与市场自动化的需要，PLC的各种功能不断改进。一方面，在继续提高PLC的CPU运算速度、位数的同时，开发人员开发出了适用于过程控制、运动控制的特殊功能模块，使PLC的应用范围开始涉及工业自动化的全部领域。另一方面，PLC的网络与通信功能得到迅速发展，PLC不仅可以连接传统的编程与输入/输出设备，还可以通过各种总线构成网络，为工厂自动化奠定了基础。

### 1.2.2 PLC的定义

从可编程逻辑控制器发展历史可知，可编程控制器的功能不断变化，其名称演变经历了如下过程：早期产品名称为Programmable Logic Controller（可编程逻辑控制器），简称PLC，如图1-2-2所示，它替代了传统的继电接触控制系统；随着微处理器技术的发展，可编程控制器的功能也不断增加，因而可编程逻辑控制器（PLC）不能描述其多功能的特点；1980年，美

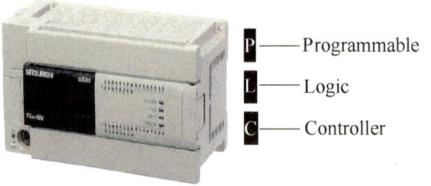

图1-2-2 可编程逻辑控制器（PLC）

国电气制造商协会（NEMA）给它定义了一个新的名称Programmable Controller，简称PC；1982年，国际电工委员会（IEC）专门为可编程控制器下了严格定义。然而PC这一简写名称在国内早已成为个人计算机（Personal Computer）的代名词，为了避免造成名词术语混乱，国内仍沿用早期的简写名称PLC表示可编程控制器，但此PLC并不意味只具有逻辑功能。可编程控制器一直在发展中，因此直到目前，还未能对其下最后的定义。

美国电气制造商协会（NEMA）在1980年给可编程控制器下了定义。国际电工委员会（IEC）曾于1982年11月公布了可编程控制器标准草案第一稿，1985年1月又公布了第二稿，1987年2月公布了第三稿。草案中对可编程控制器的定义是：可编程控制器是一种数字运算操作的电子系统，专为在工业环境下应用而设计。它采用了可编程序的存储器，用来在其内部存储执行逻辑运算、顺序控制、定时、计数、算术操作等面向用户的指令，并通过数字式或模拟式的输入/输出控制各种类型的机械或生产过程。可编程控制器及其有关外围设备，都按"易于工业系统联成一个整体，易于扩充其功能"的原则设计。

此定义强调了可编程控制器是"数字运算操作的电子系统"，即它也是一种计算机。它是"专为在工业环境下应用而设计"的计算机。这种工业计算机采用"面向用户的指令"，因此编程方便。它能完成逻辑运算、顺序控制、定时、计数和算术操作，还具有"数字量或模拟量的输入/输出控制"的能力，并且非常容易与工业控制系统联成一体，易于扩充。

此定义还强调了可编程控制器直接应用于工业环境，它必须具有很强的抗干扰能力、广泛的适应能力和应用范围。这也是它区别于一般微机控制系统的一个重要特征。应该强调的是，可编程控制器与以往所讲的机械式的顺序控制器在"可编程"方面有质的区别。这种区别主要体现在以下两方面。①PLC引入了微处理机及半导体存储器等新一代电子器件，这些器件的引入使得PLC在功能上有了质的飞跃。②通过使用规定的指令进行编程，PLC能够灵活地修改程序。这种用软件方式实现的"可编程"目的，使得PLC在适应不同工业控制需求时，比传统的机械式顺序控制器更加灵活和方便。

### 1.2.3 PLC的特点

PLC是专为工业环境应用而设计制造的微型计算机，它并不针对某一具体工业应用，而是有着广泛的通用性。PLC之所以被广泛使用，是因为它拥有突出的特点以及优越的性能。归纳起来，PLC主要具有以下特点。

### 1. 可靠性高、抗干扰能力强

为了更好地适应工业环境中高粉尘、高噪声、强电磁干扰、温度变化剧烈等特殊情况，PLC 在设计制造过程中对硬件采用屏蔽、滤波、电源调整与保护、隔离、模块式结构等一系列抗干扰措施，对软件采用故障检测、信息保护与恢复、设置警戒时钟、加强对程序的检查和校验、对程序及动态数据进行电池后备等多种抗干扰措施。PLC 的出厂试验项目中，有一项就是抗干扰试验。它要求 PLC 能承受幅值为 1000 V、上升时间为 1 ns、脉冲宽度为 1 μs 的干扰脉冲。

同时，PLC 用软件代替大量的中间继电器和时间继电器，仅保留与输入和输出有关的少量硬件，接线可以减少到继电器控制系统的 1%~10%，进而使因触点接触不良造成的故障大为减少。

一般，PLC 的平均故障间隔时间可达几十万小时。

### 2. 编程简单、使用方便

PLC 是一种面向现场应用的新型的工业自动化控制设备，所以它一直采用大多数电气技术人员所熟悉的梯形图语言。梯形图语言延续使用继电器控制的许多符号和规定，形象直观、易学易懂。电气工程师和具有一定电工基础的技术人员都可以在短期内学会，使用起来得心应手。这是 PLC 与计算机控制系统之间的一个较大的区别。

同时，PLC 除了可以和计算机控制系统一样进行远程通信控制，也可以根据现场情况，利用便携式编程器，在生产现场边调试边修改程序，以适应生产需要。

### 3. 功能强、通用性好

现代 PLC 运用了计算机、电子技术和集成工艺的最新技术，在硬件和软件两方面不断发展，使其具备很强的信息处理能力和输出控制能力。适应各种控制需要的智能 I/O 功能模块不断涌现。PLC 与 PLC、PLC 与上位机的通信与联网功能不断提高，使现代 PLC 不仅具有逻辑运算、定时、计数等功能，而且还能完成 A/D 转换、D/A 转换、数字运算和数据处理以及通信联网、生产过程监控等操作。因此，它既可对开关量进行控制，又可对模拟量进行控制；既可控制一台单机、一条生产线，又可控制一个机群、多条生产线；既可现场控制，又可远距离控制；既可控制简单系统，又可控制复杂系统。其控制规模和应用领域不断扩大。

由于可编程序具有多样化的编程语言，并以软件取代硬件控制，因此 PLC 成为工业控制中应用非常广泛的一种通用标准化系列控制器。同一台 PLC 可适用于不同控制对象的不同控制要求。同一档次不同机型的功能也能方便地相互转换。

### 4. 安装简单、调试维护方便

PLC 用软件代替了继电器控制系统中的大量硬件，使得控制柜的设计、安装、接线工作量大大减少。同时，PLC 有较强的带载能力，可以直接驱动一般的电磁阀和中小型交流接触器，使用起来极为方便，它通过接线端子可直接连接外部设备。

PLC 软件设计和调试可以在实验室进行，而且现场统调过程中发现的问题可通过修改程序来解决。因为 PLC 本身的可靠性高，又具有完善的自我诊断能力，所以一旦发生故障，就可以根据报警信息，快速查明故障原因。如果是 PLC 自身故障，则可以通过更换模块来排除故障。

### 5. 体积小、重量轻、能耗低

由于 PLC 采用了半导体集成电路，因此具有结构紧凑、体积小、重量轻的特点，易于装入机械设备内部，组成机电一体化的设备。同时，PLC 一般采用低压供电，硬件耗电少，与传统的继电器相比，其能耗更低。

综上所述，PLC 的优越性能使其在工业上得到迅速普及。目前，PLC 在建筑、电力、交通、商业等众多领域也得到了广泛的应用。

## 1.2.4 PLC 的应用

**1. 开关量的逻辑控制**

这是 PLC 最基本、最广泛的应用领域，它取代了传统的继电器-接触器控制系统，实现了逻辑控制、顺序控制，可用于单机控制、多机群控制、自动化生产线的控制等，如注塑机、印刷机、组合机床、包装生产线等。

**2. 模拟量的过程控制**

PLC 通过模拟量 I/O 模块，实现模拟量（温度、压力、流量等）与数字量之间的转换，并对模拟量进行比例-积分-微分（Proportional-Integral-Derivative，PID）闭环控制。现代的大中型 PLC 一般都有 PID 闭环控制功能，这一功能可用 PID 子程序完成，也可以用专用的 PID 控制模块来实现。

**3. 运动控制**

大多数的 PLC 制造商目前都提供步进或伺服电动机的单轴或多轴位置控制模块。这一功能可广泛应用于各种机械装置，如金属切削机床、金属成形机床、装配机械、机器人、电梯等。

**4. 数据处理**

现代的 PLC 具有数字运算（包括矩阵运算、函数计算、逻辑运算）、数据传递、转换、排序、查表、位操作等功能，也能完成数据的采集、分析和处理。这些数据也可通过通信接口传送到其他智能装置（如计算机数值控制设备）进行处理。

**5. 通信联网多级控制**

PLC 间的通信包括 PLC 与 PLC、PLC 与上位机、PLC 与其他智能设备（如变频器、触摸屏等）间的通信。PLC 系统与计算机可直接或通过通信处理单元、通信转换单元相连构成网络，以实现信息的转换，并可构成"集中管理、分散控制"的多级分散式控制系统，满足工厂自动化系统发展的需要。

## 1.2.5 PLC 的基本组成

可编程控制器实质上是一种工业计算机，只不过它比一般的计算机具有更强的与工业过程相连接的接口和更直接的适应于控制要求的编程语言。它由硬件系统和软件系统两大部分组成，不同厂家有不同的硬件系统和软件系统。

硬件系统的基本结构一般由电源、中央处理器、存储器、输入/输出单元、外设通信接口等主要部件组成，如图 1-2-3 所示。

下面按"能够使 PLC 正常工作的操作流程"简述 PLC 的内部组成。

1）首先应给其电源模块接通电源。

电源模块：一般外接 220 V 电源，并通过其内部的开关稳压电源转换成直流 5 V 和直流 24 V 等直流电源。其中，直流 5 V 电源用于对 CPU 供电，直流 24 V 电源用于对 I/O 模块、外部传感器供电。

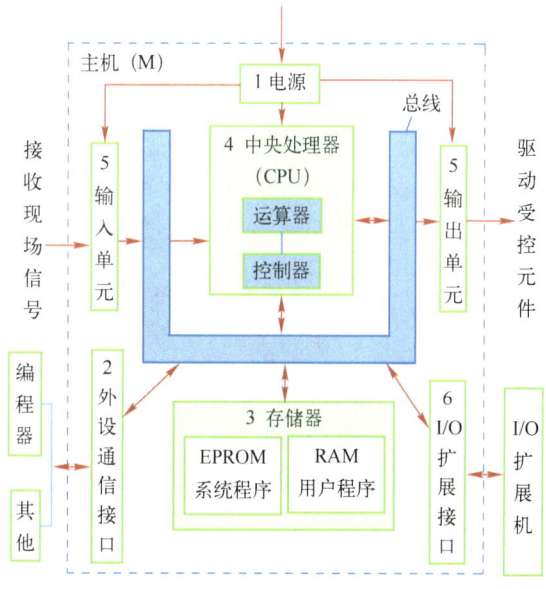

图 1-2-3　PLC 硬件系统基本结构

2）将个人计算机或编程器与外设通信接口连接，为下载用户程序做好准备。

外设通信接口：专门用于连接其他外部设备，如个人计算机、编程器、打印机、图形监控系统等。其中，通过与个人计算机或编程器的连接可实现用户程序的编写、编辑、调试和监视，还可以调用和显示 PLC 内部器件的状态和系统参数。

3）将用户程序下载至 PLC 内部存储器中的用户程序存储器中。

存储器：PLC 配有"系统与用户"两种不同类型的程序存储器。

① 系统存储器（ROM）。该存储器用来存储 PLC 生产厂家编写的各种系统程序，相当于个人计算机中的操作系统。所谓系统程序，是指控制和完成 PLC 各种功能的程序，如控制器的监视程序、基本指令和功能指令翻译程序、系统诊断程序、通信管理程序等，它在很大程度上决定了该种 PLC 的性能与质量，用户无法更改或调用。

② 用户程序存储器（RAM）。该存储器用来存放用户程序和用户程序执行过程中生成的用户数据。所谓用户程序，是指使用者根据工程现场的生产过程和工艺要求编写的控制程序，可由用户根据控制需要读、写、修改或增删。用户程序存储器是 PLC 的一项重要技术指标，其容量一般以"步"为单位（16 位二进制数为 1"步"，或称为"字"）。

4）中央处理器顺次读取并执行用户程序存储器中的每一条指令。

中央处理器：又称 CPU 模块，是 PLC 的核心，其作用类似于人的大脑。它按 PLC 系统程序规定的功能，指挥 PLC 有条不紊地进行工作。

其主要任务如下：

① 接收、存储由编程工具输入的用户程序和数据，并通过显示器显示出程序的内容和存储地址。

② 检查、校验用户程序。对正在输入的用户程序进行检查，发现语法错误立即报警，并停止输入；在程序运行过程中若发现错误，则立即报警或停止程序的执行。

③ 接收、调用现场信息。将接收到的现场输入的数据保存起来，在需要该数据的时候将其调出，并送到需要该数据的地方。

④ 执行用户程序。当可编程控制器进入运行状态时，CPU 根据用户程序存放的先后顺序，逐条读取、解释和执行程序，完成用户程序中规定的各种操作，并将程序执行的结果送至输出端口，以驱动可编程控制器的外部负载。

⑤ 故障诊断。诊断电源、可编程控制器内部电路的故障，根据故障或错误的类型，通过显示器显示出相应的信息，以提示用户及时排除故障或纠正错误。

5) 在程序执行过程中，需调用的各种外部信号都通过输入单元进入 PLC；而程序执行结果又通过输出单元送到控制现场实现外部控制。

输入/输出单元（I/O 单元）：这是 PLC 与输入/输出设备之间信息传送的接口。PLC 所处理的信号只能是标准电平，但 PLC 的控制对象是工业生产过程，实际生产过程中的信号电平多种多样，这就需要相应的 I/O 单元来进行信号电平的转换。

6) 当系统输入/输出点数不够时，还可通过 I/O 扩展接口进行扩展。

I/O 扩展接口：用来扩展输入/输出或特殊功能模块，以便用户根据控制要求灵活组合系统，以构成符合要求的系统配置。

扩展模块的输入信息通过 I/O 扩展接口进入 PLC 主机总线，由 CPU 进行处理；程序执行后，相关输出也是经总线、I/O 扩展接口和扩展模块的输出通道实现对外部设备的控制。

软件系统分为系统程序和用户程序两类。

1) 系统程序由 PLC 制造厂商设计编写，并存入 PLC 的系统存储器中，用户不能直接读写与更改。系统程序相当于 PLC 的操作系统，其主要功能是时序管理、存储空间分配、系统自检、用户程序编译等。

2) 用户程序是用户根据控制要求，按系统程序允许的编程规则，用厂家提供的编程语言编写的程序。

FX$_{3U}$ 系列 PLC 的面板由 3 部分组成，即外部接线端子（图 1-2-5 中②和⑥）、指示部分（图 1-2-4 中③、④和⑥）和接口部分（图 1-2-4 中⑤和⑪），其面板图和端子图分别如图 1-2-4、图 1-2-5 所示。

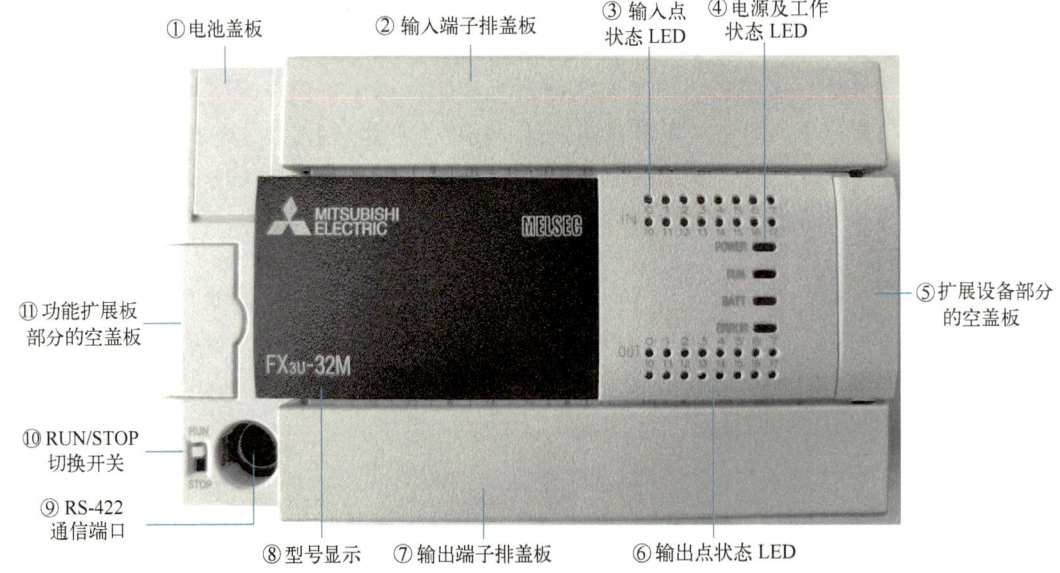

图 1-2-4　FX$_{3U}$ 系列 PLC 面板图

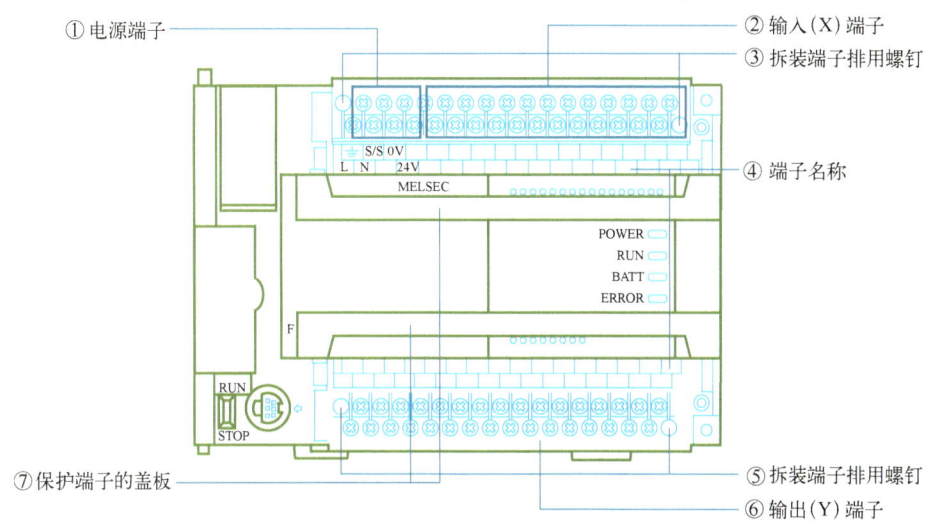

图 1-2-5　FX₃ᵤ系列 PLC 端子图

FX₃ᵤ系列 PLC 各部分的组成及功能如下。

① 外部接线端子。外部接线端子包括电源端子中的 PLC 电源（L、N）、输入用直流电源（24 V、0 V）、输入（X）端子、输出（Y）端子和机器接地（⏚）等。它们位于机器两侧可拆卸的端子板上，每个端子均有对应的编号，主要用于电源、输入信号和输出信号的连接。

② 指示部分。指示部分包括机器电源指示（POWER）、机器运行状态指示（RUN）、用户程序存储器后备电池指示（BATT）、程序错误或 CPU 错误指示（ERROR）等，用于反映输入/输出点的状态，即机器运行状态（见表 1-2-1）。

表 1-2-1　运行状态指示

| 运行状态指示灯 | LED 名称 | 显示颜色 | 内　　容 |
|---|---|---|---|
| POWER ◯ RUN ◯ BATT ◯ ERROR ◯ | POWER | 绿色 | 通电状态下灯亮 |
| | RUN | 绿色 | 运行中灯亮 |
| | BATT | 红色 | 电池电压降低时灯亮 |
| | ERROR | 红色 | 程序错误时闪烁 |
| | | 红色 | CPU 错误时灯亮 |

③ 接口部分。接口部分主要包括连接外围设备接口、扩展设备接口、特殊适配器接口等。它的作用是完成基本单元同编程设备、外部扩展单元、特殊功能模块等扩展设备的连接。

## 1.2.6　PLC 的工作原理

### 1. PLC 的工作方式

PLC 在硬件的支持下，通过执行反映控制要求的用户程序实现对系统的控制。为此，PLC 采用循环扫描的工作方式。PLC 循环扫描的工作过程如图 1-2-6 所示，包括 5 个阶段：内部处理、通信服务、输入采样、程序执行和输出刷新。

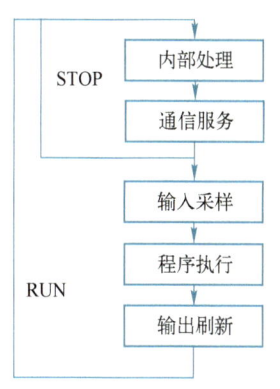

图 1-2-6　PLC 循环扫描的工作过程

PLC 有运行（RUN）和停止（STOP）两种工作模式。图 1-2-4 所示为型号为 $FX_{3U}$-32M 的三菱 PLC，其 RUN 与 STOP 两种工作模式的切换开关位于 PLC 左下方。

（1）STOP 工作模式

在 STOP 工作模式下 PLC 只进行内部处理和通信服务。内部处理包括内部初始化处理、清除 I/O 映像区中的内容；接着做自诊断，检测存储器、CPU 及 I/O 部件状态，确认其是否正常。通信服务包括完成各外设（编程器、打印机等）的通信连接、检测是否有中断请求，如果有则进行相应的中断处理。在 STOP 工作模式下可对 PLC 进行联机或离线编程，这是 PLC 的公共处理部分。

（2）RUN 工作模式

PLC 在完成内部处理和通信服务两个阶段操作后，还要进行输入采样、程序执行及输出刷新，这是 PLC 的用户程序扫描部分，可用图 1-2-7 进行表示。

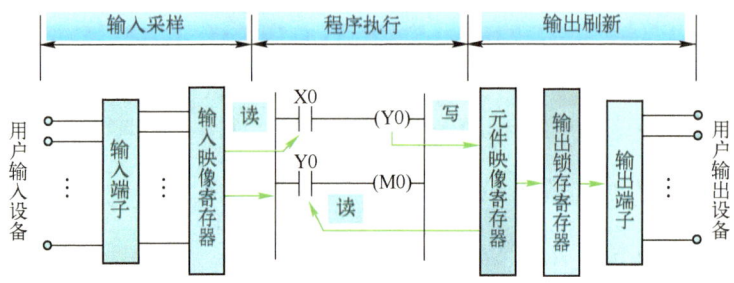

图 1-2-7　PLC 用户程序扫描示意图

1）输入采样阶段。PLC 在输入采样阶段，首先扫描所有输入端子，并将各输入状态存入内存中对应的输入映像寄存器中，此时输入映像寄存器被刷新。接着进入程序执行阶段。在程序执行阶段和输出刷新阶段，输入映像寄存器与外界隔离，无论输入信号如何变化，其内容都保持不变，直到下一个扫描周期的输入采样阶段，才重新写入输入端的新内容，这种方式称为集中采样。

根据不同的控制要求，输入采样有多种方式，上述采样方式适用于小型 PLC，其 I/O 点数较少，用户程序较短。一次集中输入、集中输出方式虽然在一定程度上降低了系统的响应速度，但从根本上提高了系统的抗干扰能力，增强了系统的可靠性。而大、中型 PLC 的 I/O 点数相对较多，用户程序较长，为提高系统响应速度而采用定期输入采样、直接输入采样、中断输入采样及智能 I/O 接口模块等多种采样方式，以提高运行速度。

2）程序执行阶段。根据 PLC 梯形图程序扫描原则，PLC 按先左后右、先上后下的顺序逐条扫描。当指令中涉及输入、输出状态时，PLC 就从输入映像寄存器读入上一阶段采入的对应输入端子状态，从元件映像寄存器读入对应元件（软继电器）的当前状态。然后进行相应的运算，运算结果再存入元件映像寄存器中。对元件映像寄存器来说，每一个元件（软继电器）的状态都会随着程序执行过程而变化。

3）输出刷新阶段。在所有指令执行完毕后，元件映像寄存器中所有输出继电器的状态转存到输出锁存寄存器中，通过一定方式输出，驱动外部负载。

**2. PLC 的扫描周期**

扫描周期（T）是 PLC 在运行工作状态中全过程扫描一次所需的时间。一个完整的扫描周期可由自诊断时间、通信时间、扫描 I/O 时间和扫描用户程序时间相加得到，其典型值为 1～

100 ms。FX₃U 系列 PLC 允许的程序会在 D8012 中存放当前程序的最大扫描周期。

## 1.2.7 PLC 的主要性能指标

### 1. 输入/输出点数

输入/输出点数是指可编程控制器组成控制系统时所能接入的输入/输出信号的最大数量，即可编程控制器外部输入/输出端子数。它表示可编程控制器组成控制系统时可能的最大规模。通常，在总点数中，输入点数大于输出点数，且输入点与输出点不能相互替代。

### 2. 扫描速度

扫描速度一般用执行 1000 步指令所需的时间来衡量，单位为 ms/千步；也可用执行一步指令所需的时间来衡量，单位为 μs/步。

### 3. 存储器容量

可编程控制器的存储器包括系统程序存储器、用户程序存储器和数据存储器 3 部分。可编程控制器产品中可供用户使用的是用户程序存储器和数据存储器。

可编程控制器中的程序指令是按"步"存放的，一"步"占用一个地址单元，一个地址单元一般占用两个字节。如存储容量为 1000 步的可编程控制器，其存储容量为 2 KB。

### 4. 编程语言

PLC 编程语言多种多样。不同生产厂家、不同系列的 PLC 产品，其采用的编程语言的表达方式也各不相同，但基本上可归纳为两种类型：一是采用字符表达方式的编程语言，如指令表等；二是采用图形符号表达方式的编程语言，如梯形图等。

1994 年 5 月，IEC 公布了 PLC 常用的 5 种编程语言：梯形图、指令表、顺序功能图、功能块图及结构文本，如图 1-2-8 所示。其中，使用最多的编程语言是梯形图、指令表和顺序功能图。

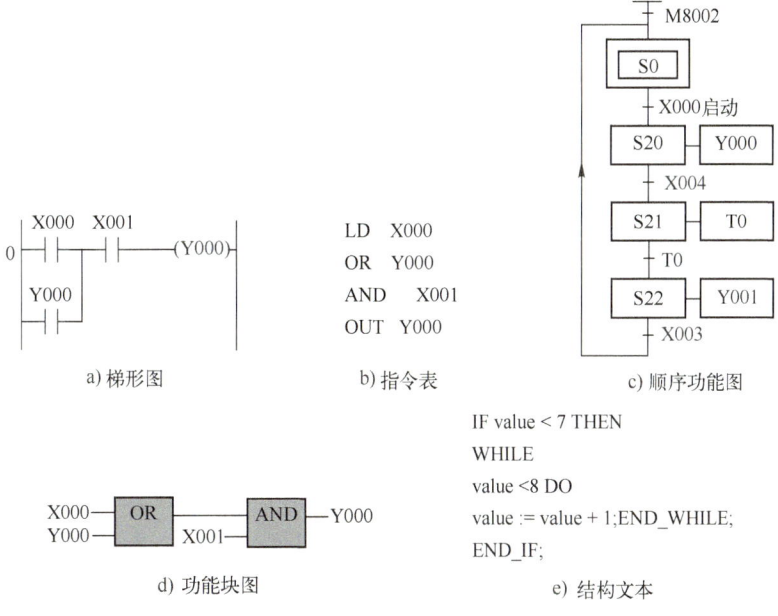

图 1-2-8 PLC 常用的编程语言

(1) 梯形图

梯形图是使用得最多的 PLC 图形编程语言。梯形图与继电器控制系统的电路图很相似，直观易懂，很容易被工厂熟悉继电器控制的电气人员掌握，特别适合于开关量逻辑控制。图 1-2-8a、b、d 给出了用来表示同一逻辑关系的 3 种编程语言。

梯形图由触点、线圈、应用指令等组成。触点代表逻辑输入条件，如外部的开关、按钮、内部条件等。线圈通常代表逻辑输出结果，用来控制外部的指示灯、交流接触器、内部的输出标志位等。

(2) 指令表

PLC 的指令是一种与计算机汇编语言中的指令相似的助记符表达式，由指令组成的程序称为指令表程序。指令表程序较难阅读，其中的逻辑关系很难一眼看出，设计开关量控制程序时一般用梯形图编程语言。GX Developer 支持指令表语言，GX Works2 不支持该语言。

(3) 顺序功能图

顺序功能图是一种位于其他 4 种编程语言之上的图形语言，用来编制顺序控制程序，模块 4 中将进行详细的介绍。它提供了一种组织程序的图形方法，用来描述开关量控制系统的功能，GX Works2 提供了顺序功能图语言。对于没有顺序功能图语言的 PLC，也可以用顺序功能图来描述开关量控制系统的功能，根据它可以很容易地设计出顺序控制梯形图程序。

(4) 功能块图

功能块图是一种类似于数字逻辑电路的编程语言，有数字电路基础的人很容易掌握。该编程语言用类似与门、或门的方框来表示逻辑运算关系，方框的左侧为逻辑运算的输入变量，右侧为输出变量，方框被"导线"连接在一起，信号自左向右流动。国内很少有人使用功能块图语言。

(5) 结构文本

结构文本是具有与 C 语言相似的语法构造、文本形式的程序语言。与梯形图相比，它能实现复杂的数学运算，编写的程序非常简洁和紧凑。

**5. 指令功能**

可编程控制器的指令种类越多，其软件的功能就越强，使用这些指令完成一定的控制目标就越容易。

此外，可编程控制器的可扩展性、使用条件、可靠性、易操作性、经济性等性能指标也是用户在选择可编程控制器时须注意的指标。

## 1.2.8 PLC 型号含义

$FX_{3U}$ 系列 PLC 采用整体式结构，它是日本三菱公司生产的小型系列产品，其命名规则如图 1-2-9 所示。

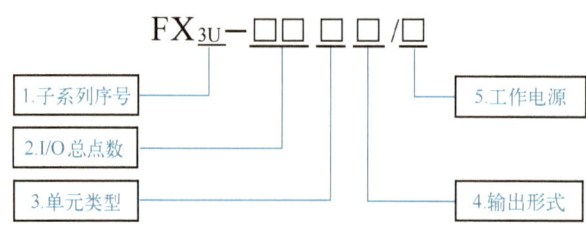

图 1-2-9 $FX_{3U}$ 系列 PLC 命名规则

**1. 子系列序号**

子系列序号有 1S、1N、1NC、2N、2NC、3S、3U、3UC、5U 等。其中若有"C",则为紧凑型产品,输入/输出为连接器型;若无"C",则为普通型产品,输入/输出为端子排型。

**2. I/O 总点数**

I/O 总点数即输入/输出总点数,其中 3U 系列 I/O 总点数合计为 8~128。

**3. 单元类型**

单元类型主要有以下几类:M 为基本单元,E 为输入/输出混合扩展单元或扩展模块,EX 为输入专用扩展模块,EY 为输出专用扩展模块。

**4. 输出形式**

输出形式分为 3 种:R 为继电器输出,T 为晶体管输出,S 为晶闸管输出。

**5. 工作电源**

ES 为 AC 电源,继电器输出或晶体管(漏型)输出;ESS 为 AC 电源,晶体管(源型)输出;DS 为直流电源,继电器输出或晶体管(漏型)输出;DSS 为直流电源,晶体管(源型)输出。

例如,$FX_{3U}$-48MT/DS 表示这个 PLC 为 $FX_{3U}$ 系列,有 48 个 I/O 点的基本单元,晶体管(漏型)输出,使用 24 V 直流电源。

## 1.2.9 PLC 的分类

**1. 按结构形状分类**

按结构形状分类,PLC 可分为整体式 PLC 和模块式 PLC。

(1) 整体式 PLC

整体式 PLC 是将电源、CPU、I/O 等部件组合成一个不可拆卸的整体。

整体式 PLC 结构紧凑、体积小、价格低。三菱 FX 系列 PLC 就属于这一种,如图 1-2-10a 所示。此类 PLC 多用于中小型系统,可以实现 10~384 点的控制规模。

(2) 模块式 PLC

模块式 PLC 是将 PLC 的各个单独模块,如 CPU 模块、I/O 模块、电源模块等各种功能模块放置到机板或机架上。

模块式 PLC 结构配置灵活、装配方便,便于扩展与维修。三菱 Q 系列 PLC 就属于这一种,如图 1-2-10b 所示。此类 PLC 多用于点数要求比较多、功能需求比较复杂的大中型系统,可以达到 8192 点的控制规模。

a) 三菱 FX 系列 PLC    b) 三菱 Q 系列 PLC

图 1-2-10 三菱 PLC

**2. 按 I/O 点数和存储容量分类**

按 I/O 点数和存储容量分类,PLC 可分为大型 PLC、中型 PLC 和小型 PLC。

1)大型 PLC。I/O 点数在 2048 点以上、存储器容量为 8~16 KB 的为大型 PLC。其中,I/O 点数超过 8192 点的为超大型 PLC。

2)中型 PLC。I/O 点数在 256~2048 点之间、存储器容量一般为 2~8 KB 的为中型 PLC。

3)小型 PLC。I/O 点数在 256 点以下、存储器容量小于 4 KB 的为小型 PLC。

### 3. 按功能强弱分类

按功能强弱分类，PLC 可分为低档 PLC、中档 PLC 和高档 PLC。

1) 低档 PLC。低档 PLC 具有逻辑运算、定时、计数、移位以及自诊断、监控等基本功能，还可有少量模拟量输入/输出、算术运算、数据传送和比较、通信等功能。低档 PLC 主要用于逻辑控制、顺序控制或少量模拟量控制的单机控制系统。

2) 中档 PLC。中档 PLC 除具有低档 PLC 的功能外，还具有较强的模拟量输入/输出、算术运算、数据传送和比较、数制转换、远程 I/O、子程序、通信联网等功能。有些中档 PLC 还可增设中断控制、PID 控制等功能，适用于复杂控制系统。

3) 高档 PLC。高档 PLC 除具有中档 PLC 的功能外，还增加了带符号算术运算、矩阵运算、位逻辑运算、平方根运算及其他特殊功能函数的运算、制表及表格传送功能等。高档 PLC 具有更强的通信联网功能，可用于大规模过程控制或构成分布式网络控制系统，实现工厂自动化。

### 4. 按输出形式分类

按输出形式分类，PLC 可分为继电器输出、晶体管输出和晶闸管输出。$FX_{3U}$ 系列 PLC 3 种输出方式的技术指标见表 1-2-2。

**表 1-2-2　$FX_{3U}$ 系列 PLC 3 种输出方式的技术指标**

| 指标 | | 形式 | | |
|---|---|---|---|---|
| | | 继电器输出 | 晶体管输出（漏型、源型） | 晶闸管输出 |
| 外部电源 | | AC250 V、DC30 V 以下 | DC5~30 V | AC85~242 V |
| 最大负载 | 电阻负载 | 2 A/1 点<br>8 A/4 点（COM）<br>8 A/8 点（COM） | 0.5 A/1 点<br>0.8 A/4 点<br>1.6 A/8 点 | 0.3 A/1 点<br>0.8 A/4 点<br>0.8 A/8 点 |
| | 感性负载 | 80 V·A | 12 W/1 点（DC24 V）<br>19.2 W/4 点（DC24 V）<br>38.4 W/8 点（DC24 V） | 15 V·A/AC100 V<br>30 V·A/AC200 V |
| 开路漏电流 | | — | 0.1 mA/DC30 V | 1 mA/AC100 V<br>2 mA/AC200 V |
| 最小负载 | | DC5 V/2 mA | — | 0.4 VA/AC100 V<br>1.6 VA/AC200 V |
| 响应时间 | OFF→ON | 约 10 ms | 0.2 ms 以下　5 μs（Y000~Y002） | 1 ms 以下 |
| | ON→OFF | | 0.2 ms 以下　5 μs（Y000~Y002） | 10 ms 以下 |
| 回路隔离 | | 机械隔离 | 光电耦合器隔离 | 光电晶闸管隔离 |
| 输出时显示 | | LED 灯亮 | LED 灯亮 | LED 灯亮 |

(1) 继电器输出

继电器输出是最常用的一种输出方式。其优点是电压范围宽、导通压降小、价格便宜，既可控制交流负载，也可以控制直流负载；其缺点是触点寿命短、响应时间长。继电器输出电路如图 1-2-11 所示。

图 1-2-11 中，PLC 用继电器作为输出组件。当 PLC 有输出时，输出继电器线圈得电，其触点闭合，驱动外部负载工作。继电器可以将 PLC 的内部电路与外部负载电路进行电气隔离。

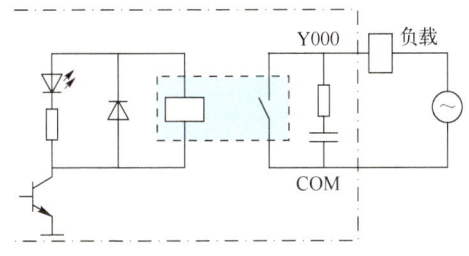

图 1-2-11　继电器输出电路

（2）晶体管输出

晶体管输出属于直流输出，只能接直流负载。其优点是寿命长、无噪声、可靠性高、响应快；缺点是价格高、过载能力差。要输出频率较高的脉冲信号时，应使用晶体管输出的 PLC。晶体管输出电路分为漏型和源型两种，如图 1-2-12 所示。

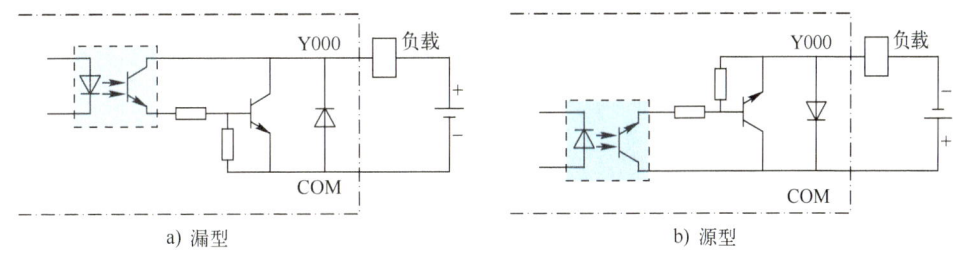

a）漏型　　　　　　　　　　　　　　　b）源型

图 1-2-12　晶体管输出电路

晶体管输出是无触点的，通过光电耦合器使晶体管截止或饱和来控制负载，并同时对 PLC 内容电路和输出电路进行光电隔离。

（3）晶闸管输出

晶闸管输出属于交流输出。其优点是寿命长、无噪声、可靠性高、可驱动交流负载；缺点是价格高、负载能力较差。晶闸管输出电路如图 1-2-13 所示。

晶闸管输出也是无触点的，通过光触发双向晶闸管，使其截止或导通来控制负载。

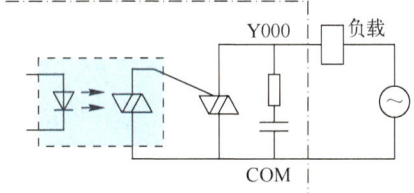

图 1-2-13　晶闸管输出电路

**5. 按产地品牌分类**

目前全球有 200 多家 PLC 厂商生产的 400 多种 PLC 产品，按产地品牌分为亚洲产、欧洲产和美国产。

世界上的 PLC 产品可按地域分成三大流派，分别是美国产品、欧洲产品和日本产品。美国和欧洲的 PLC 技术是在相互隔离的情况下独立研究开发的，因此美国和欧洲的 PLC 产品有着明显的差异性。而日本的 PLC 技术是从美国引进的，对美国的 PLC 产品有一定的继承性，但日本的主推产品定位在小型 PLC 上。美国和欧洲以大中型 PLC 而闻名，而日本则以小型 PLC 著称。

美国是 PLC 生产大国，有 100 多家 PLC 厂商，著名的有安海斯-布希（A-B）公司、通用电气（GE）公司、莫迪康（MODICON）公司、德州仪器（TI）公司、西屋公司等。其中，A-B 公司是美国最大的 PLC 制造商，其产品约占美国 PLC 市场的一半。

欧洲著名的 PLC 制造商有德国的西门子（SIEMENS）公司、德国通用电气（AEG）公司、法国的施耐德电气（TE）公司等。西门子的电子产品以性能精良而久负盛名。在中、大型 PLC 产品领域与美国的 A-B 公司齐名。

日本的小型 PLC 最具特色，在小型机领域中颇具盛名，某些用欧美的中型机或大型机才能实现的控制，用日本的小型机就可以实现。日本的小型 PLC 在开发较复杂的控制系统方面明显优于欧美的小型机，所以格外受用户欢迎。日本有许多 PLC 制造商，如三菱、欧姆龙、松下、富士、日立、东芝等。在世界小型 PLC 市场上，日本产品约占有 70% 的份额。

我国的 PLC 研制、生产和应用也发展很快，尤其在应用方面更突出。在 20 世纪 70 年代末和 80 年代初，我国引进了不少国外的 PLC 成套设备。此后，在传统设备改造和新设备设计中，PLC 的应用逐年增多，并取得显著的经济效益。我国从 20 世纪 90 年代开始生产 PLC，也拥有较多的 PLC 自主品牌。国产 PLC 中做得比较好有台达、永宏、丰炜、和利时、信捷、厦门海为等。国产厂商中，台达生产的 PLC 占领国产市场第一的地位，主要做的是小型 PLC，价格便宜，性能一般够用。北京的和利时因具有 DCS 系统的研发能力和资金优势，于 2006 年 11 月发布了公司自主研发的 LK 大型 PLC。LK 大型 PLC 通过 CE 认证，并获得了认证证书，现在和利时也已经有了其自主研发的小型 PLC。

## 复习与提高

### 一、判断题

1. PLC 不具备数据处理能力，只能进行逻辑控制。（    ）
2. 利用 PLC 最基本的逻辑运算、定时、计数等功能实现逻辑控制，可以取代传统的继电器控制。（    ）
3. 美国通用汽车公司于 1968 年提出用新型控制器代替传统继电器控制系统的要求。（    ）
4. 可编程控制器抗干扰能力强，是工业现场使用的一类计算机。（    ）
5. PLC 的价格与 I/O 点数有关，减少输入/输出点数是降低硬件费用的主要措施。（    ）
6. 用户程序存储器用来存放由 PLC 生产厂家编写好的系统程序，它关系到 PLC 的性能。（    ）
7. PLC 晶体管输出的最大优点是高频动作、响应时间短，因此适应于要求高速通断、快速响应的直流负载工作场合。（    ）

### 二、单项选择题

1. 世界上公认的第一台 PLC 是（    ）年美国数字设备公司研制的。
   A. 1958　　　　　B. 1969　　　　　C. 1974　　　　　D. 1980
2. （    ）是指对温度、压力、流量等连续变化的模拟量的闭环控制。
   A. 逻辑控制　　　B. 运动控制　　　C. 过程控制　　　D. 数据处理
3. （    ）是 PLC 最基本、最广泛的应用领域，它取代了传统的继电器-接触器控制系统。
   A. 开关量的逻辑控制　　　　　　　B. 运动控制
   C. 过程控制　　　　　　　　　　　D. 数据处理
4. 用来衡量 PLC 控制规模大小的指标是（    ）。
   A. 存储器容量　　B. 扩展性　　　　C. I/O 点数　　　D. 扫描速度

5. 下列关于 PLC 的工作方式，不正确的是（    ）。
   A. 并行工作方式
   B. 集中采样、批量输出
   C. 采用循环扫描方式
   D. 在一个扫描周期里，即使输入发生了变化，输入映像寄存器中的内容也不会变化
6. PLC 的输入/输出点有以下特点：（    ）。
   A. 可靠性不高
   B. 可靠性高，但使用不够简单方便
   C. 可靠性高，使用简单方便，但有一定的 I/O 滞后
   D. 可靠性高，使用简单方便，但只能进行数学运算
7. （    ）型号的三菱 PLC 既可以驱动直流负载，也可以驱动低频交流负载。
   A. $FX_{1S}$-20MT    B. $FX_{2N}$-24MT    C. $FX_{2N}$-80MS    D. $FX_{3U}$-16MR

### 三、填空题

1. PLC 是一种专为（    ）环境下的应用而设计的数学运算操作的电子系统。
2. （    ）式 PLC 结构配置灵活、装配方便，便于扩展与维修。
3. PLC 的（    ）程序要永久保存在 PLC 之中，用户不能改变。
4. 在扫描输入阶段，PLC 将所有输入端的状态送到（    ）保存。
5. 用来衡量 PLC 控制响应速度快慢的指标是（    ）。
6. PLC 在 RUN 工作模式时，全过程扫描一次需要的时间称为（    ）。

### 四、简答题

1. 什么是 PLC？简述 PLC 的定义。
2. 简述可编程控制器的发展阶段。
3. PLC 有哪些特点？主要应用在哪些方面？
4. 简述可编程控制器硬件系统的基本组成。
5. 整体式 PLC 和模块式 PLC 各有什么特点？

## 1.3 学习软件简介

[学习目标]
- 能熟练操作 PLC 相关学习软件，如 FXTRN 系列仿真软件、GX 编程软件。

1.3 学习软件简介

[重点与难点]
- 学习软件的使用方法。

[素养目标]
- 能规范使用学习软件；在学习和实践中注重编程规范和质量。

[课前准备]
- 根据所提供的学习软件安装包，在计算机上安装相关软件。

三菱 PLC 中主要使用的软件分为两大类。第一类是仿真软件，软件图标如图 1-3-1a 所示，分别是基本指令仿真软件和功能指令仿真软件。仿真软件可以生成一个虚拟的生产场所，用 3D 仿真图形进行显示。在虚拟区内可编写程序、控制设备，为 PLC 学习提供了一个生动的

环境。第二类是编程软件，软件图标如图 1-3-1b 所示，分别是 GX Developer 和 GX Works2，这两种软件是三菱 PLC 的编程软件，可用这些软件编写程序，并通过各种方式与 PLC 连接、传输程序，从而实现控制功能。

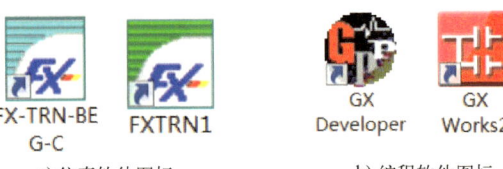

a) 仿真软件图标　　　　　b) 编程软件图标

图 1-3-1　软件图标

1.3.1 仿真软件 FXTRN 的操作

## 1.3.1　仿真软件

这里以基本指令仿真软件为例来了解仿真软件 FXTRN。图 1-3-2 是进入软件后的主画面，从低到高设计了 6 个练习级别，分别是 A、B、C、D、E、F，方便大家由浅入深地学习 PLC 编程技术。单击打开便进入编程练习状态，回到主画面有两种方式：

1.3.1 仿真软件 FXTRN 中程序的新建-保存和打开

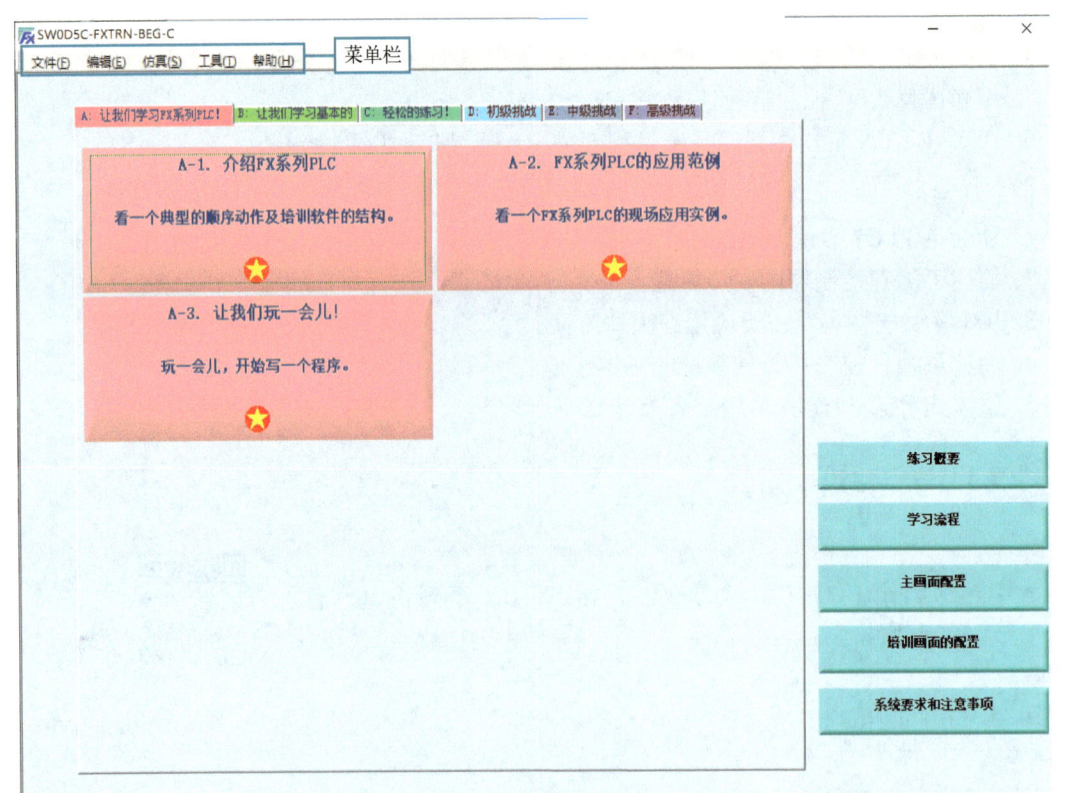

图 1-3-2　仿真软件主画面图

① 在任何一个画面中选择菜单栏"文件"中的"主画面"命令；

② 单击"远程控制"面板中的"主要"。"主画面"右侧分别是"练习概要""学习流程""主画面配置""培训画面的配置""系统要求和注意事项"5 个标签，每一个标签中的画面与主画面都可以进行切换，单击每一个标签都可以了解相应内容。

- "练习概要"介绍练习项目的类别、内容和难易程度;
- "学习流程"介绍完成一个具体练习的流程;
- "主画面配置"介绍主画面的内容以及每次操作完成之后的现象;
- "培训画面的配置"介绍培训画面的各种功能;
- "系统要求和注意事项"介绍仿真软件的安装要求及使用注意事项。

下面以 A-3 画面为例,认识画面的构成。单击主画面中的"A-3"时,可以看到图 1-3-3 所示的画面。画面包含了索引、远程控制、3D 仿真画面、工具栏、编辑区、软元件栏、输入/输出映像表、操作面板等。

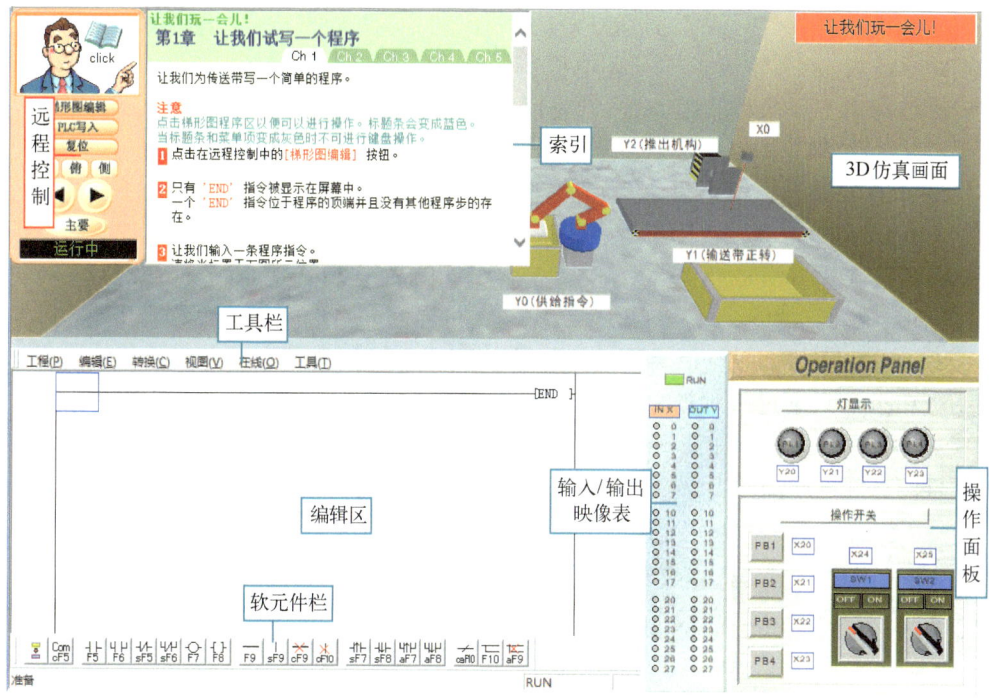

图 1-3-3　A-3 画面

1) 索引: 这里简单介绍本章的任务需求和知识点。每一章节的工作任务、系统帮助都可以在这里查阅。单击左边的辅导员可以隐藏索引选项卡而看到屏幕。

2) 远程控制: 画面左上角为远程控制界面,该界面由菜单栏中"工具"菜单的"远程控制"条控制,单击就会出现。此界面有 3 个主要按钮:

① "梯形图编辑"按钮。单击该按钮以后方可进行梯形图编辑;否则,无法进行编辑工作。

② "PLC 写入"按钮。梯形图编写好了之后,需单击此按钮,将程序导入虚拟 PLC 中,如此方能在 3D 仿真画面和操作面板中观察到现象。

③ "复位"按钮。单击该按钮可将 PLC 内部程序状态、现场环境等恢复初始化。

3) 3D 仿真画面: 这个画面会显示虚拟的现场环境。该环境会受到虚拟 PLC 控制,方便观察现象。

4) 工具栏: 综合各种工具,方便使用。

5) 编辑区: 控制程序可以在编辑区进行编写、修改等。

6）软元件栏：综合了各种编程元件，是编程中不可或缺的一部分。

7）输入/输出映像表：通过 LED 显示虚拟 PLC 的输入/输出状态。

8）操作面板：显示输入开关和输出灯。通过单击来操作开关；灯由 PLC 的输出来控制。程序编写好以后，借助操作面板控制虚拟现场环境，从而验证程序编写的正确性。

以上几个部分环环相扣，大家只有对每一部分都掌握了以后，才能熟练地使用该软件进行程序的编写和使用。

### 1.3.2 编程软件

GX Developer 和 GX Works2 都是三菱的编程软件，两者相比，后者的功能更强大。GX Works2 是三菱电机新一代 PLC 软件，具有简单工程和结构化工程两种编程方式，支持梯形图、指令表、顺序功能图（SFC）、结构文本（ST）及结构化梯形图等编程语言，可实现程序编辑，参数设定，网络设定，程序监控、调试及在线更改，智能功能模块设置等功能，适用于 Q、QnU、L、FX 等系列的可编程控制器，兼容 GX Developer 软件，支持三菱电机工控产品 iQ Platform 综合管理软件 iQ Works，具有系统标签功能，可实现 PLC 数据与人机界面、运动控制器的数据共享。

1.3.2 GX Works2 软件的界面构成

下面介绍 GX Works2 软件的界面构成。仿真软件与编程软件在本质上十分相近。只不过编程软件需与实际 PLC 相连，传输程序，因此没有虚拟现场环境、操作面板等界面。

1.3.2 编程软件 GX Works2 中新工程的创建

本软件的界面构成如图 1-3-4 所示。

1.3.2 编程软件 GX Works2 中梯形图的编辑

图 1-3-4 GX Works2 软件的界面构成

1）标题栏：位于界面最上方，标题栏中包含软件的名称、当前操作模式等。

2）菜单栏：位于标题栏下方，里面有多个下拉菜单，具有相应的功能。

3）工具栏：位于菜单栏下方，有很多图标，单击图标可以直接进入某项功能。

4）导航栏：位于界面左侧，它分为"工程""用户库"和"连接目标"3部分。在"工程"选项卡中，可以设置参数、注释软元件、查看程序、赋值软元件数值等。在"用户库"选项卡中，可以存储自行编写的功能块，便于其他"工程"编程时进行调用。在"连接目标"选项卡中，可以进行通信设置。

5）工作窗口：位于界面右侧，主要用于编程、参数设置和监视，可以用"窗口"菜单中的"水平并列"或"垂直并列"命令在工作窗口同时显示打开的两个窗口。

6）状态栏：位于界面最下方，可显示软件语言、是否用标签、选择的工程系列、程序步数、当前使用模式（改写/插入）等。

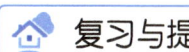 复习与提高

### 简答题

1. 仿真软件 FXTRN 具有什么功能？其常用仿真编程画面主要包含哪些内容？
2. 编程软件 GX Works2 具有什么功能？其编程界面主要包含哪些内容？

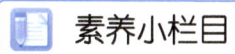 素养小栏目

### 责任担当、爱国如家：PLC 编程学习者的核心价值观

在当今这个科技飞速发展的时代，先进制造技术已成为国家竞争力的重要标志。可编程控制器（PLC）作为工业自动化的核心设备，在先进制造中发挥着举足轻重的作用。作为 PLC 编程的学习者，不仅要掌握技术知识，更要关注国家制造业的发展，培养职业责任感和使命感。

#### 1. 关注先进制造技术及其与 PLC 课程的关系

先进制造技术是指通过采用先进的工艺、设备和管理手段，实现高效、优质、低耗、清洁、灵活的制造过程。PLC 作为工业自动化的"大脑"，是实现先进制造的关键技术之一。通过 PLC 课程的学习，学习者可以掌握控制逻辑编程、数据传输与处理、设备监控与调试等核心技能，为先进制造技术的发展提供有力支撑。

#### 2. 了解知名 PLC 生产企业的情况

全球范围内有许多知名的 PLC 生产企业，如台达、西门子、罗克韦尔、三菱等。这些企业不仅拥有先进的研发实力和生产技术，而且在工业自动化领域有着广泛的应用和市场份额。关注这些企业的发展动态和技术创新，有助于了解行业趋势，拓宽视野，为未来的职业发展打下坚实基础。

#### 3. 激发爱国热情、文化自信

制造业是国家经济发展的重要支柱，也是展示国家综合实力的重要舞台。作为 PLC 编程的学习者，应该深感自豪和自信。要关注国家制造业的发展，了解国家在先进制造技术方面的战略规划和政策支持，激发爱国热情和文化自信。学习者应通过不断学习和实践，为国家的制造业发展贡献自己的力量。

#### 4. 培养责任感和使命感

作为 PLC 编程的专业人才，肩负着推动工业自动化、提高生产效率、降低能耗和污染

等重要使命。要有高度的职业/社会责任感和使命感，不断提升自己的技术水平和专业素养，树立正确的职业观念，遵守工程伦理规范，确保技术的应用符合社会发展的需要和人民的利益，成为具有担当和奉献精神的新时代人才，为国家的制造业发展和产业升级做出积极贡献。

总之，责任担当、爱国如家是 PLC 编程学习者的核心价值观。关注先进制造技术、了解知名生产企业、激发爱国热情和文化自信以及培养责任感和使命感，将成为推动国家制造业发展的关键因素，PLC 编程学习者要为实现中华民族伟大复兴的中国梦贡献自己的智慧和力量。

# 模块2 基本指令的应用

PLC 的基本指令基于继电器、定时器、计数器等软元件，用于实现各种逻辑控制、顺序控制、定时、计数等功能。基本指令是 PLC 编程中最基础、最常用的指令，是程序设计的基础。

$FX_{3U}$ 系列 PLC 的基本指令有 29 条。基本指令一般由助记符和操作元件组成。助记符是每一条基本的符号，表明操作功能；操作元件是被操作的对象。有些基本指令只有助记符，没有操作元件。

## 2.1 电动机的起停控制——输入继电器与输出继电器

[学习目标]
- 理解 PLC 的输入继电器和输出继电器。
- 会编写起停控制程序。
- 能用三菱 PLC 实现信号灯的点动及连续运行控制。

[重点与难点]
- 起停控制程序。
- PLC 控制信号灯运行的方法。
- 编程元件 X 和外部输入设备的对应关系。
- 编程元件 Y 和外部输出设备的对应关系。

[素养目标]
- 具有实践能力：能将输入/输出继电器的理论知识应用于各种负载起停实际编程和操作中。
- 具有安全用电意识，规范使用电工工具及测量仪表。

[课前准备]
- 复习 PLC 的基本结构。

### 2.1.1 电动机的点动控制

**1. 引入任务——卷帘门的点动控制**

问题1：如何让卷帘门点动上升？

方法如下：如图 2-1-1 所示，按下起动按钮，KM 线圈得电，使电动机点动运行，带动卷帘门点动上升。结合电动机点动控制电路（如图 2-1-2 所示），若用 PLC 程序代替控制电路对电动机进行控制，则可用点动控制程序进行编程，如图 2-1-3 所示。

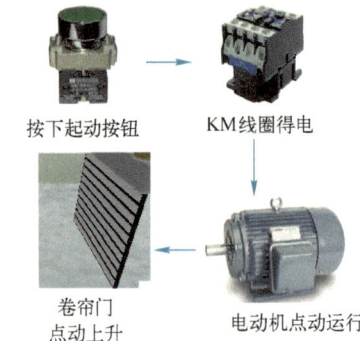

图 2-1-1　卷帘门点动上升控制方法

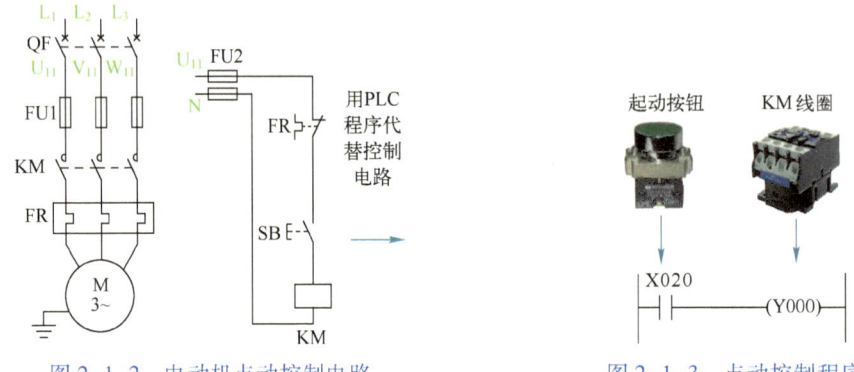

图 2-1-2　电动机点动控制电路　　　　　图 2-1-3　点动控制程序

**2. 明确任务**

在仿真软件 C1 画面中，如图 2-1-4 所示，用 PLC 控制电动机点动运行，从而使卷帘门点动上升。

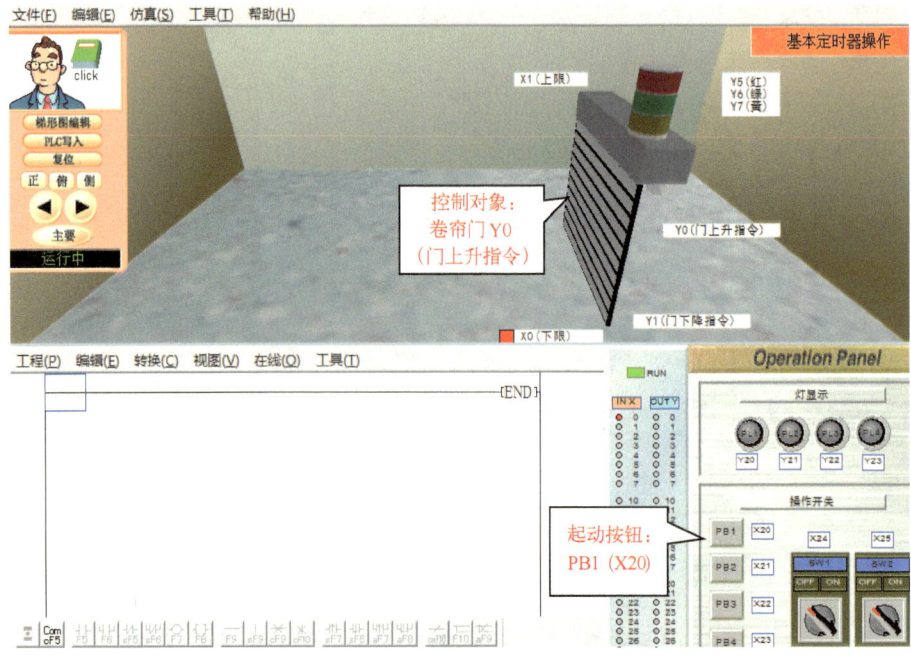

图 2-1-4　本任务的输入和输出

卷帘门的点动控制要求如下：
1）按下起动按钮，电动机点动运行，卷帘门点动上升。
2）松开起动按钮，电动机停转，卷帘门停止上升。

### 3. 实施任务

首先明确这个任务中 PLC 的输入和输出对象，如图 2-1-4 所示。输入元件是起动按钮，选取操作面板中的其中一个按钮 PB1 作为输入，它对应的输入是 X20；控制对象是卷帘门，本仿真画面中门上升指令对应的输出是 Y0，那么输出为线圈 Y0。

接下来，在 C1 画面中编写本任务的控制程序。

第 1 步：激活主画面。单击画面左上角的"梯形图编辑"按钮，使程序编辑区处于可编辑状态。

第 2 步：编写梯形图程序。首先在下方的软元件栏中选择输入元件，这个任务中的起动按钮用常开触点，因此选择常开触点，按<F5>键或单击"常开触点"这个软元件，弹出常开触点的"输入符号"对话框，在对话框中输入事先选择好的 PB1 所对应的输入"X20"，单击"OK"按钮。接着在软元件栏中选择输出元件，基本指令的输出元件为线圈，按<F7>键或单击"线圈"这个软元件，弹出线圈的"输入符号"对话框，在对话框中输入门上升指令对应的输出"Y0"，单击"OK"按钮，如图 2-1-5 所示。到此，卷帘门的点动控制程序就编写好了，但是这些程序是灰色的，需要把程序转换成 PLC 可识别的格式。

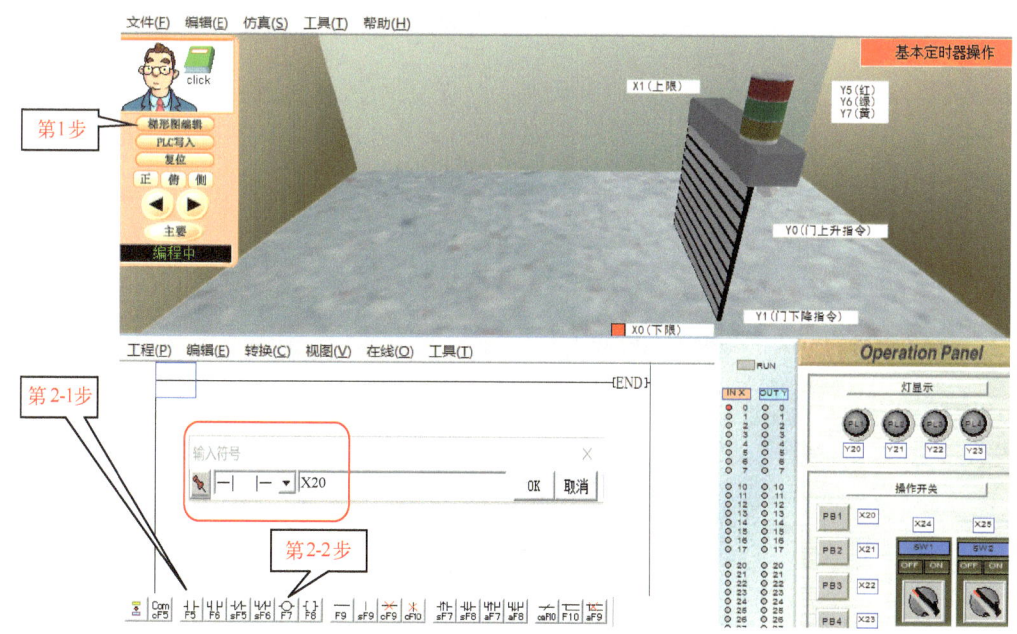

图 2-1-5　点动程序的编写

第 3 步：转换程序。选择工具栏中的"转换"命令或按<F4>键，将程序由灰色转变成白色，表示程序已经被转换了。如果输入的格式不正确，就会有一个转换出错的信息提示。

第 4 步：传送 PLC 程序。将编写好的程序写入 PLC。在这里并不需要真正的 PLC，因为一台模拟 FX 系列的 PLC 已经被装载到计算机中了。选择工具栏中的"在线"→"写入 PLC"命令，可以将程序写入 PLC，如图 2-1-6 所示。写入完成后，仿真将启动，在弹出的对话框中单击"确定"按钮，PLC 开始运行。此时，PLC 状态面板中的 RUN 指示灯点亮。如果没有点亮，则表示 PLC 没有运行，需要调试程序。

图 2-1-6　点动程序的转换和写入

最后，可以观看程序控制的 3D 仿真效果：按下起动按钮 PB1，卷帘门点动上升，如图 2-1-7 所示。下面来分析一下这个程序：按下 PB1，常开触点 X20 接通，线圈 Y0 得电，卷帘门上升；松开 PB1，常开触点 X20 断开，线圈 Y0 失电，卷帘门停止上升。

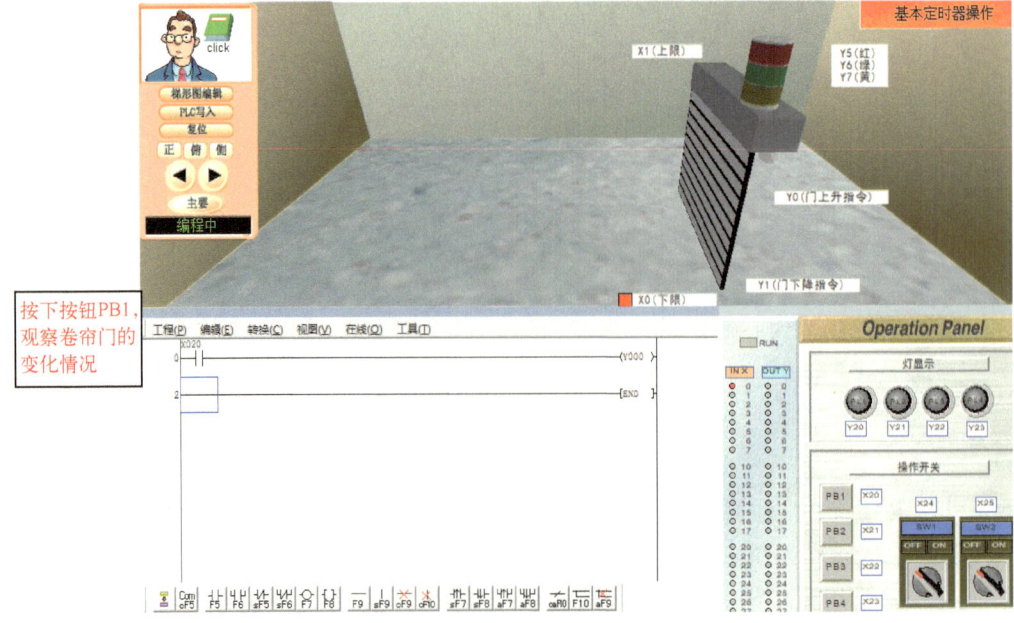

图 2-1-7　点动程序的仿真

### 知识链接 1——梯形图

梯形图是目前 PLC 使用得最多的图形编程语言，被称为 PLC 的第一编程语言。梯形图是在继电器-接触器控制系统原理图的基础上发展而来的，其形状像梯子，因此称为梯形图。它是借助类似于继电器的常开触点、常闭触点、线圈及串联、并联等术语和符号，根据控制要求连接而成的表示 PLC 输入/输出之间逻辑关系的图形，在简化的同时还增加了许多功能强大、使用灵活的基本指令和功能指令，并且它结合计算机的特点，使编程更加容易，但实现的功能却大大超过传统继电器-接触器控制系统。继电器电路与梯形图两者部分符号对应关系见表 2-1-1。

表 2-1-1 符号对应关系表

| 序号 | 名称 | 继电器电路符号 | 梯形图符号 |
| --- | --- | --- | --- |
| 1 | 常开触点 | ─/─ | ─┤├─ |
| 2 | 常闭触点 | ─⊥─ | ─┤/├─ |
| 3 | 线圈 | ─□─ | ─( )─ |

如图 2-1-8 所示，在梯形图中，左、右两条竖线类似于继电器与接触器控制电源线，输出线圈类似于负载，输入触点类似于按钮。梯形图表示的并不是一个实际电路而只是一个控制程序，其间的连线表示的是它们之间的逻辑关系，即所谓的"软接线"。

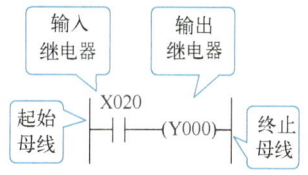

图 2-1-8 点动梯形图

梯形图中的常开触点、常闭触点、线圈图形符号并不是物理实体，而是"软继电器"（软元件）。每个"软继电器"仅对应 PLC 存储单元中的一位。该位状态为"1"时，对应的继电器线圈接通，其常开触点闭合、常闭触点断开；状态为"0"时，对应的继电器线圈不通，其常开触点、常闭触点保持原态。编程元件可以无限次地访问，有无数多个常开触点、常闭触点。

### 知识链接 2——梯形图的编程规则（一）

1）梯形图按行从上至下编写，每一行按从左往右的顺序编写，如图 2-1-9 所示。PLC 程序执行顺序与梯形图的编写顺序一致。

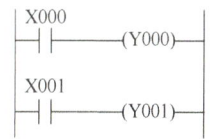

图 2-1-9 梯形图编写顺序

2）图左、右边的垂直线称为起始母线（左母线）、终止母线（右母线）。每一逻辑行都必须从起始母线开始画起，终止于继电器线圈或终止母线（有些 PLC 的终止母线可以省略），如图 2-1-8 所示。

### 知识链接 3——输入继电器

不同厂家、不同系列的 PLC，其内部软继电器（编程元件）的功能和编号也不相同。所以用户在编制程序时，必须熟悉所用 PLC 的每条指令中的编程元件的功能和编号。

$FX_{3U}$ 系列 PLC 编程元件的编号由功能字母和地址编号组成，其中，输入继电器和输出继电器用八进制数字编号。

图 2-1-8 中的 X020（即 X20）是输入继电器。输入继电器是 PLC 用来接收外部开关信号

的元件。它是光电隔离的电子继电器，其常开触点和常闭触点在编程中的使用次数不限。输入继电器与PLC的输入端相连，PLC通过输入接口将外部输入信号状态（接通时为"1"、断开时为"0"）读入并存储在输入映像寄存器中。

FX$_{3U}$系列PLC输入继电器等效电路如图2-1-10所示，其编号范围为X000~X367（X000~X007、X010~X017、X020~X027……共248点）。

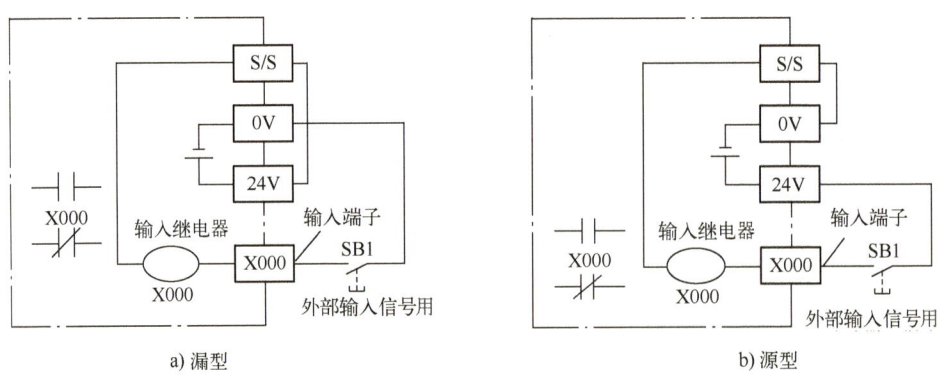

图2-1-10　FX$_{3U}$系列PLC输入继电器等效电路

漏型输入的特点是低电平输入有效，即常态时，PLC的输入继电器端子为高电平，只有当其变为低电平时，PLC才认为有输入信号（开关量信号）。这种输入形式在我国较为常见。源型输入的特点是高电平输入有效，即常态时，PLC的输入继电器端子为低电平，只有当其变为高电平时，PLC才认为有输入信号。这种输入形式在某些特定场合或特定设备中可能会被使用。

需要注意的是，输入继电器只由外部设备状态决定，不能用程序来驱动，因此梯形图程序中不存在输入继电器的线圈符号。

### 知识链接4——输出继电器

图2-1-8中的Y000（即Y0）是输出继电器。输出继电器是PLC内部信号输出传给外部负载的元件。输出继电器通过外部触点控制该输出接口外部的负载元件，它的常开触点、常闭触点可以不限次数地被使用。输出继电器线圈由PLC程序来驱动。

FX$_{3U}$系列PLC输出继电器等效电路如图2-1-11所示，其编号范围为Y000~Y367（Y000~Y007、Y010~Y017、Y020~Y027……共248点）。

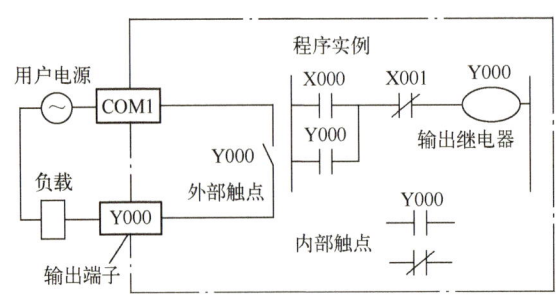

图2-1-11　FX$_{3U}$系列PLC输出继电器等效电路

## 2.1.2 电动机的连续运行控制

**1. 引入任务——卷帘门的连续上升控制**

问题2： 如何让卷帘门连续上升？

2.1.2 仿真软件编程指导：卷帘门的控制（C1画面）

方法如下：按下起动按钮，KM 线圈得电，使电动机连续运行，带动卷帘门连续上升，如图 2-1-12 所示。结合电动机连续运行控制电路（如图 2-1-13 所示），若用 PLC 程序代替控制电路对电动机进行控制，则可用带自锁的控制程序进行编程，根据继电器控制电路自锁触点的接入方式编写自锁触点对应的程序，如图 2-1-14 所示。

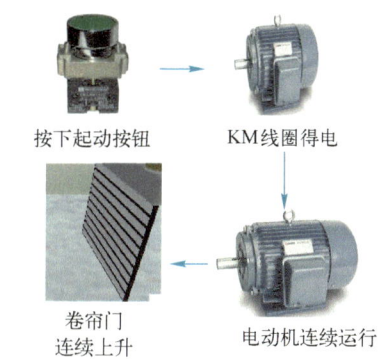

图 2-1-12 卷帘门连续上升控制方法

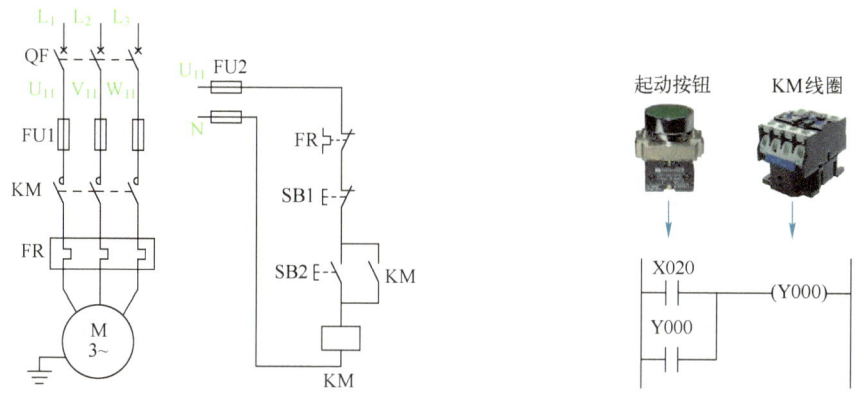

图 2-1-13 电动机连续运行控制电路　　图 2-1-14 带自锁的控制程序

问题3： 如何让卷帘门停止上升？

方法如下：根据图 2-1-13 中停止按钮的连接方式编写停止按钮对应的程序，如图 2-1-15 所示。

**2. 明确任务**

在仿真软件 C1 画面中，用 PLC 控制电动机的起动和停止，从而使卷帘门连续上升和停止上升。

卷帘门连续上升的控制要求如下：

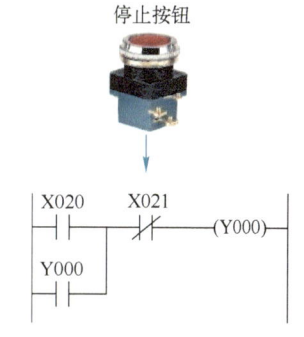

图 2-1-15 起-保-停控制程序

1）按下起动按钮，电动机连续运行，卷帘门连续上升。
2）按下停止按钮，电动机停转，卷帘门停止上升。

### 3. 实施任务

首先明确这个任务中 PLC 的输入对象和输出对象。输入元件有两个，分别是起动按钮和停止按钮，选取操作面板中的其中两个按钮 PB1、PB2 作为输入，它们对应的输入分别是 X20、X21；输出与上一个任务相同，仍为 Y0。

接下来，在 C1 画面中编写本任务的控制程序，如图 2-1-16 所示。

图 2-1-16　起-保-停程序的编写

第 1 步：单击画面左上角的"梯形图编辑"按钮。

第 2 步：修改点动程序。点动程序的控制效果是卷帘门点动运行，松开起动按钮就无法连续上升。那么如何实现卷帘门连续上升呢？可以应用电动机起停电路中的自锁方法——将 KM 线圈的辅助常开触点并联到起动按钮 SB2 两端。

在程序中，可将输出元件即线圈 Y0 的常开触点并联到常开触点 X20 两端。在下方的软元件栏中选择"常开触点分支"或按<F6>键，并输入"Y0"符号。修改程序后转换程序，并将程序写入 PLC。下面进行仿真：按下起动按钮 PB1，卷帘门上升；松开 PB1，卷帘门仍能连续上升。

下面分析这个程序：按下起动按钮 PB1，常开触点 X20 接通，线圈 Y0 得电，接着自锁触点 Y0 闭合，使输入部分仍保持接通，这时即使常开触点 X20 断开，线圈 Y0 仍能继续得电，卷帘门持续上升。那么，怎么使卷帘门停止运行呢？可以应用电动机启停电路中的停止方法——将停止按钮常闭触点串联到线圈所在回路中。

编程时，可将停止按钮 PB2 对应输入 X21 的常闭触点串联到线圈 Y0 所在的程序中。单击"梯形图编辑"按钮，并将光标移到程序编写区域，在下方的软元件栏中选择"常闭触点"或按<Shift+F5>组合键，并输入"X21"符号。

第 3 步：转换程序。

第 4 步：传送 PLC 程序。

最后进行仿真。按下起动按钮 PB1，卷帘门连续上升，按下停止按钮 PB2，卷帘门停止上升，如图 2-1-17 所示。下面分析这个程序：按下起动按钮 PB1，常开触点 X20 接通，线圈 Y0 通过自锁触点 Y0 持续得电；按下停止按钮 PB2，常闭触点 X21 断开，线圈 Y0 失电，卷帘门停止上升。

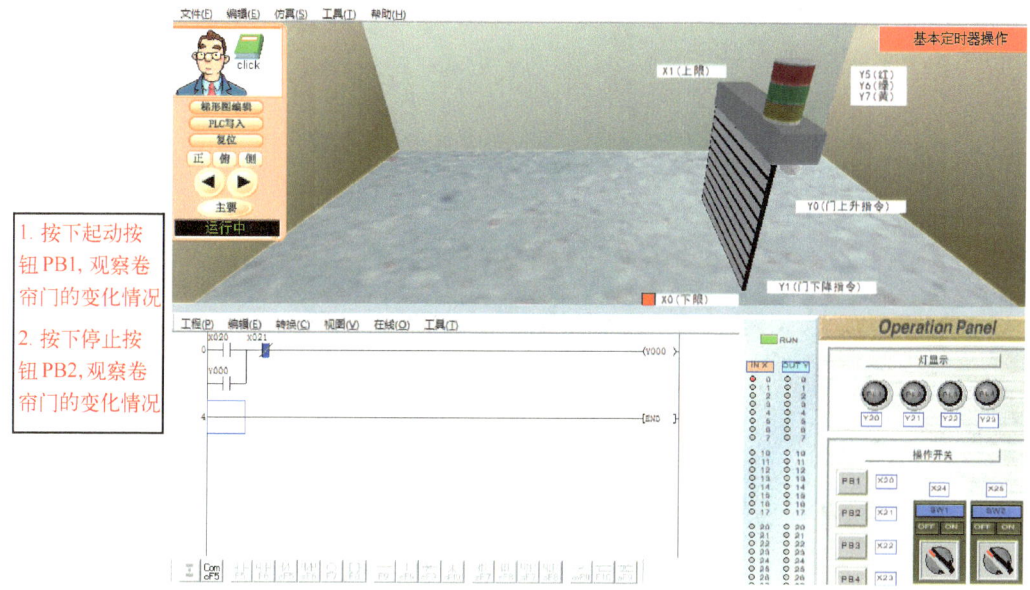

图 2-1-17 起-保-停程序的仿真

### 知识链接 5——串并联逻辑

若多个起动条件同时满足，则对应控制对象工作，可采用串联逻辑"与"。

若多个起动条件中的任意一个满足，则对应控制对象工作，可采用并联逻辑"或"，如图 2-1-18 所示。

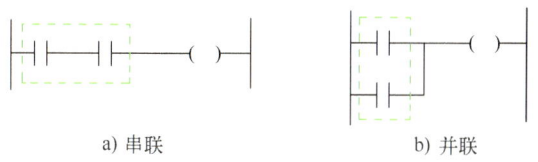

a) 串联　　　　　　b) 并联

图 2-1-18 串并联逻辑

### 知识链接 6——程序结束指令

如图 2-1-19 所示，程序最后需加上 END 指令表明程序结束，即 PLC 扫描周期中程序执行阶段结束，进入输出刷新阶段。

图 2-1-19　END 指令

 **编程练习：电动机的起停控制**

2.1.2　编程练习仿真视频：电机的连续运行控制（B4 画面）

1）仿真软件 B4 画面（如图 2-1-20 所示）：电动机的点动运行控制。

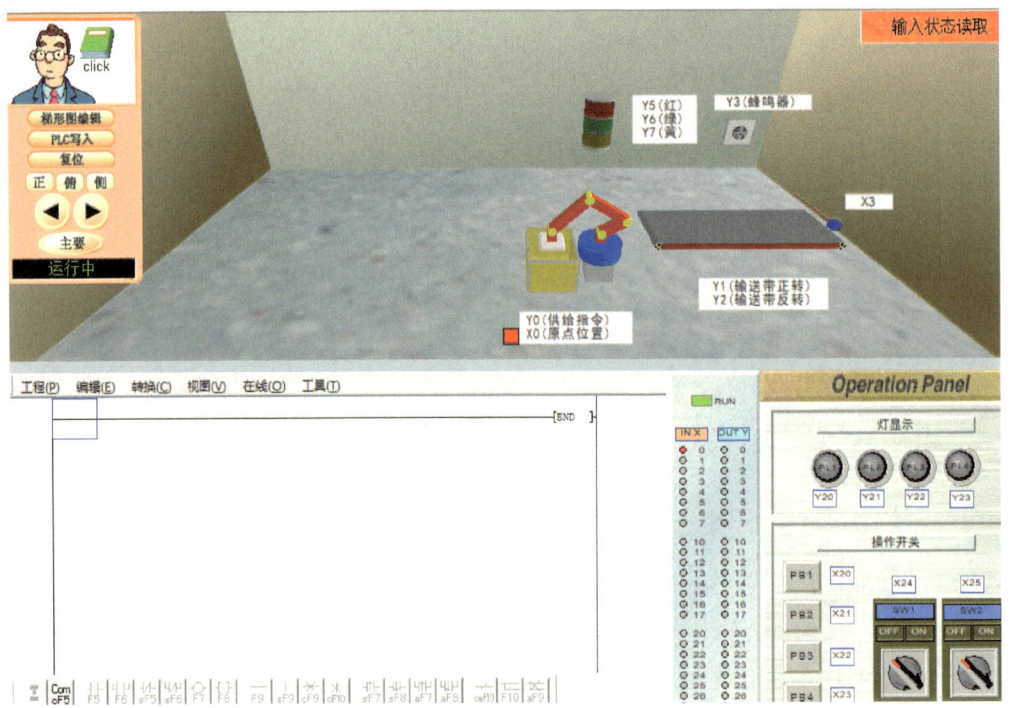

图 2-1-20　仿真软件 B4 画面

控制要求：

按下按钮 PB1，输送带正转运行；松开按钮 PB1，输送带停止运行。

2）仿真软件 B4 画面：电动机的连续运行控制。

控制要求：

① 按下按钮 PB1，输送带连续正转运行。

② 按下按钮 PB2，输送带停止运行。

### 2.1.3　实践应用：信号灯的点动控制

信号灯点动控制的要求如下：

1）按下启动按钮，绿灯亮。

2）松开启动按钮，绿灯熄灭。

本任务评分明细见表 2-1-2。

表 2-1-2 任务评分明细

| 序号 | 主要内容 | 考核要求 | 评分标准 | 配分 | 考核要点 |
|---|---|---|---|---|---|
| 1 | 电路设计 | 1）根据提出的电气控制要求，正确绘出电路图<br>2）按所设计的电路图，提出主要材料单、线号统计表 | 1）电路设计出现1处错误，扣5分<br>2）电路绘制不符合标准，每处扣1分<br>3）主要材料单、工具单有误，每处扣1分 | 30 | 节能减排：在电路设计和装接过程中，注重节能减排，减少不必要的能耗，提高能源利用效率 |
| 2 | 元件安装 | 1）按图纸的要求，正确使用工具和仪表，熟练地安装电气元器件<br>2）元件在配电板上布置要合理，安装要准确紧固<br>3）按钮固定在板上 | 1）元件布置不整齐、不匀称、不合理，每处扣1分<br>2）元件安装不牢固、安装元件错误，每处扣1分<br>3）安装时漏装螺钉，每处扣1分<br>4）损坏元件或工具，每处扣2分 | 10 | |
| 3 | 布线工艺 | 1）要求美观、紧固、无毛刺、节能，导线要放进线槽<br>2）线标标注符合标准<br>3）电源和电动机配线、按钮接线要接到端子排上<br>4）强电回路和弱电回路进行区分 | 1）有导线未放进线槽，每处扣0.5分<br>2）线标标注不符合标准，每处扣0.5分<br>3）强电回路和弱电回路未进行区分，扣2分<br>4）接线不牢固，每处扣0.5分<br>5）接点松动、接头露铜过长、反圈、压绝缘层，每处扣0.5分<br>6）损伤导线绝缘或线芯，每根扣0.5分 | 25 | |
| 4 | 通电试验 | 在保证人身和设备安全的前提下，要求通电试验一次成功 | 1）信号灯运行正常，但未按电路图接线扣2分<br>2）启动后出现电源短路或烧坏元器件，该项0分<br>3）一次试验不成功扣10分；二次试验不成功扣20分；三次试验不成功扣30分 | 30 | 安全生产：在试验过程中，严格按照操作规程进行，确保每一步操作都准确无误 |
| 5 | 工具使用/工位整理 | 能够按照电工作业标准正确使用工具与仪器，整理工位 | 使用不规范，根据情况酌情扣分<br>整理不规范，根据情况酌情扣分 | 5 | 规范操作、责任担当：正确使用PLC编程软件、装调工具；完成试验后，对工位进行整理和清洁，确保工作环境整洁有序 |
| 6 | 创新 | 能否提高信号灯控制的准确性和响应速度，如采用更高效的算法、更优化的控制逻辑等 | 每个创新点+5分 | | 创新应用：探索PLC技术的创新应用，提出新颖的解决方案，实现技术创新和工程应用优化 |
| 7 | 安全文明 | 发现有重大事故隐患时，要立即予以制止，并扣安全文明生产分10分；如未经老师允许擅自通电，扣30分；未经允许擅自通电产生安全事故，扣50分 | | | |
| | | 合计 | | 100 | |

注：前6项每项最低分为0分，第6项对应附加分（附加分上限为10分），第7项为倒扣分。

**1. 实验设备**

本任务实验设备如图 2-1-21 所示。根据本任务的控制要求,任务所选用的器材见表 2-1-3。

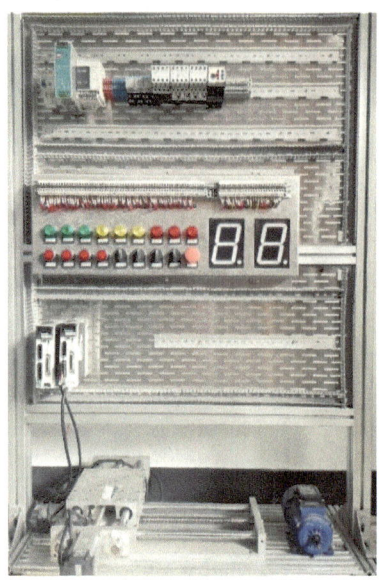

图 2-1-21 实验设备

表 2-1-3 信号灯点动控制任务器材表

| 序号 | 元器件名称 | 型号 | 单位 | 数量 |
| --- | --- | --- | --- | --- |
| 1 | PLC | $FX_{3SA}-14MR$ | 台 | 1 |
| 2 | 断路器 | DZ47LE-32/1P | 个 | 1 |
| 3 | 开关电源 | 明纬 24 V/5 A | 个 | 1 |
| 4 | 指示灯 | $U_N = DC24\ V$ | 个 | 1 |
| 5 | 按钮 | LA38-11BN | 个 | 1 |
| 6 | PLC 通信线 | Mini USB 数据线 | 根 | 1 |

 **特别说明**:鉴于实用性,本书编写的"实践应用"任务均采用 $FX_{3SA}$ 系列 PLC。

**2. 实施任务**

(1) 分配输入/输出(I/O)地址

通过分析任务的控制要求,可以确定 1 个输入点和 1 个输出点,输入/输出(I/O)地址分配表见表 2-1-4。

表 2-1-4 输入/输出(I/O)地址分配表

| 输入 | | | 输出 | | |
| --- | --- | --- | --- | --- | --- |
| 输入点 | 输入元件 | 作用 | 输出点 | 输出元件 | 作用 |
| X0 | SB1 | 启动 | Y0 | HG1 | 指示 |

## （2）绘制 I/O 接线图

根据图 2-1-10 所示的输入继电器 X000 等效电路，本任务采用漏型输入形式，即把 S/S 接至 24 V，按钮另一端则接 0 V。

输出元件是信号灯，它的额定工作电压是直流 24 V，因此 PLC 的 Y0 连接 HG1，接着再串联一个 24 V 的直流电源。本任务用的 PLC 是继电器输出，输出的公共端可以接 24 V 正极，也可以接负极。这里选取常规接法，即将输出公共端与 0 V 相连。I/O 接线图如图 2-1-22 所示。

## （3）接线

根据 I/O 接线图，完成接线。

接线工艺要求如下：

1）接线端口都需要压接线端子，不能有毛刺，一个接线柱最多压接两根线，露铜不能太长。

2.1.3 GX Works2 中 USB 编程端口的设置

2）导线套号码管，号码管编号根据所接元件来编，同一根导线首尾标号一致。提示：24 V 直流电源两端分别标"24 V""0 V"。

## （4）编写程序

根据 I/O 地址分配，在编程软件 GX Works2 中编写点动控制程序，程序如图 2-1-23 所示。

2.1.3 GX Works2 中 COM 端口的设置

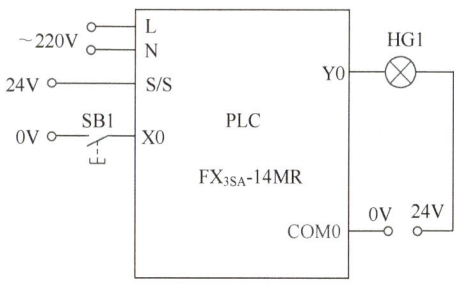

图 2-1-22　I/O 接线图

图 2-1-23　信号灯点动控制程序

## （5）运行调试

1）通电前用万用表的欧姆档或蜂鸣档进行短路测试，测试断路器下端口及开关电源输出端口这两部分有无短路情况。

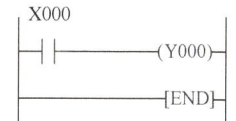
2.1.3 梯形图程序的仿真调试

2）用 PLC 通信线将点动控制程序下载至 PLC 中，将 PLC 置于 RUN 状态。按下启动按钮，指示灯亮；松开启动按钮，指示灯熄灭。若情况异常，则可参考以下调试方法。

① 测试 PLC 输入元件连接是否正确。如图 2-1-24 所示，将 PLC 置于 STOP 状态，按下 SB1，若 PLC 面板上的 X0 信号指示灯点亮，则 SB1 连接正确；若 X0 信号指示灯不亮，则 SB1 连接不正确或 SB1 常开触点未接通。

② 测试 PLC 输出元件连接是否正确。如图 2-1-25 所示，将 PLC 置于 RUN 状态，按下 SB1，若 PLC 面板上的 Y0 信号指示灯点亮，但负载指示灯绿灯不亮，则说明 PLC 输出回路接线错误；若 PLC 面板上的 Y0 信号指示灯不亮，则说明程序错误，需在监控模式下观察程序，在写入模式下修改程序。

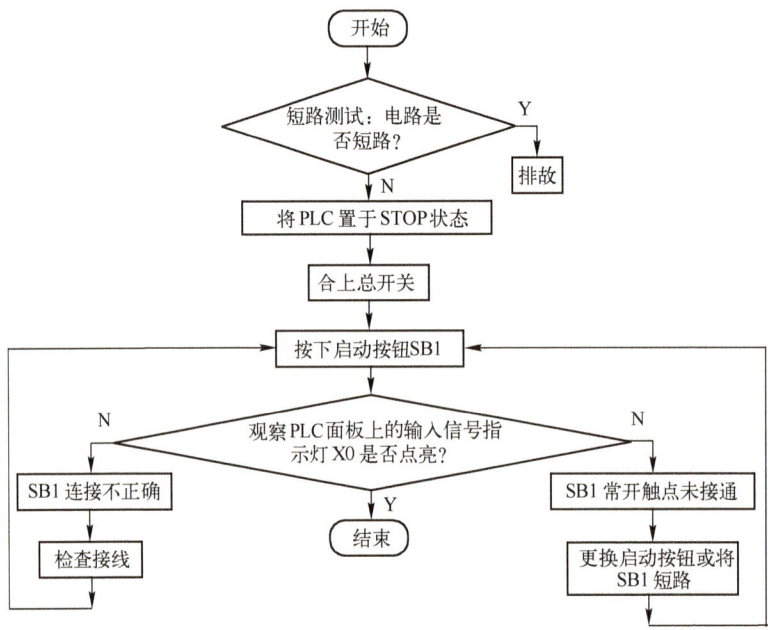

图 2-1-24　输入元件测试流程

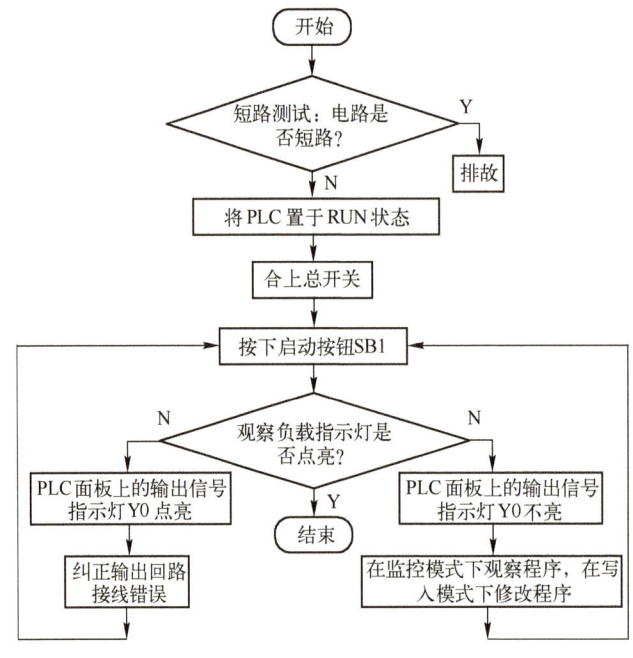

图 2-1-25　输出元件测试流程

## 2.1.4　实践应用：信号灯的启停控制

信号灯启停控制的要求如下：
1) 按下启动按钮，绿灯长亮。
2) 按下停止按钮，绿灯熄灭。
本任务评分明细见表 2-1-2。

### 1. 实验设备

本任务实验设备如图 2-1-21 所示,根据本任务的控制要求,任务所选用的器材见表 2-1-5。

**表 2-1-5 信号灯启停控制任务器材表**

| 序号 | 元器件名称 | 型　号 | 单位 | 数量 |
|---|---|---|---|---|
| 1 | PLC | $FX_{3SA}-14MR$ | 台 | 1 |
| 2 | 断路器 | DZ47LE-32/1P | 个 | 1 |
| 3 | 开关电源 | 明纬 24 V/5 A | 个 | 1 |
| 4 | 指示灯 | $U_N = DC24\ V$ | 个 | 1 |
| 5 | 按钮 | LA38-11BN | 个 | 2 |
| 6 | PLC 通信线 | Mini USB 数据线 | 根 | 1 |

### 2. 实施任务

**(1) 分配输入/输出（I/O）地址**

通过分析任务的控制要求,可以确定 2 个输入点和 1 个输出点,输入/输出（I/O）地址分配表见表 2-1-6。

**表 2-1-6 输入/输出（I/O）地址分配表**

| 输　入 | | | 输　出 | | |
|---|---|---|---|---|---|
| 输入点 | 输入元件 | 作用 | 输出点 | 输出元件 | 作用 |
| X0 | SB1 | 启动 | Y0 | HG1 | 指示 |
| X1 | SB2 | 停止 | | | |

**(2) 绘制 I/O 接线图**

根据 I/O 分配,将启动按钮 SB1、停止按钮 SB2 接到 PLC 对应的输入端子,按照 2.1.3 小节信号灯的接线方法将负载（绿灯）及其工作电源接到 PLC 的输出端。

对常闭触点的输入信号处理如下：PLC 输入端口可以与输入设备不同类型的触点连接,但不同的触点类型设计出的梯形图程序不一样。

1) PLC 外部的输入触点既可以接常开触点,也可以接常闭触点。接常闭触点时,梯形图中的触点状态与继电器控制系统原理图中的状态相反。

2) 教学中,PLC 的输入触点经常使用常开触点,便于进行原理分析。但在实际控制中,停止按钮、限位开关及热继电器等应采用常闭触点,以提高安全性。

[实践问题]

在实际工程中,对于停止的控制必须使用强制释放性质的硬触点元件。就触点特性而言,常闭触点的动作响应比常开触点要快,而且动作的可靠性也比常开触点要高,若发生触点熔焊,那么常闭触点还可以直接用人为作用力使其断开。如果控制电路采用常开触点,一旦发生人们不易察觉的故障（触点变形、严重氧化或导致虚接等）时,常开触点可能闭合不上，传动设备不能及时停止，就可能造成设备损坏或危及人身安全。因此，从安全的角度出发，停止按钮应使用常闭触点，这样，在强制停止时，控制电路就能可靠、迅速地断电。所以对 PLC 控制的设备，其停止控制的硬元件应该使用常闭触点。必须明确，为了保证安全，对限位及过载等各种保护急停，也都应该使用常闭形式的触点作为禁令控制触点。

3）为了节省成本，应尽量少占用 PLC 的 I/O 点，因此有时也将 FR 常闭触点串接在其他常闭输入或负载回路中。

本任务的 I/O 接线图如图 2-1-26 所示。

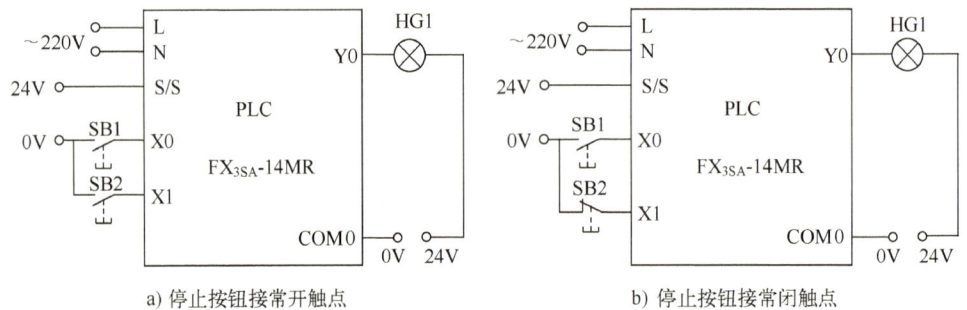

图 2-1-26　I/O 接线图

(3) 接线

结合 I/O 接线图，按照信号灯启停控制任务的接线工艺要求完成接线。

(4) 编写程序

根据 I/O 地址分配和 I/O 接线图编写信号灯启停控制程序，程序如图 2-1-27 所示。

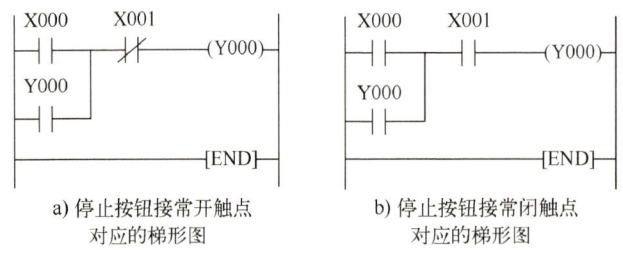

图 2-1-27　信号灯启停控制程序

(5) 运行调试

1）通电前用万用表的欧姆档或蜂鸣档进行短路测试，测试断路器下端口及开关电源输出端口这两部分有无短路情况。

2）用 PLC 通信线将启停控制程序下载至 PLC 中，将 PLC 置于 RUN 状态。按下 SB1，指示灯长亮；按下 SB2，指示灯熄灭。若情况异常，则可参考图 2-1-24 和图 2-1-25 的调试流程。

## 复习与提高

### 一、判断题

1. PLC 的梯形图由继电器控制线路演变而来。(　　)
2. 梯形图中，所有继电器既有线圈，又有触点。(　　)
3. 在梯形图中，串联接点使用的次数没有限制，可以无限次地使用。(　　)
4. $FX_{3U}$ 系列 PLC 输入/输出继电器都是用程序驱动的。(　　)
5. 三菱 $FX_{3U}$ 系列 PLC 中，PLC 的输入点的地址有 X8、X9。(　　)

### 二、单项选择题

1. 应用梯形图进行编程时，线圈应在(　　)。
   A. 起始母线的最左边
   B. 起始母线的中间
   C. 起始母线的最右边
   D. 都可以
2. 下列对 PLC 软继电器的描述，不正确的是(　　)。
   A. 梯形图中的常开触点、常闭触点、线圈是"软继电器"
   B. 每个"软继电器"仅对应 PLC 存储单元中的一位
   C. 软继电器的位状态只有 1 和 0 两种
   D. 只有 2 对常开和常闭触点供编程时使用
3. (　　)是 PLC 的输出信号，用来控制外部负载。
   A. 输入继电器
   B. 输出继电器
   C. 辅助继电器
   D. 计数器
4. 下列(　　)器件常用作 PLC 控制系统的输入设备。
   A. 交流接触器　　B. 电磁阀　　C. 按钮　　D. 指示灯
5. 下列关于梯形图的格式说法错误的是(　　)。
   A. 梯形图按行从上至下编写，每行从左至右编写
   B. 梯形图中同一标记的触点可以反复使用，次数不限
   C. 梯形图的每一逻辑行必须从起始母线开始画起，终止母线可以省略
   D. 梯形图中的触点和输出线圈都可以任意并、串联

### 三、填空题

1. 在可编程控制器中，(　　)继电器的功能是接收外来的主令信号或传感器的检测信号。
2. $FX_{3U}$ 系列 PLC 编程元件的表示分为两个部分，第一部分是代表功能的字母，第二部分为表示该类器件的序号。第一部分中，输出继电器用字母(　　)表示。
3. 指令(　　)表示程序结束。
4. (　　)被称为 PLC 的第一编程语言。
5. PLC 执行程序的过程分为输入采样、(　　)和输出刷新 3 个阶段。

### 四、简答题

1. PLC 与继电器控制系统之间有哪些差异？
2. 为什么三菱 PLC 输入端口的地址没有 X8、X9？

## 2.2 电动机的正反转控制——置位与复位指令

2.2 电动机的正反转控制

[学习目标]
- 理解电气互锁和机械互锁的概念。
- 掌握置位和复位指令的应用。
- 能用三菱 PLC 对四路抢答器进行控制。

[重点与难点]
- 置位和复位指令的应用。
- PLC 控制四路抢答器运行的方法。
- 电气互锁、机械互锁的控制特点。

[素养目标]
- 具有技术理解与应用能力：能将置位复位的理论知识应用于电动机正反转及抢答器的实际编程和操作中。
- 严守安全用电管理制度，树立安全意识。

[课前准备]
- 复习输入继电器 X、输出继电器 Y 及启停控制程序。

### 2.2.1 电动机的正反转控制（双重互锁）

**1. 引入任务——卷帘门的连续上升与下降控制**

问题：如何让卷帘门连续上升与下降？

方法如下：按下正转起动按钮，KM1 线圈得电，使电动机正转运行，带动卷帘门连续上升；按下反转起动按钮，KM2 线圈得电，使电动机反转运行，带动卷帘门连续下降，如图 2-2-1 所示。结合电动机正反转控制电路（如图 2-2-2 所示），若用 PLC 程序代替控制电路对电动机进行控制，则可用正反转控制程序（无互锁）进行编程，如图 2-2-3 所示。

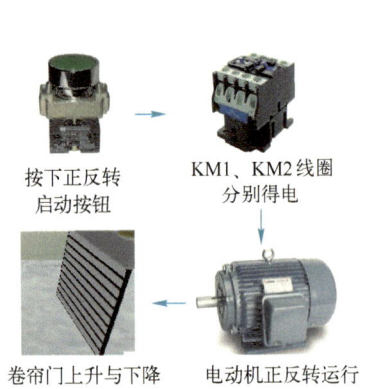

图 2-2-1 卷帘门连续上升与下降控制方法

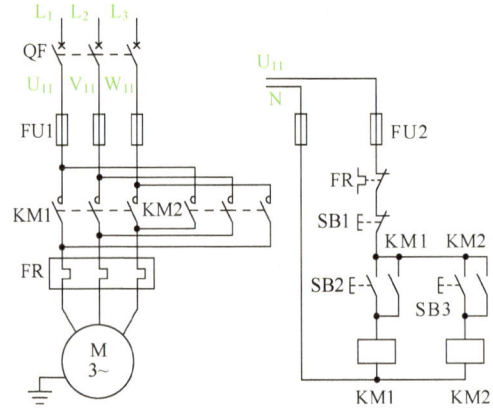

图 2-2-2 电动机正反转运行控制电路（无互锁）

**2. 明确任务**

在仿真软件 C1 画面中，用 PLC 控制电动机正反转运行，从而使卷帘门连续上升与下降。

卷帘门连续上升与下降控制的要求如下：

1）按下正转起动按钮 PB1，电动机正转运行，卷帘门连续上升。

2）按下停止按钮 PB2，电动机停转，卷帘门停止上升。

3）按下反转起动按钮 PB3，电动机反转运行，卷帘门连续下降。

4）按下停止按钮 PB2，电动机停转，卷帘门停止下降。

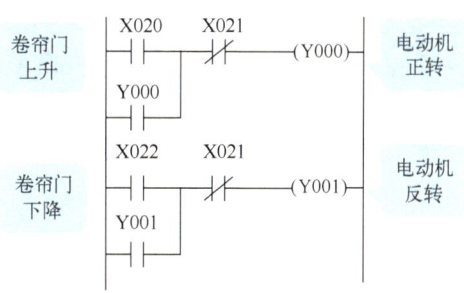

图 2-2-3　电动机正反转控制程序（无互锁）

### 3. 实施任务

第 1 步：按照 2.1.2 小节电动机的连续运行控制任务的方法编写控制要求 1）、2）的程序，编写完成后进行仿真。

第 2 步：编写控制要求 3）的程序。

PB3 是输送带反转运行的起动按钮，它对应的输入是 X22，那么程序中输入为 X22 的常开触点，卷帘门下降对应的输出是 Y1，那么输出为线圈 Y1。与正转相同，卷帘门下降也要连续运行，因此也需要自锁。

编写完成后，转换程序并将程序写入 PLC。下面仿真：按下按钮 PB3，触点 X22 接通，线圈 Y1 通过自锁触点连续得电，卷帘门连续下降。

第 3 步：编写控制要求 4）的程序。

反转停止方法与正转停止方法相同，在反转程序中串联 X21 的常闭触点即可。

最后进行仿真，如图 2-2-4 所示。按下按钮 PB3，输送带连续反转运行。按下按钮 PB2，常闭触点 X21 断开，线圈 Y1 失电，输送带停止运行。

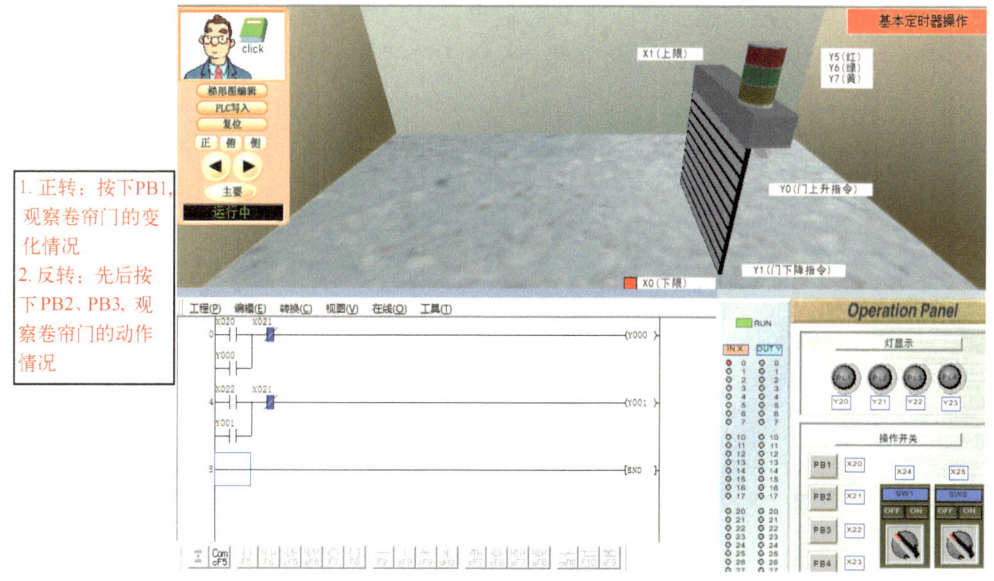

图 2-2-4　电动机正反转程序的仿真

到此，本任务的基本控制要求已实现，但是隐藏着一个问题：先来观察一下，在起动时，若将 PB1 和 PB3 同时按下，那么线圈 Y0 和线圈 Y1 同时得电，但是卷帘门未动作。这是什么原因呢？因为，卷帘门的上升或下降是由电动机正反转来驱动的，而电动机的正反转是由 PLC 来控制的，在刚才的操作中，PLC 发出了既让电动机正转又让其反转的命令，所以在仿真画面中，输送带就不运行了。

在实际工程中，绝不能出现正反转线圈同时得电的情况。若同时接通 X20、X22，则线圈 Y0、Y1 同时得电，主电路电源短路。

图 2-2-2 也存在以上问题：若同时按下 SB2、SB3，则 KM1、KM2 线圈同时得电，KM1、KM2 主触点同时闭合，电源短路。

要解决以上问题，可以用电气互锁的方法改进图 2-2-2，如图 2-2-5 所示。同理，根据电气互锁方法改进图 2-2-3 的程序，如图 2-2-6 所示。

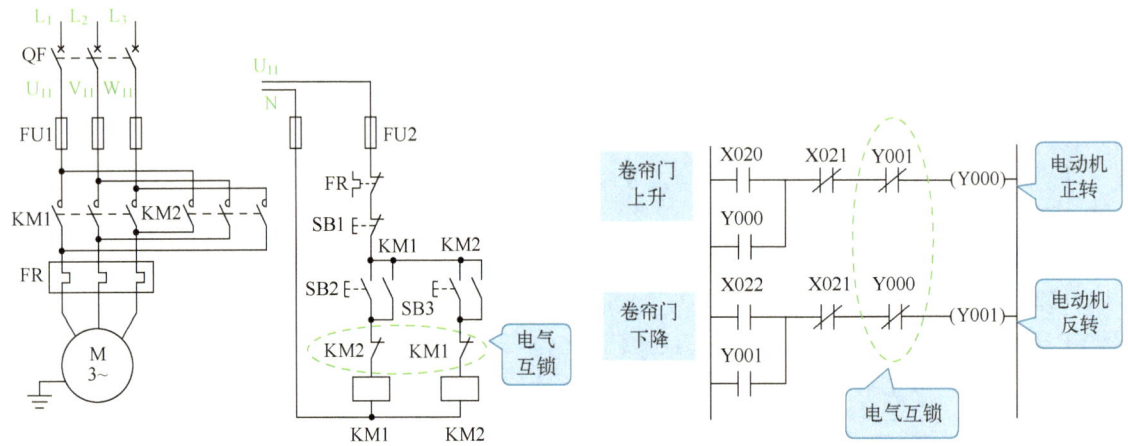

图 2-2-5　电动机正反转运行控制电路（电气互锁）　　图 2-2-6　电动机正反转控制程序（电气互锁）

为了增加可靠性，往往在电动机正反转控制电路或程序中加入机械互锁，这种既有电气互锁又有机械互锁的电路或程序称为双重互锁，如图 2-2-7、图 2-2-8 所示。

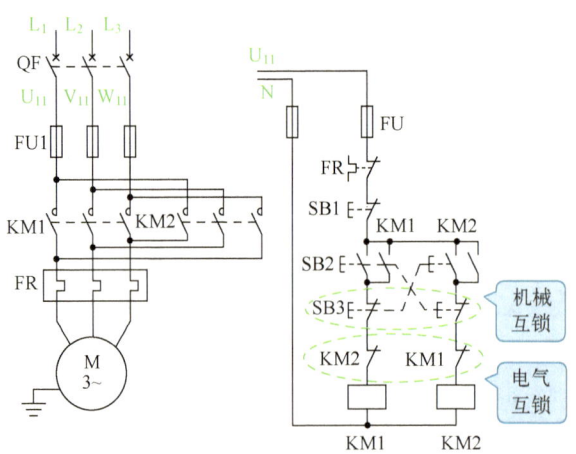

图 2-2-7　电动机正反转运行控制电路（双重互锁）

对于电动机正反转控制线路，有时根据项目需要，无须按下停止按钮，利用机械互锁可直接通过正反转起动按钮实现操作。下面进行仿真：按下 PB1，输送带连续正转运行；按下

PB3，常闭触点 X22 先断开，使线圈 Y1 失电，输送带停止正转，如图 2-2-9 所示。常开触点 X22 后闭合，线圈 Y2 连续得电，输送带连续反转运行。同理，按下 PB1，输送带先停止反转，后正转运行。

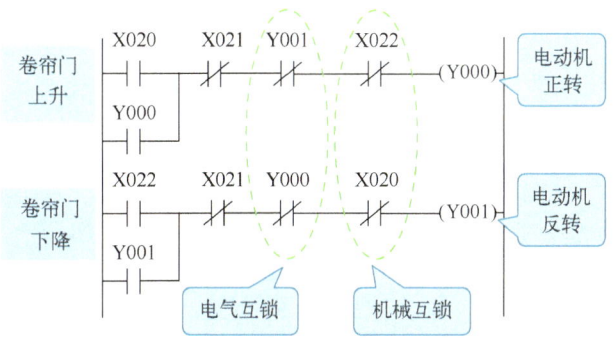

图 2-2-8　电动机正反转控制程序（双重互锁）

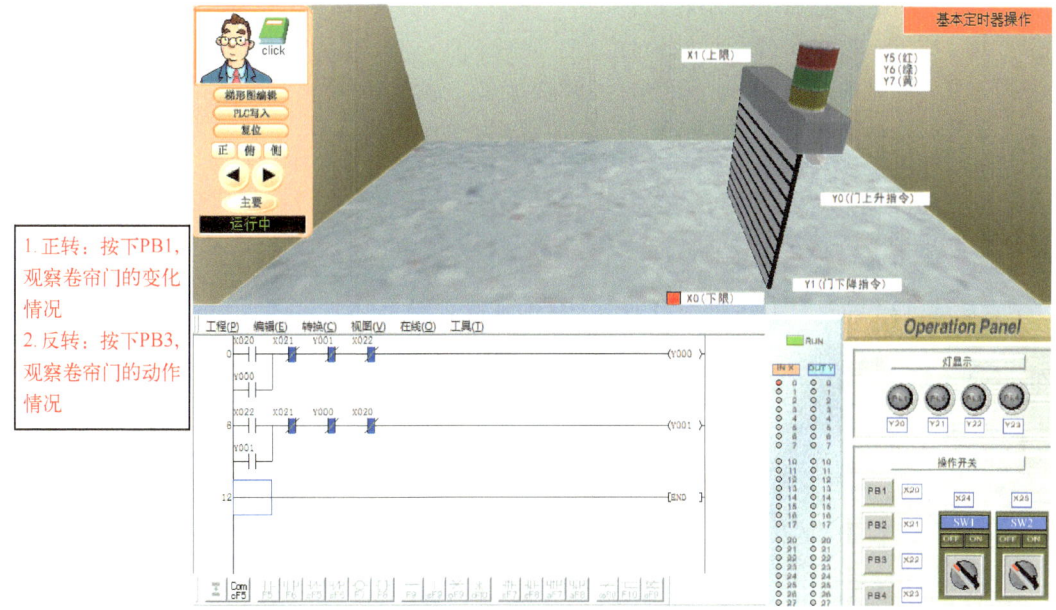

图 2-2-9　电动机正反转程序（双重互锁）的仿真

需要注意的是，在实际工程项目中，若无特殊需求，则即使有机械互锁，一般也不建议直接通过正反转起动按钮来实现正反转的切换操作，这样做容易造成故障。

### 知识链接 1——PLC 工作方式（串行）

可编程控制器是一种工业控制计算机，故它的工作原理是建立在计算机工作原理基础上的。由于 PLC 执行梯形图（读程序）是一步步进行的，因此它的逻辑结果也是由前到后逐步产生的，CPU 采用循环扫描工作方式，即从上到下、从左往右、一行一行地顺序扫描执行，即串行工作方式。如果某一个软继电器的线圈得电，则该线圈对应的所有常开、常闭触点并不一定会立即动作，只有 CPU 扫描到该触点时才会动作。但由于 CPU 的运算处理速度很快，因此从外观上看，线圈对应的所有常开触点、常闭触点似乎是同时执行的。而继电器控制系统在通电和得电顺序上不存在先后的问题，为并行工作方式。如果一个继电器的线圈得电，则该继电器的所有常开动作、常闭动作，同触点在控制线路的位置无关。

如图 2-2-10 所示的程序，CPU 先扫描第一行程序，当线圈 Y000 得电时，其位于第 2 行的常闭触点和位于第 3 行的常开触点不会同时动作，只有当 CPU 扫描到第 2 行程序时，常闭触点 Y000 才断开，接着 CPU 扫描到第 3 行程序时，常开触点 Y000 闭合。

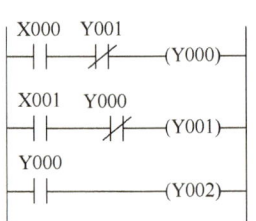

图 2-2-10 PLC 的串行工作方式

 编程练习 1：电动机的正反转控制（双重互锁）

仿真软件 B4 画面（如图 2-1-20 所示）：电动机的正反转控制（双重互锁）。

控制要求：
1）按下 PB1，输送带连续正转运行。
2）按下 PB2，输送带停止正转运行。
3）按下 PB3，输送带连续反转运行。
4）按下 PB2，输送带停止反转运行。
5）输送带正转时按下 PB3，先停止正转运行，后连续反转运行。
6）输送带反转时按下 PB1，先停止反转运行，后连续正转运行。
7）按下 PB2，输送带停止运行。

 2.2.1 编程练习 1 仿真视频：电动机的正反转运行控制（B4 画面）

 2.2.1 仿真软件编程指导：输送带的双向运行控制（B4 画面）

 编程练习 2：传感器应用

仿真软件 A3 画面（如图 2-2-11 所示）：传感器应用。

 2.2.1 编程练习 2 仿真视频：传感器应用（A3 画面）

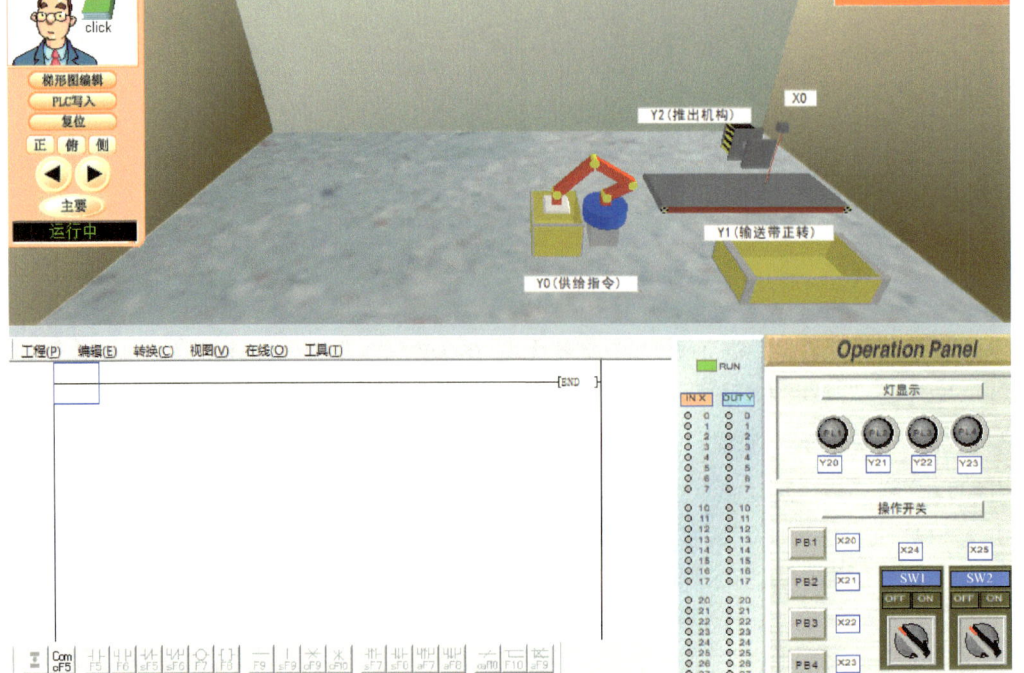

图 2-2-11 仿真软件 A3 画面

控制要求：

1）合上 SW1，输送带正转。
2）按下按钮 PB1，供给工件。
3）工件到达传感器（X0）处输送带停止运行；此时按下按钮 PB2，推出机构动作。

2.2.1 编程练习3仿真视频：点餐呼叫系统的控制（D1画面）

### 编程练习3：餐厅的呼叫单元

仿真软件 D1 画面（如图 2-2-12 所示）：餐厅的呼叫单元。

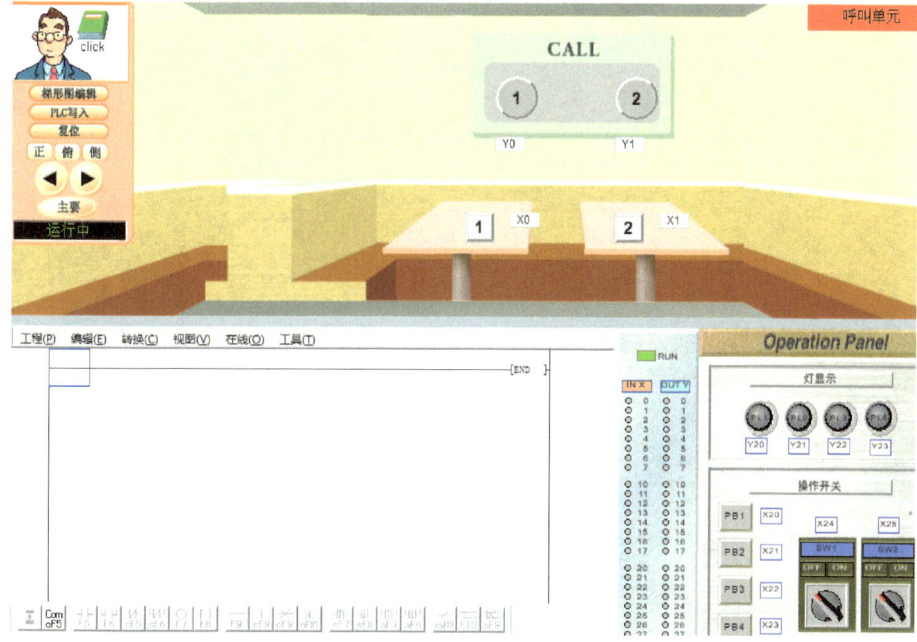

图 2-2-12 仿真软件 D1 画面

控制要求：

1）按下按钮 1，墙上指示灯 1 连续点亮。
2）按下按钮 2，墙上指示灯 2 连续点亮。
3）灯 1 和灯 2 都点亮时，灯 PL4 点亮。
4）按下按钮 PB1，灯 1、灯 2 和灯 PL4 都熄灭。

### 编程练习4：输送带往复传送工件的控制

仿真软件 E6 画面（如图 2-2-13 所示）：输送带往复传送工件的控制。

控制要求：

1）按下按钮 PB1，供给工件。
2）按下按钮 PB2，输送带正转（顺时针传送工件）。
3）遇到右限行程开关输送带反转（逆时针传送工件）。
4）遇到左限行程开关输送带正转，如此往复。
5）按下按钮 PB3，输送带停转。

2.2.1 编程练习4仿真视频：输送带往复传送工件的控制（E6画面）

2.2.1 仿真软件编程指导：输送带往复传送工件的控制（E6画面）

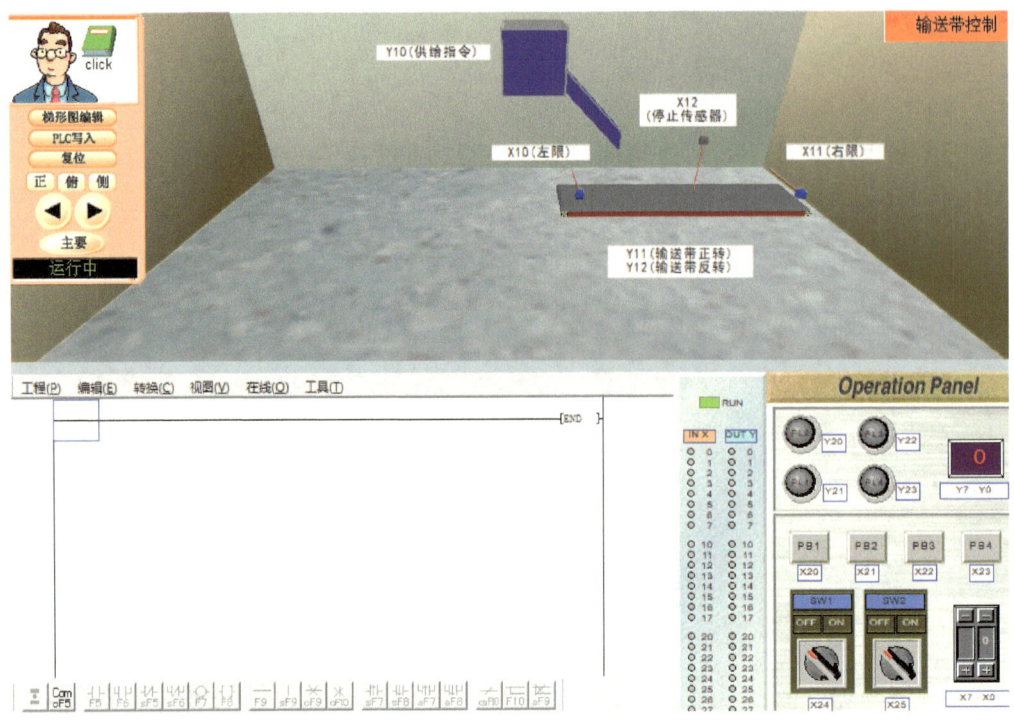

图 2-2-13 仿真软件 E6 画面

 **编程练习 5：信号灯的控制**

仿真软件 B3 画面（如图 2-2-14 所示）：信号灯的控制。

 2.2.1 编程练习 5 仿真视频：信号灯的控制（B3 画面）

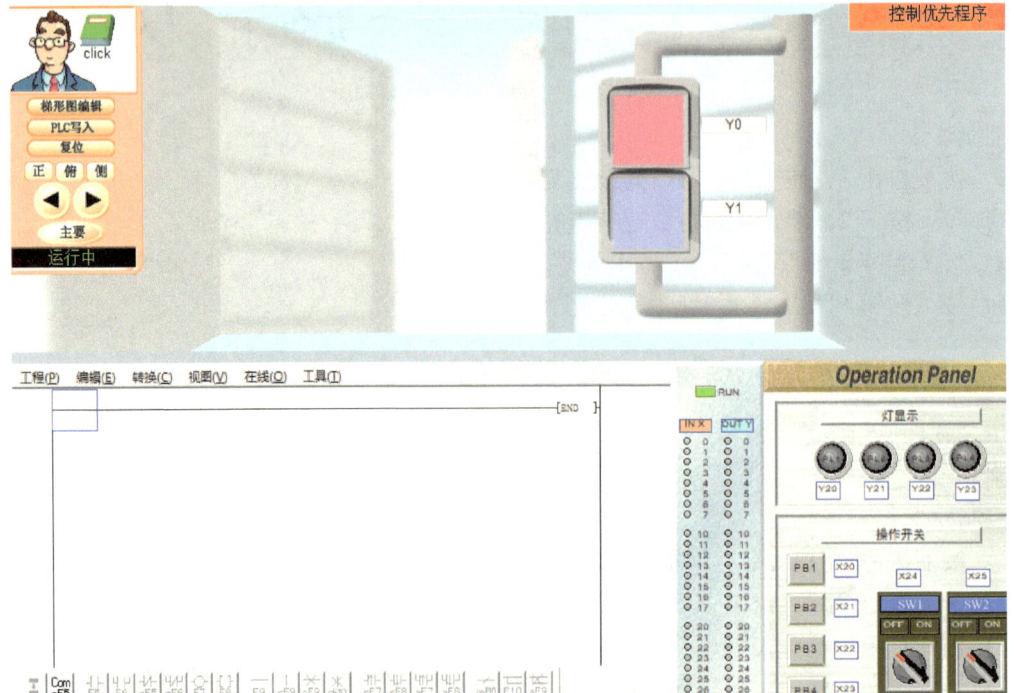

图 2-2-14 仿真软件 B3 画面

控制要求：
1）按下按钮 PB1，红灯 Y0 连续点亮。
2）按下按钮 PB2，红灯 Y0 熄灭。
3）按下按钮 PB3，绿灯 Y1 连续点亮。
4）按下按钮 PB2，绿灯 Y1 熄灭。
5）红灯、绿灯不能同时点亮（具有电气互锁和机械互锁功能）。

知识链接 2——停止优先和起动优先

如图 2-2-15a 所示，在此程序中，如果 X001（即 X1）断开，那么无论 X000（即 X0）是接通或是断开，线圈 Y0 都不得电。此时 X1 优先于 X0，即停止按钮优先于起动按钮。此程序可用于紧急停车的场合。

如图 2-2-15b 所示，在此程序中，如果 X0 闭合，那么无论 X1 是接通或是断开，线圈 Y0 都能得电。此时 X0 优先于 X1，即起动按钮优先于停止按钮。此程序可用于报警设备、安全防护、救援设备等场合。

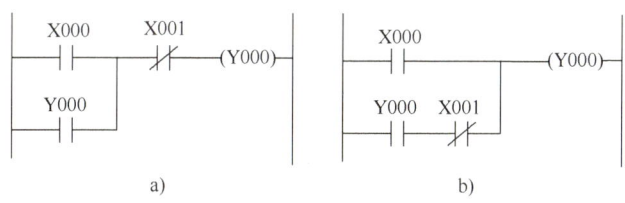

图 2-2-15 设备启停梯形图

 编程练习 6-1：四路抢答器的控制

仿真软件 B3 画面（如图 2-2-14 所示）：四路抢答器的控制。
本任务的四路抢答器由 4 个抢答按钮 PB1~PB4、1 个总控开关 SW1、4 个指示灯 PL1~PL4 等组成。控制要求如下：
1）其中一位选手按下抢答按钮时，对应指示灯（PB1-PL1、PB2-PL2、PB3-PL3、PB4-PL4）常亮。
2）之后其他选手再按抢答按钮时无效。
3）主持人打开总控开关 SW1，系统进行复位，重新开始抢答。

 2.2.1 编程练习6仿真视频：四路抢答器的控制（B3画面）

 2.2.1 仿真软件编程指导：四路抢答器的控制（B3画面）

## 2.2.2 四路抢答器的控制

**1. 编程并观察程序运行效果**

在仿真软件 C1 画面中编辑程序，如图 2-2-16 所示。
先后按下按钮 PB1、PB2，观察程序运行效果，即卷帘门的变化：按下 PB1，Y0 得电，卷帘门上升；按下 PB2，Y0 失电，卷帘门停止上升。

**2. SET/RST 指令说明**

SET、RST 指令相关内容见表 2-2-1。

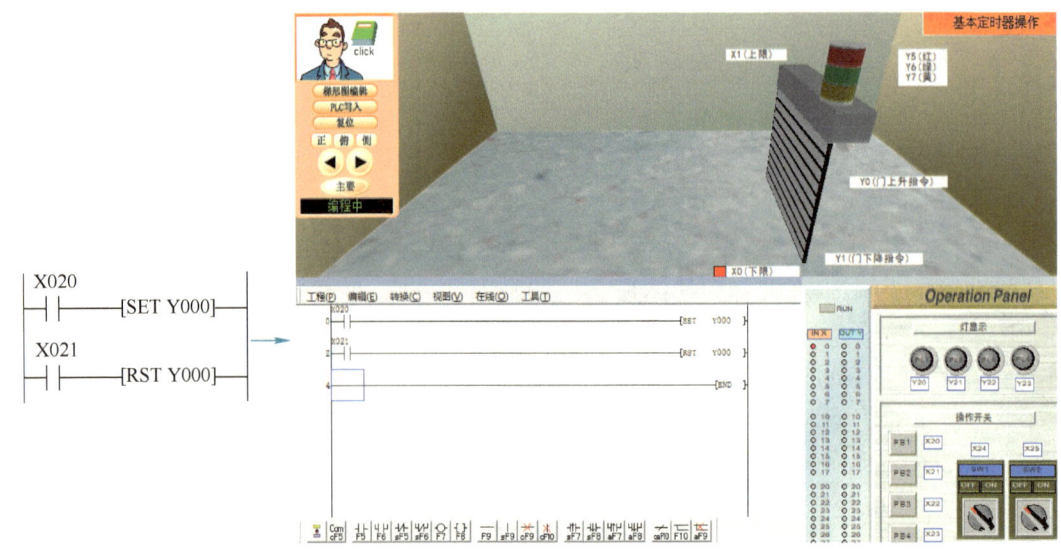

图 2-2-16 仿真软件 C1 画面编程

表 2-2-1 SET、RST 指令相关内容

| 名 称 | 符 号 | 梯形图与操作元件 | 功 能 |
|---|---|---|---|
| 置位 | SET | ─┤├──[SET Y/M/S] | 驱动目标元件,使其线圈通电并保持 |
| 复位 | RST | ─┤├──[RST Y/M/S/T/C/D/V/Z] | 解除目标元件动作保持,当前值及寄存器清零 |

SET：置位指令，用于对辅助继电器 M、输出继电器 Y、状态器 S 的置位，也就是使目标元件置"1"，并维持接通状态。

RST：复位指令，用于对辅助继电器 M、输出继电器 Y、状态器 S 的复位，也就是使目标元件置"0"，并维持复位状态；也可对数据寄存器 D 和变址寄存器 V、Z 清零；还用于对积算定时器 T 和计数器 C 逻辑线圈的复位，使它们的当前计时值或计数值清零，触点复位。

**3. 使用注意事项**

使用注意事项如下：

1）对于同一目标元件，SET、RST 指令可多次使用，顺序也可任意，但以最后执行的一次有效。

2）在实际使用时，尽量不要对同一元件进行 SET 和 OUT 操作。因为这样使用，虽然不是双线圈输出，但如果 OUT 指令的驱动条件断开，则 SET 指令的操作不具有自保持功能。

**4. 明确任务**

用 PLC 的置位与复位指令控制电动机正反转运行，从而使卷帘门连续上升与下降。

控制要求：

1）按下正转起动按钮 PB1，电动机正转运行，卷帘门连续上升。

2）按下停止按钮 PB2，电动机停转，卷帘门停止上升。

3）按下反转起动按钮 PB3，电动机反转运行，卷帘门连续下降。

4）按下停止按钮 PB2，电动机停转，卷帘门停止下降。

### 5. 实施任务

根据 SET/RST 指令的梯形图格式，结合电动机的正反转控制（双重互锁）任务的编程方法可知，具有电气互锁和双重互锁的电动机正反转程序分别如图 2-2-17、图 2-2-18 所示。

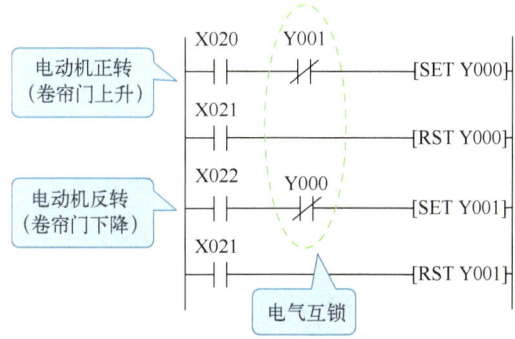

图 2-2-17　用 SET/RST 编写的电动机正反转控制程序（电气互锁）

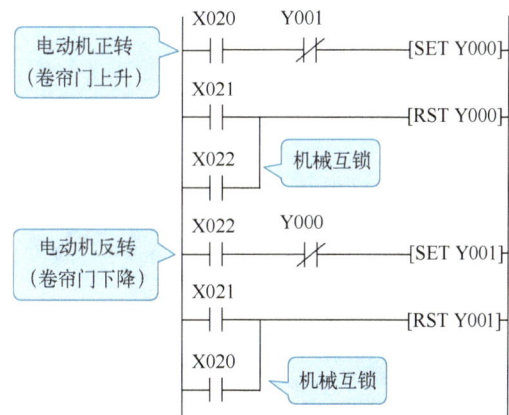

图 2-2-18　用 SET/RST 编写的电动机正反转控制程序（双重互锁）

> **编程练习 6-2：四路抢答器的控制（用 SET/RST 指令）**

仿真软件 B3 画面：四路抢答器的控制。

本任务的四路抢答器由 4 个抢答按钮 PB1~PB4、1 个总控开关 SW1、4 个指示灯 PL1~PL4 等组成。控制要求如下（用 SET/RST 指令）：

1) 其中一位选手按下抢答按钮时，对应指示灯（PB1-PL1、PB2-PL2、PB3-PL3、PB4-PL4）常亮。
2) 之后其他选手再按抢答按钮时无效。
3) 主持人打开总控开关 SW1，系统进行复位，重新开始抢答。

### 6. ZRST 指令

ZRST 指令相关内容见表 2-2-2。

表 2-2-2　ZRST 指令相关内容

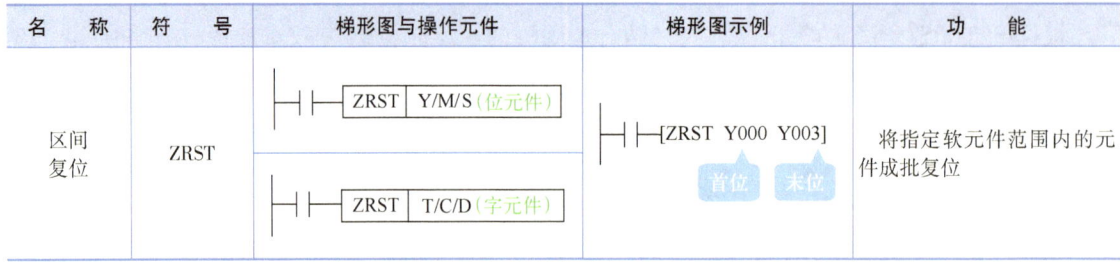

| 名称 | 符号 | 梯形图与操作元件 | 梯形图示例 | 功能 |
|---|---|---|---|---|
| 区间复位 | ZRST | ⊣⊢[ZRST Y/M/S (位元件)]<br>⊣⊢[ZRST T/C/D (字元件)] | ⊣⊢[ZRST Y000 Y003]<br>　　　首位　末位 | 将指定软元件范围内的元件成批复位 |

ZRST：区间复位指令，将指定软件范围内的同类元件成批复位。其梯形图格式中，元件号小的作为首位，元件号大的作为末位。

将 ZRST 应用到编程练习 6-2 的第 3) 条控制要求"主持人打开总控开关 SW1，系统进行复位，重新开始抢答"中，如图 2-2-19 所示。

```
 X024
──┤├──────────────[ZRST Y020 Y023]─┤
```

图 2-2-19　ZRST 在四路抢答器控制程序中的应用

### 编程练习 7：部件移动的控制

2.2.2　编程练习 7 仿真视频：部件移动的控制（E3 画面）

仿真软件 E3 画面（如图 2-2-20 所示）：部件移动的控制。

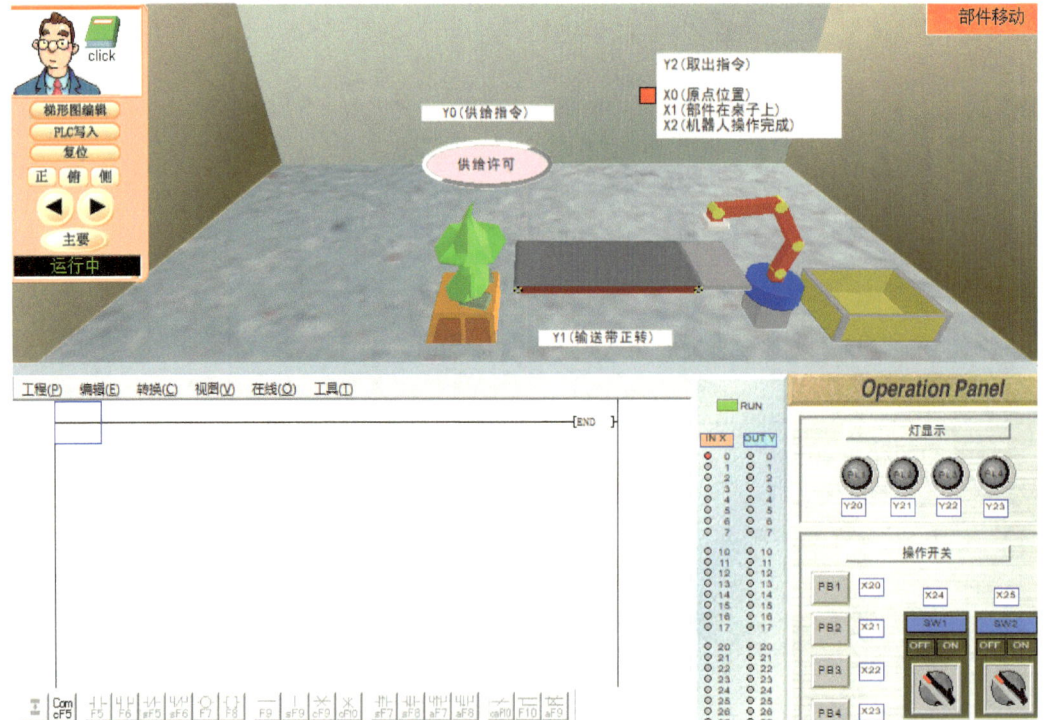

图 2-2-20　仿真软件 E3 画面

控制要求：

1) 按下按钮 PB1，供给工件。

2)按下按钮 PB2,输送带连续运行(用 SET 指令)。

3)当工件到达桌子即传感器(X1)处,且机械手在原点位置,机械手(Y2)动作。

4)如果工件仍在桌子上即传感器(X1)处,则不供给工件。

 **编程练习 8:多段输送带传送工件的控制**

仿真软件 D6 画面(如图 2-2-21 所示):多段输送带传送工件的控制。

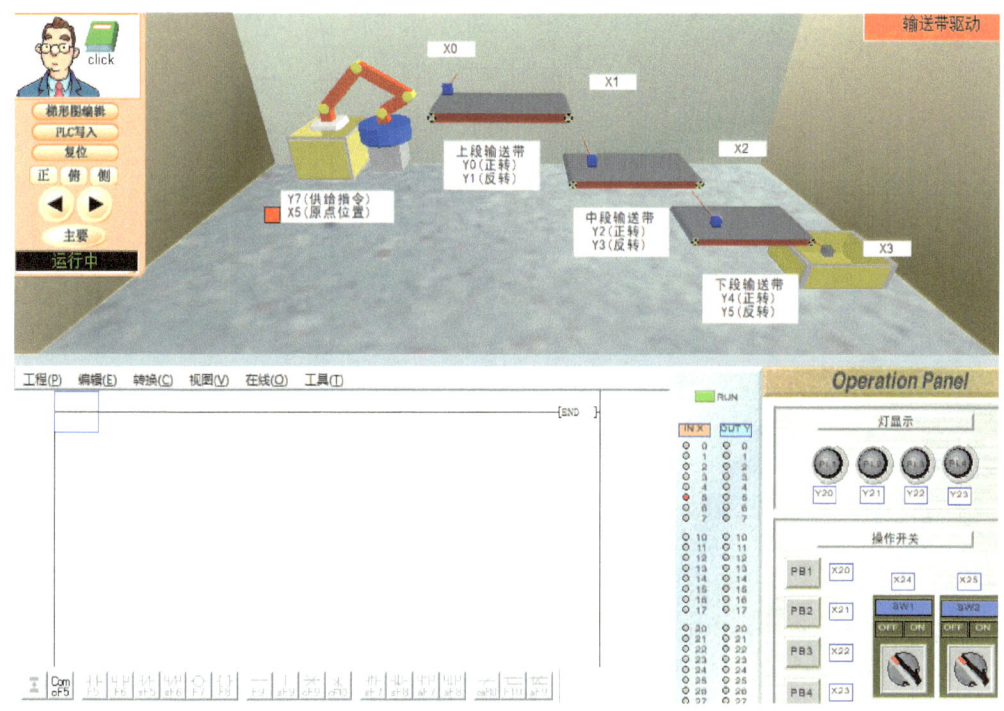

图 2-2-21　仿真软件 D6 画面

控制要求:

1)按下 PB1,且机械手在原点位置,机械手供给一个工件。

2)当上段传感器(X0)检测到工件,上段输送带正转(Y0)运行。

3)当中段传感器(X1)检测到工件,上段输送带正转(Y0)停止,中段输送带正转(Y2)运行。

4)当下段传感器(X2)检测到工件,中段输送带正转(Y2)停止,下段输送带正转(Y4)运行。

5)当末端传感器(X3)检测到工件,下段输送带正转(Y4)停止,同时控制机械手供给下一个工件。

6)按下 PB2,所有输送带停转。

 **编程练习 9:不同尺寸工件的分拣控制**

仿真软件 E2 画面(如图 2-2-22 所示):不同尺寸工件的分拣控制。

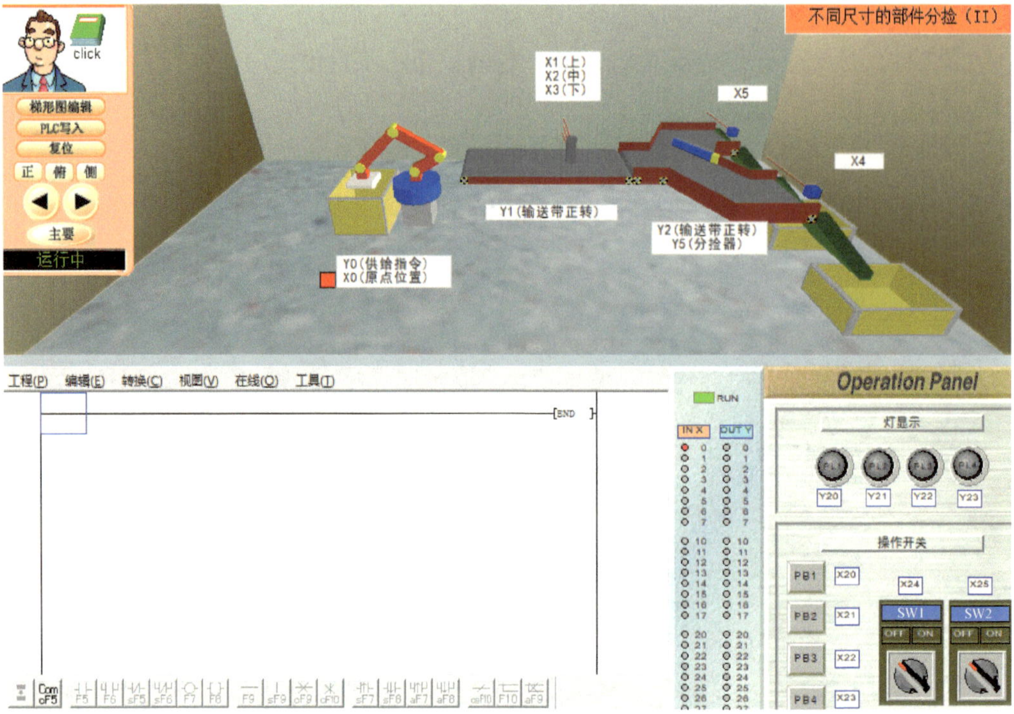

图 2-2-22 仿真软件 E2 画面

控制要求：

1）按下 PB1，且机械手在原点位置，机械手供给一个工件。

2）打开 SW1，输送带正转（Y1/Y2）运行。

3）机械手供给大、小工件。大工件被传送带放到前面（X4）对应的箱子中；小工件被传送时，分拣器（Y5）打开，小工件被传送到后面（X5）对应的货箱中。

4）小工件装入货箱后，分拣器复位。

知识链接 3——输送带中传感器的使用

传感器的工作特点：当工件接近传感器时，对应位置的传感器动作，并输出开关信号。

用传感器输出信号作为启动开关时的编程方法：动作的传感器用其常开触点，无动作的传感器用其常闭触点，如图 2-2-23 所示。

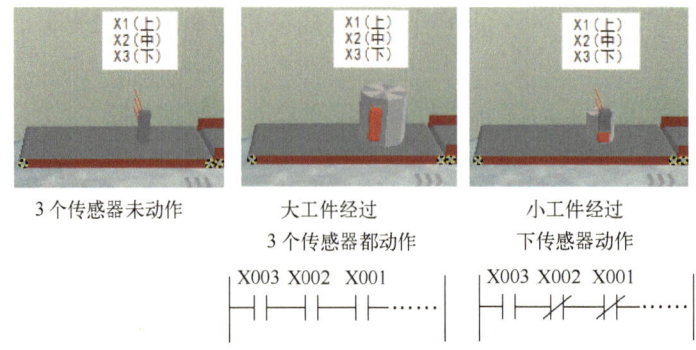

图 2-2-23 用传感器输出信号作为启动开关时的编程方法

### 知识链接 4——梯形图的编程规则（二）

1）梯形图中的触点可以任意地进行串联或并联，但线圈不能串联输出。

2）线圈不能直接与起始母线相连接。如果需要无条件执行，则可以通过一个没有使用到的编程元件的常闭触点或者特殊辅助继电器 M8000（运行时为 ON，PLC 运行时一直闭合）来连接，如图 2-2-24 所示。

3）线圈与终止母线之间不能有任何触点，如图 2-2-25 所示。

a) 不正确　　b) 正确

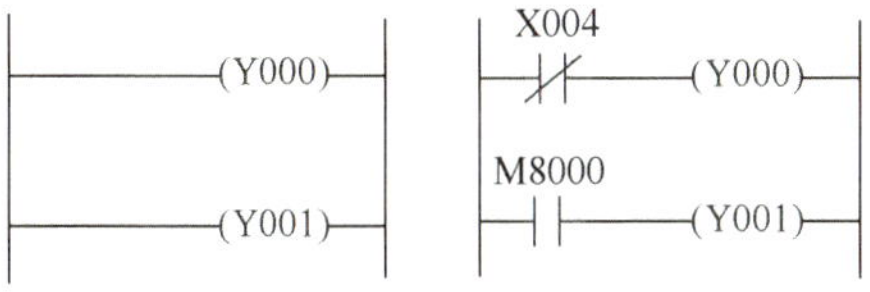

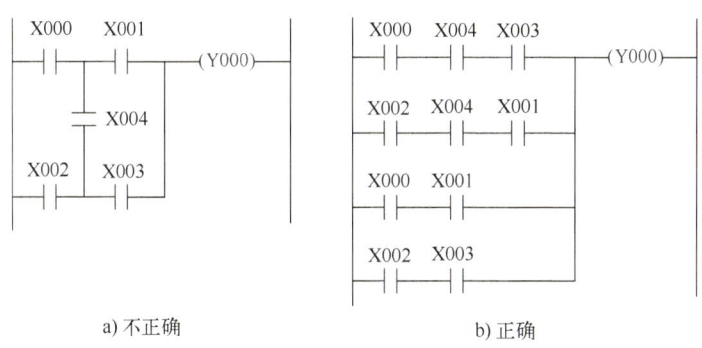

图 2-2-24　线圈不能直接与起始母线相连接

a) 不正确　　b) 正确

图 2-2-25　线圈与终止母线之间不能有触点

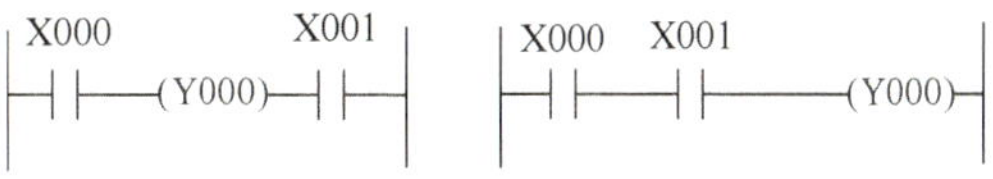

4）梯形图的触点应画在水平线上，不能画在垂直分支上，如图 2-2-26 所示。触点垂直跨接在分支路上的梯形图称为桥式电路，如图 2-2-26a 所示，PLC 对此无法进行编程。遇到不可编程的梯形图时，可根据信号自左至右、自上而下流动的原则对原梯形图重新编排，以便于正确应用 PLC 基本指令来编程，如图 2-2-26b 所示。

a) 不正确　　b) 正确

图 2-2-26　桥式电路及其等效电路

5）如果在同一程序中同一元件的线圈使用两次或多次，则称为双线圈输出。这时前面的输出无效，只有最后一次才有效，容易引起误操作，应尽量避免线圈重复使用，如图 2-2-27 所示。

a) 不正确　　b) 正确

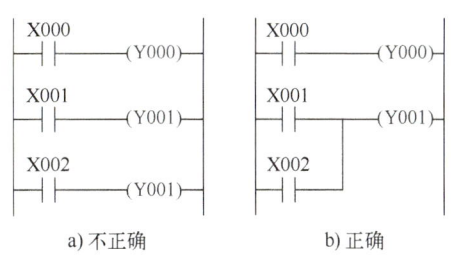

图 2-2-27　双线圈输出

6)遵循"上重下轻、左重右轻"的原则,如图 2-2-28 和图 2-2-29 所示。

① 多条支路并联:触点最多的那条串联支路放在梯形图最上面。

② 并联电路相串联:触点最多的并联回路放在梯形图最左边。

按这样的规则编制的梯形图可减少用户程序步数,缩短程序扫描时间。

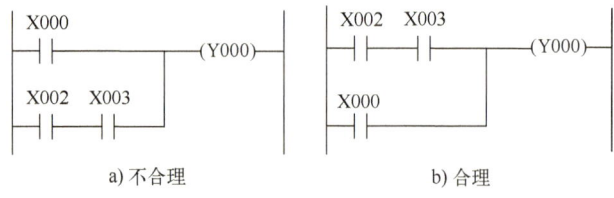

图 2-2-28 "上重下轻"原则

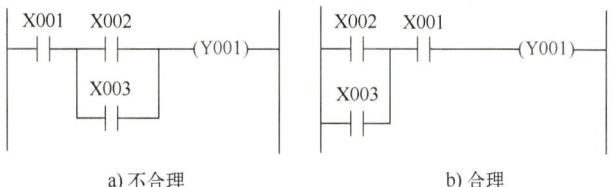

图 2-2-29 "左重右轻"原则

7)对于多重输出电路,应将串有触点或串联触点多的电路放在下边,可减少用户程序步数,如图 2-2-30 所示。

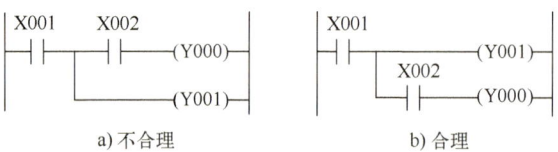

图 2-2-30 多重输出电路设计原则

8)对于逻辑功能复杂的电路,可以重复使用一些触点,改成等效电路,再进行编辑,使逻辑关系尽量清楚,如图 2-2-31 所示。

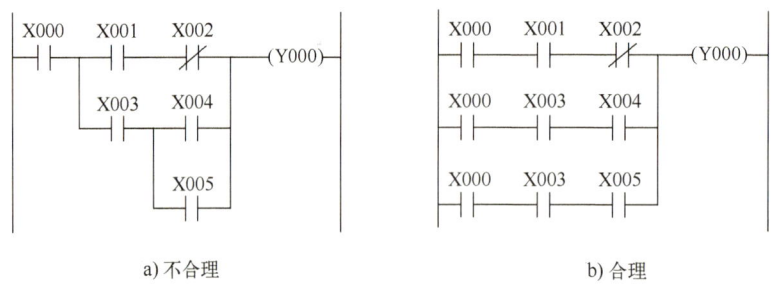

图 2-2-31 逻辑功能复杂电路设计原则

## 2.2.3 实践应用:多路抢答器的控制

多路抢答器的控制要求如下:

1) 共 4 位选手，每位选手都有 1 个抢答按钮和 1 个指示灯，某位选手按下抢答按钮时，对应的指示灯点亮，其他选手的抢答按钮失效。

2) 点亮的指示灯显示 3 s 后自动熄灭。

3) 在开始时设置启动按钮，只有主持人允许答题时（即启动按钮接通）选手答题才有效。

本任务评分明细见表 2-2-3。

表 2-2-3　任务评分明细

| 序号 | 主要内容 | 考核要求 | 评分标准 | 配分 | 考核要点 |
|---|---|---|---|---|---|
| 1 | 电路设计 | 1）根据提出的电气控制要求，正确绘出电路图<br>2）按所设计的电路图，提出主要材料单、线号统计表 | 1）电路设计出现 1 处错误，扣 5 分<br>2）电路绘制不符合标准，每处扣 1 分<br>3）主要材料单、工具单有误，每处扣 1 分 | 30 | 节能减排：在电路设计和装接过程中，注重节能减排，减少不必要的能耗，提高能源利用效率 |
| 2 | 元件安装 | 1）按图纸的要求，正确使用工具和仪表，熟练地安装电气元器件<br>2）元件在配电板上布置要合理，安装要准确紧固<br>3）按钮固定在板上 | 1）元件布置不整齐、不匀称、不合理，每处扣 1 分<br>2）元件安装不牢固、安装元件错误，每处扣 1 分<br>3）安装时漏装螺钉，每处扣 1 分<br>4）损坏元件或工具，每处扣 2 分 | 10 | |
| 3 | 布线工艺 | 1）要求美观、紧固、无毛刺、节能，导线要放进线槽<br>2）线标标注符合标准<br>3）电源和电动机配线、按钮接线要接到端子排上<br>4）强电回路和弱电回路进行区分 | 1）有导线未放进线槽，每处扣 0.5 分<br>2）线标标注不符合标准，每处扣 0.5 分<br>3）强电回路和弱电回路未进行区分，扣 2 分<br>4）接线不牢固，每处扣 0.5 分<br>5）接点松动、接头露铜过长、反圈、压绝缘层，每处扣 0.5 分<br>6）损伤导线绝缘或线芯，每根扣 0.5 分 | 25 | |
| 4 | 通电试验 | 在保证人身和设备安全的前提下，要求通电试验一次成功 | 1）信号灯运行正常，但未按电路图接线，扣 2 分<br>2）启动后出现电源短路或烧坏元器件的情况，该项 0 分<br>3）一次试验不成功扣 10 分；二次试验不成功扣 20 分；三次试验不成功扣 30 分 | 30 | 安全生产：在试验过程中，严格按照操作规程进行，确保每一步操作都准确无误 |
| 5 | 工具使用/工位整理 | 能够按照电工作业标准正确使用工具与仪器，整理工位 | 使用不规范，根据情况酌情扣分<br>整理不规范，根据情况酌情扣分 | 5 | 规范操作、责任担当：正确使用 PLC 编程软件、装调工具；完成试验后，对工位进行整理和清洁，确保工作环境整洁有序 |
| 6 | 创新 | 可在功能上和智能化程度上对四路抢答器进行创新，如倒计时、声音提示、显示、防误触、数据分析等功能，同时考虑这些功能是否实用和有效 | 每个创新点 +5 分 | | 创新应用：探索 PLC 技术的创新应用，提出新颖的解决方案，实现技术创新和工程应用优化 |
| 7 | 安全文明 | 发现有重大事故隐患时，要立即予以制止，并扣安全文明生产分 10 分；如未经老师允许擅自通电，扣 30 分；未经允许擅自通电产生安全事故，扣 50 分 | | | |
| | | 合计 | | 100 | |

注：前 6 项每项最低分为 0 分，第 6 项对应附加分（附加分上限为 10 分），第 7 项为倒扣分。

**1. 实验设备**

本任务实验设备如图 2-1-21 所示，根据本任务的控制要求，项目所选用的器材见表 2-2-4。

表 2-2-4 任务器材表

| 序 号 | 元器件名称 | 型 号 | 单 位 | 数 量 |
|---|---|---|---|---|
| 1 | PLC | $FX_{3SA}-14MR$ | 台 | 1 |
| 2 | 断路器 | DZ47LE-32/1P | 个 | 1 |
| 3 | 开关电源 | 明纬 24 V/5 A | 个 | 1 |
| 4 | 指示灯 | $U_N = DC24\ V$ | 个 | 4 |
| 5 | 按钮 | LA38-11BN | 个 | 4 |
| 6 | 转换开关 | LAY37 | 个 | 1 |
| 7 | PLC 通信线 | Mini USB 数据线 | 根 | 1 |

**2. 实施任务**

（1）分配输入/输出（I/O）地址

通过分析任务的控制要求，可以确定 5 个输入点和 4 个输出点，输入/输出（I/O）地址分配表见表 2-2-5。

表 2-2-5 输入/输出（I/O）地址分配表

| 输 入 | | | 输 出 | | |
|---|---|---|---|---|---|
| 输入点 | 输入元件 | 作用 | 输出点 | 输出元件 | 作用 |
| X0 | SB1 | 抢答 | Y0 | H1 | 指示 |
| X1 | SB2 | 抢答 | Y1 | H2 | 指示 |
| X2 | SB3 | 抢答 | Y2 | H3 | 指示 |
| X3 | SB4 | 抢答 | Y3 | H4 | 指示 |
| X4 | SA | 总开关 | | | |

（2）绘制 I/O 接线图

根据 I/O 分配，将 4 个抢答按钮、1 个总开关接到 PLC 对应的输入端子，按照 2.1.3 小节信号灯的接线方法将负载（4 盏指示灯）及其工作电源接到 PLC 的输出端。本任务的 I/O 接线图如图 2-2-32 所示。

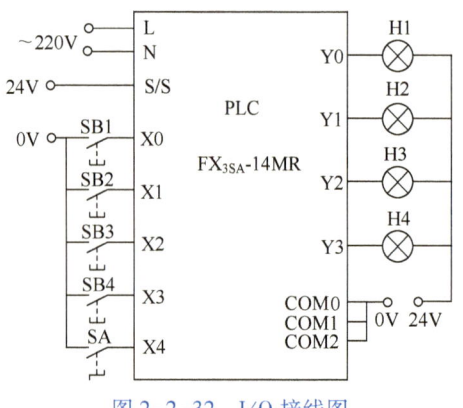

图 2-2-32 I/O 接线图

(3)接线

结合 I/O 接线图，按照多路抢答器控制任务的接线工艺要求完成接线。

(4)编写程序

根据 I/O 地址分配和 I/O 接线图编写多路抢答器控制程序，参考程序如图 2-2-33 所示。

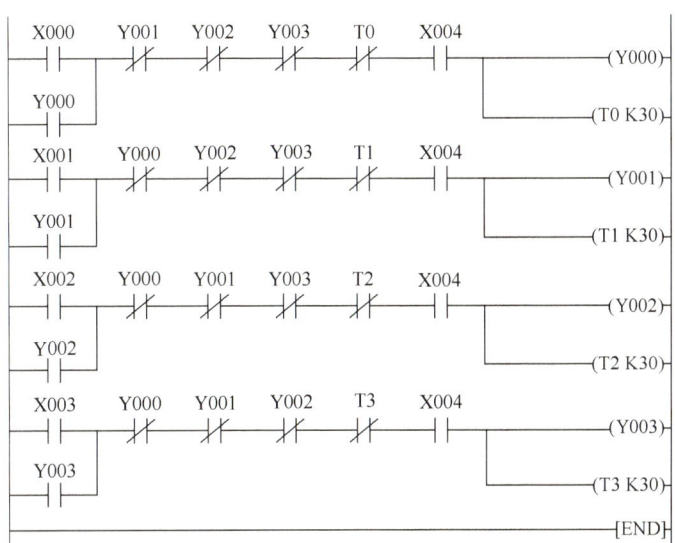

图 2-2-33 多路抢答器控制参考程序

(5)运行调试

参考 2.1.3 小节"实践应用：信号灯的点动控制"的运行调试方法进行运行调试。

一、判断题

1. 在用 PLC 控制电动机正反转的过程中，电动机要实现软件与硬件双重互锁。（  ）
2. RST 的功能是使线圈失电或当前数据清零。（  ）
3. 梯形图编程时，若有多条支路并联，则触点最多的那条支路放在梯形图的最上面。（  ）
4. 梯形图的触点可以画在水平线上，也可以画在垂直分支上。（  ）
5. 在 PLC 中，指令表是编程器所能识别的语言。（  ）

二、单项选择题

1. 下列（  ）选项属于电气互锁。
   A. X0、X1 常开触点　　　　　　B. X0、X1 常闭触点
   C. Y0、Y1 常开触点　　　　　　D. Y0、Y1 常闭触点
2. 梯形图的程序执行的顺序是（  ）。
   A. 不分顺序，同时执行　　　　　B. 从大到小，从左到右
   C. 从左到右，从上到下　　　　　D. 从右到左，从上到下

3. 分析图 2-2-34 中的两幅梯形图：当 X000 接通时，线圈 Y000～Y002 的得电情况。（  ）

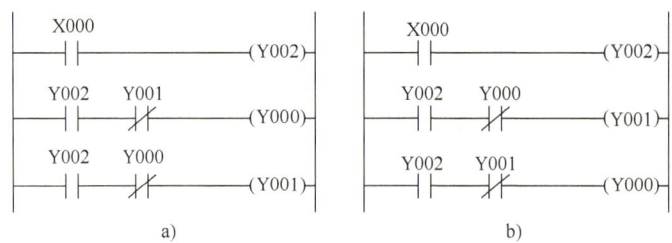

图 2-2-34　选择题 3 的图

A. 图 a：Y002 得电、Y000 得电；图 b：Y002 得电、Y001 得电
B. 图 a：Y002 得电、Y001 得电；图 b：Y002 得电、Y000 得电
C. 图 a：Y002 得电、Y000 得电；图 b：Y002 得电、Y000 得电
D. 图 a：Y002 得电、Y001 得电；图 b：Y002 得电、Y001 得电

4. 在用户程序中，如果对输出结果多次赋值（即双线圈输出），则（　　）。
   A. 最后一次有效　　　　　　B. 第一次有效
   C. 每次均有效　　　　　　　D. 每次均无效

5. 观察图 2-2-35 中的梯形图，启动按钮 X020 与停止按钮 X021 哪个优先级更高（　　）。

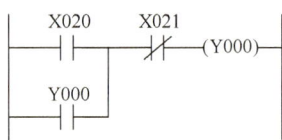

图 2-2-35　选择题 5 的图

A. 启动按钮 X020 优先级高　　B. 停止按钮 X021 优先级高
C. 一样高　　　　　　　　　　D. 不确定

### 三、填空题

1. 使用元件自保持 ON 状态，用（　　）指令。
2. 可编程控制器的 CPU 的工作方式为（　　）。
3. 区间复位指令是（　　），可将指定元件号范围内的同类元件成批复位。

### 四、简答题

1. 简述 OUT 指令与 SET 指令的异同。
2. 编程时，对于同一目标元件，SET、RST 指令能否多次使用？是否可以对同一目标元件进行 SET 和 OUT 操作？

## 2.3　信号灯的时序控制——定时器和辅助继电器

[学习目标]

- 掌握编程元件定时器 T 的应用。
- 掌握编程元件辅助继电器 M 的应用。

2.3　信号灯的时序控制

- 会用定时器指令编写延时启动和延时分断程序。
- 能用三菱 PLC 实现信号灯的时序控制。

[重点与难点]
- 定时器 T 的应用。
- 辅助继电器 M 的应用。
- PLC 控制信号灯时序运行的方法。
- 灵活应用定时器指令实现延时接通和延时分断控制。

[素养目标]
- 具有精确控制能力：能精确控制各个信号灯的状态和时间。
- 强化电气操作规范流程，树立职业意识。

[课前准备]
- 复习自锁、互锁等控制程序设计。

## 2.3.1 三盏信号灯的时序控制

### 1. 引入任务

三盏信号灯的时序控制要求如下：

1）如图 2-3-1 所示，按下启动按钮 PB1，绿灯亮，亮 3 s。
2）3 s 后绿灯熄灭，黄灯亮，亮 2 s。
3）2 s 后黄灯熄灭，红灯亮，亮 2 s。
4）2 s 后红灯熄灭。

2.3.1 仿真软件编程指导：信号灯的时序控制（D3 画面）

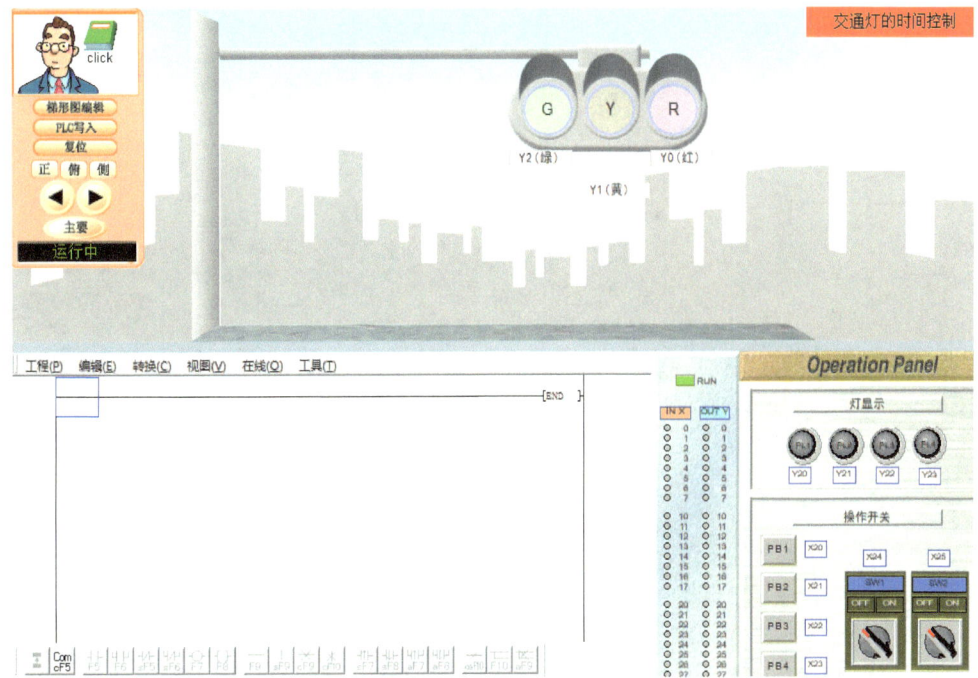

图 2-3-1 仿真软件 D3 画面

## 2. 编程并观察程序运行效果

1）在仿真软件 D3 画面中编辑程序 1，如图 2-3-2 所示。

按下启动按钮 PB1，观察程序运行效果，即交通灯 Y0~Y2 的变化：按下 PB1，Y2 得电，绿灯亮，同时 T0 计时 3 s。

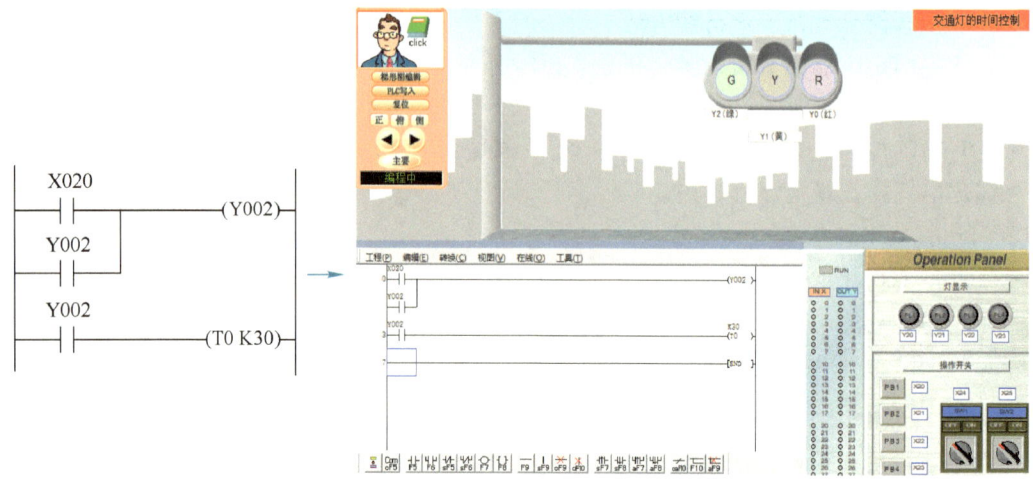

图 2-3-2　仿真软件 D3 画面编辑程序 1

2）在仿真软件 D3 画面中编辑程序 2，如图 2-3-3 所示。

按下启动按钮 PB1，观察程序运行效果，即交通灯 Y0~Y2 的变化：按下 PB1，Y2 得电，绿灯亮，同时 T0 计时 3 s，3 s 后黄灯亮。

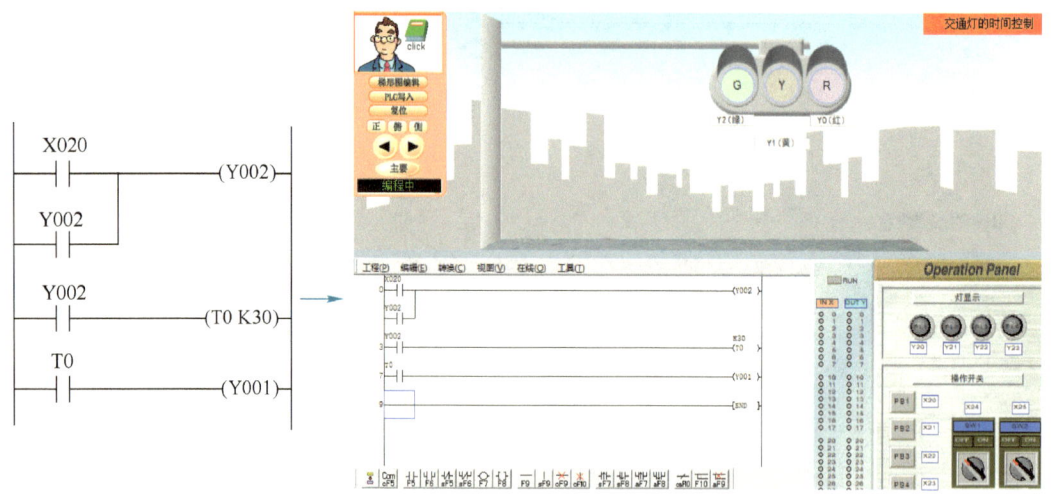

图 2-3-3　仿真软件 D3 画面编辑程序 2

3）在仿真软件 D3 画面中编辑程序 3，如图 2-3-4 所示。

按下启动按钮 PB1，观察程序运行效果，即交通灯 Y0~Y2 的变化：按下 PB1，Y2 得电，绿灯亮，同时 T0 计时 3 s，3 s 后绿灯熄灭且黄灯亮一瞬间。

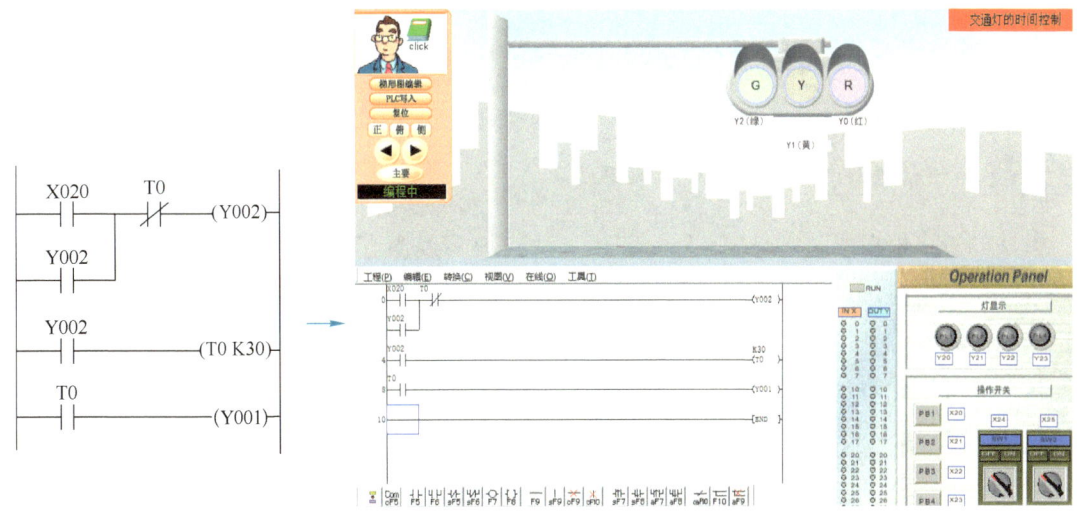

图 2-3-4　仿真软件 D3 画面编辑程序 3

**知识链接 1——定时器**

定时器相当于继电器系统中的时间继电器，可在程序中用于延时控制。PLC 的定时器都是通电延时型，有触点和线圈，触点可无限次使用，其说明见表 2-3-1。

表 2-3-1　定时器 T 说明

| 名　称 | 符号 | 结　构 | 功　能 |
| --- | --- | --- | --- |
| 定时器 | T | ——(T0 K30) | 用于定时操作，起延时接通和断开电路的作用 |

梯形图表示为 T0 K30，具体含义如下：

1) T：定时器的简称。
2) 0：地址编号，采用十进制，$FX_{3U}$ 系列 PLC 的地址编号为 0~511，共 512 点。
3) K：表示十进制常数。
4) 30：设定值，即 PLC 内部时钟脉冲的扫描次数。设定值既可用常数 K 设定，也可用数据寄存器 D 设定。

定时器的时钟脉冲有 1 ms、10 ms、100 ms 这 3 种，定时器是根据时钟脉冲累积计时的。定时器的定时时间=设定值×时钟脉冲。定时器的地址编号及设定时间范围如下：

1) 100 ms 普通定时器 T0~T199，共 200 点，设定值为 0.1~3276.7 s。
2) 10 ms 普通定时器 T200~T245，共 46 点，设定值为 0.01~327.67 s。
3) 1 ms 积算定时器 T246~T249，共 4 点，设定值为 0.001~32.767 s。
4) 100 ms 积算定时器 T250~T255，共 6 点，设定值为 0.1~3276.7 s。
5) 1 ms 普通定时器 T256~T511，共 256 点，设定值为 0.001~32.767 s。

例：T0 K30 定时时间 $t = 30×100$ ms $= 3000$ ms $= 3$ s

定时器的工作原理如下：当定时器的线圈得电时，定时器开始计时，当其当前值等于设定值时，其常开触点闭合，常闭触点断开。当定时器的线圈失电时，通用定时器复位，其触点也复位，且当前值清 0。

## 3. 改进程序

**问题 1:** 图 2-3-3 的梯形图程序中,如何让线圈 Y001 持续得电?

方法如下:采用自锁的方法使线圈 Y001 持续得电,如图 2-3-5 所示。

**问题 2:** 如何让线圈 Y001 得电 2 s 后熄灭?

方法如下:根据线圈 Y002 计时的编程方法,编写线圈 Y001 计时的程序,如图 2-3-6 所示。

## 4. 实施任务

按照绿灯启停的方法编写红灯对应程序,参考程序如图 2-3-7 所示。

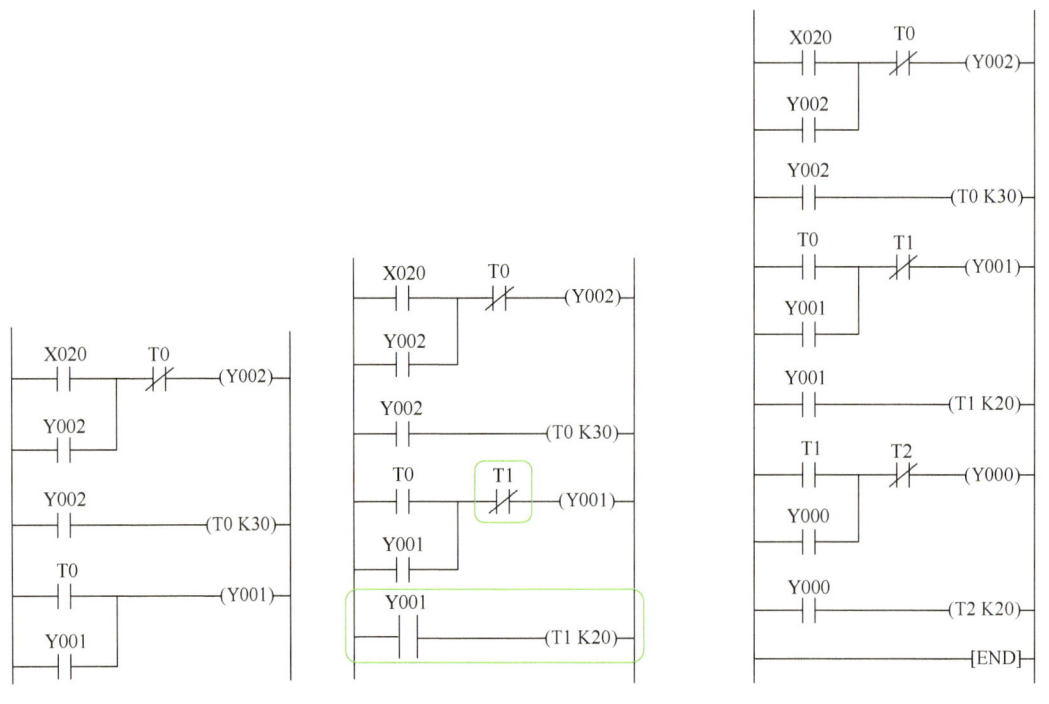

图 2-3-5　加自锁　　　图 2-3-6　线圈 Y001 计时　　　图 2-3-7　信号灯的时序控制程序

### 知识链接 2——定时范围的扩展

在工业现场应用中,设备动作延时的时间可能比较长,而 FX3U 系列 PLC 中定时器的最长定时时间为 3276.7 s。如果需要更长的定时时间,那么怎么办呢?可以采用多个定时器串联来延长定时范围。

在图 2-3-8 所示的梯形图中,当 X000 接通时,定时器开始定时。T0 当前值 = 18000 时,当定时器 T0 的延时时间 1800 s(0.5 h)到时,T0 的常开触点由断开变为接通,定时器 T1 开始计时。T1 当前值 = 18000 时,当定时器 T1 的延时时间 1800 s(0.5 h)到时,T1 的常开触点由断开变为接通,线圈 Y000 得电。当 X000 断开时,T0、T1 的常开触点立即复位断开。这种延长定时范围的方法形象地称为接力定时法。

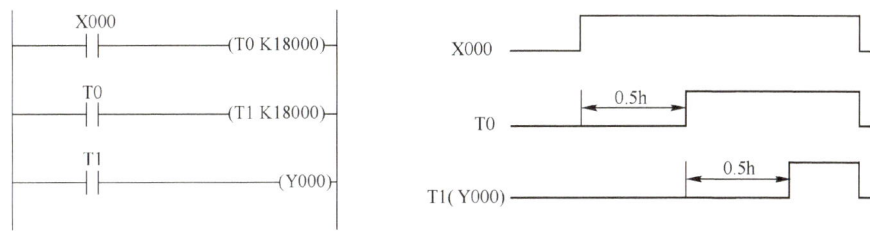

图 2-3-8 用两个定时器延长定时范围

###  编程练习1：卷帘门的控制

仿真软件 C1 画面（如图 2-1-4 所示）：卷帘门的控制。
控制要求：
1）按下 PB1，红灯持续点亮。
2）红灯亮 3s 后熄灭。
3）红灯熄灭后卷帘门上升，到达上限 X1，卷帘门停止上升。
4）按下 PB2，绿灯持续点亮。
5）绿灯亮 3s 后熄灭。
6）绿灯熄灭后卷帘门下降，到达下限 X0，卷帘门停止下降。

2.3.1 编程练习1仿真视频：卷帘门的控制（C1画面）

### 编程练习2：三盏信号灯的控制

2-1 仿真软件 C1 画面：三盏信号灯的控制。
控制要求：
1）按下启动按钮 PB1，红灯亮。
2）延时 5s 后，红灯灭，绿灯亮。
3）再延时 5s 后，绿灯灭，黄灯亮。
4）按下停止按钮 PB2，黄灯停止。

2-2 仿真软件 C1 画面：三盏信号灯的控制。
控制要求：
1）按下启动按钮 PB1，红灯亮。
2）延时 5s 后，红灯灭，绿灯亮。
3）再延时 5s 后，绿灯灭，黄灯亮。
4）再延时 5s 后，黄灯灭，红灯再次亮。
5）按下停止按钮 PB2，任何灯熄灭。

2.3.1 编程练习2-1仿真视频：三盏信号灯的控制（C1画面）

2.3.1 编程练习2-2仿真视频：三盏信号灯的控制（C1画面）

###  编程练习3：输送带起停控制

仿真软件 D5 画面（如图 2-3-9 所示）：输送带起停控制。
控制要求：
1）按下 PB1，黄灯（Y7）被点亮而且蜂鸣器（Y3）拉响。
2）5s 后黄灯（Y7）和蜂鸣器（Y3）都失电。
3）同时，输送带开始正转、绿灯（Y6）保持点亮。
4）按下 PB2，黄灯（Y7）、蜂鸣器（Y3）、正转输送带和绿灯都停止动作。

2.3.1 编程练习3仿真视频：输送带起停控制（D5画面）

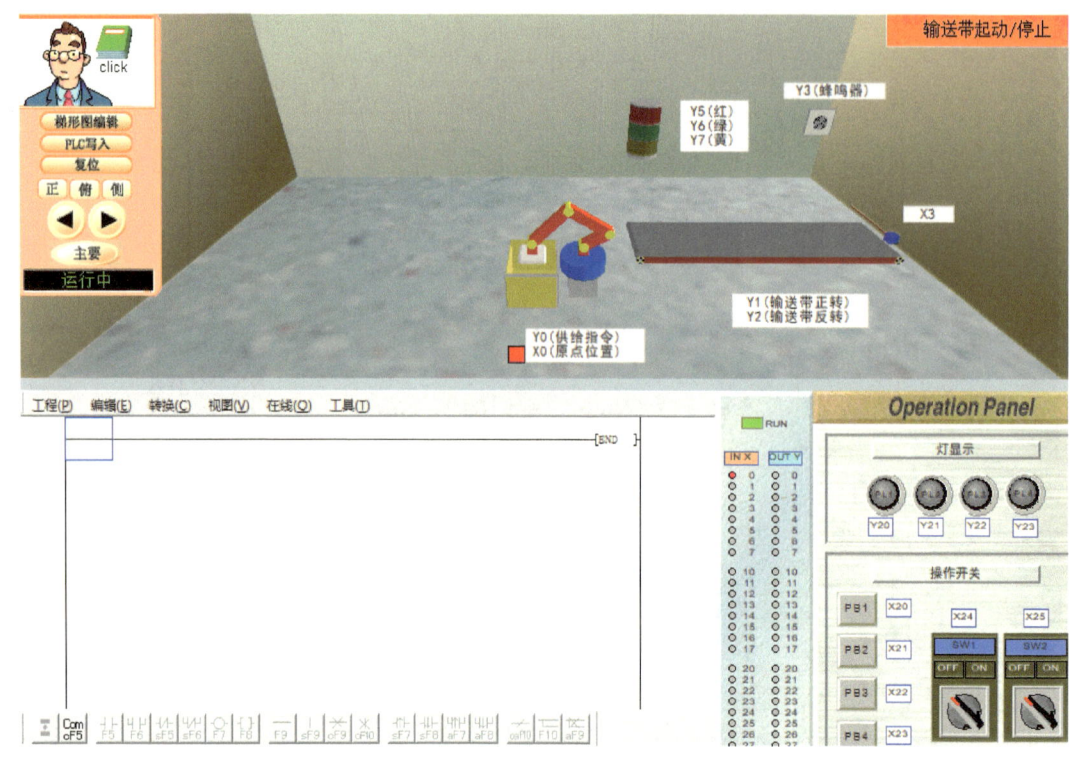

图 2-3-9 仿真软件 D5 画面

## 2.3.2 信号灯的闪烁控制

 **编程练习 4：一盏信号灯的闪烁控制**

仿真软件 D3 画面：一盏信号灯的闪烁控制。

4-1 控制要求 1：

1) 合上 SW1（X24）2 s 后，绿灯（Y2）亮。
2) 绿灯（Y2）亮 3 s 后熄灭。
3) 熄灭 2 s 后绿灯（Y2）再次点亮。如此往复循环，实现接通开关、绿灯闪烁的运行效果。

4-2 控制要求 2：

1) 按下 PB1（X20）2 s 后，绿灯（Y2）亮。
2) 绿灯（Y2）亮 3 s 后熄灭。
3) 熄灭 2 s 后绿灯（Y2）再次点亮。如此往复循环，实现接通开关、绿灯闪烁的运行效果。

知识链接 3——辅助继电器 M

辅助继电器 M 说明见表 2-3-2。

2.3.2 编程练习 4-1 仿真视频：一盏信号灯的闪烁控制（D3 画面）

2.3.2 编程练习 4-2 仿真视频：一盏信号灯的闪烁控制（D3 画面）

2.3.2 仿真软件编程指导：信号灯的闪烁控制（D3 画面）

表 2-3-2 辅助继电器 M 说明

| 名 称 | 符 号 | 功 能 |
|---|---|---|
| 辅助继电器 | M | 用作状态暂存、中间运算等，类似于中间继电器 |

PLC 内部有很多辅助继电器，其作用相当于继电器控制系统中的中间继电器，它没有向外的任何联系，且其常开、常闭触点使用次数不受限制。辅助继电器不能直接驱动外部负载，只供内部编程使用，外部负载的驱动必须通过输出继电器来实现。

辅助继电器的地址编号采用的是十进制数，共分为 3 类：通用辅助继电器、停电保持辅助继电器、特殊辅助继电器。

（1）通用辅助继电器：M0~M499

通用辅助继电器的线圈由用户程序驱动，若 PLC 在运行过程中突然断电，则这些继电器将全部变为 OFF 状态。如果再次接通，则除了因外部输入信号而变为 ON 状态的继电器以外，其余的继电器仍将保持为 OFF 状态。

对于通用辅助继电器，可通过参数设定将其改为停电保持辅助继电器。

（2）停电保持辅助继电器：M500~M7679

停电保持辅助继电器用于保存停电前的状态。在电源中断时，该辅助继电器通过 PLC 内装锂电池来保持停电前的状态。此类辅助继电器又分为以下两类：

1）M500~M1023：可通过参数设置将其改为通用辅助继电器。

2）M1024~M7679：专用停电保持辅助继电器，其断电保持特性无法用参数来改变。

"停电保持"梯形图程序如图 2-3-10 所示，这是一个路灯控制程序。正常情况：每晚 7 点由工作人员按下按钮 X000，点亮路灯 Y000，次日凌晨按下 X001，路灯熄灭。意外停电：若夜间出现意外停电，则 Y000 熄灭。由于 M600 是停电保持型辅助继电器，因此在恢复来电时，M600 将保持 ON 状态，从而使 Y000 继续为 ON，灯继续点亮。

（3）特殊辅助继电器（具有特定功能）：M8000~M8511

特殊辅助继电器是由厂家已定义好用途或工作方式的继电器。它们用来表示 PLC 的某些状态，提供时钟脉冲和标志（进位、借位等），设定 PLC 的运行方式、步进、顺控、禁止中断，以及设定计数器的计数方式等。

特殊辅助继电器共 512 点，但其中的有些元件编号没有定义，不能使用。已定义好的特殊辅助继电器各自具有特定的功能，分为触点型和线圈型。

1）触点型：只能利用其触点的特殊辅助继电器。下面介绍几种常用的触点型特殊辅助继电器的定义和应用实例。

M8000：运行监控。常开触点，PLC 在运行（RUN）时触点闭合，如图 2-3-11 所示。

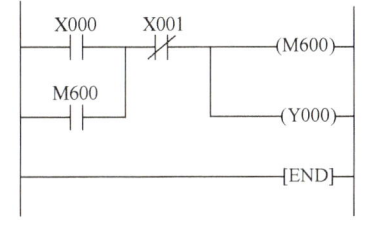

图 2-3-10 "停电保持"梯形图程序

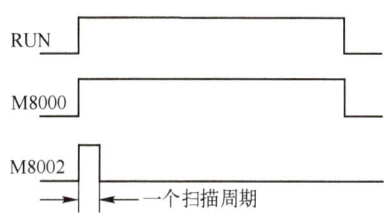

图 2-3-11 M8000/M8002 时序图

M8002：初始化脉冲。常开触点，仅在 PLC 运行开始时接通一个扫描周期，如图 2-3-11 所示。

M8005：锂电池电压降低。锂电池电压下降至规定值时触点闭合，可以用其触点和输出继电器驱动外部指示灯，以提醒工作人员更换锂电池。

M8011~M8014：分别为10ms、100ms、1s、1min时钟脉冲，占空比均为0.5，如图2-3-12所示。例如，M8013为1s时钟脉冲，该触点为0.5s接通、0.5s断开。

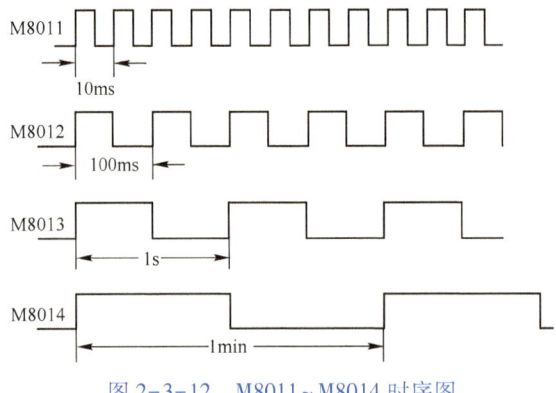

图 2-3-12　M8011~M8014 时序图

2）线圈型：由用户程序控制其线圈，当其线圈得电时能执行某种特定的操作，如M8033、M8034等。下面进行具体介绍。

M8030：M8030的线圈得电时，在PLC停止（STOP）时，元件映像寄存器（Y、M、C、T、D等）中的数据仍保持。

M8034：线圈得电时全部输出，继电器失电不输出。

M8035：强制运行（RUN）模式。

M8036：强制运行（RUN）指令。

M8037：强制停止（STOP）指令。

M8039：线圈得电时，PLC以D8039中指定的扫描时间工作。

线圈型特殊辅助继电器不仅可以用其线圈，也可以用其触点。

 **编程练习5：两盏信号灯的闪烁控制**

仿真软件D3画面：两盏信号灯的闪烁控制。

控制要求：

1）合上SW1（X24）2s后，红灯Y0点亮，5s后熄灭。

2）黄灯Y1点亮，2s后熄灭，接着红灯Y0又点亮。

3）如此往复循环。实现接通开关、红灯Y0、黄灯Y1依次闪烁的运行效果。

 **编程练习6：交通路口人/车的通行控制**

仿真软件D2画面（如图2-3-13所示）：交通路口人/车的通行控制。

人通行控制要求：

1）当入门传感器（X0）检测到人通过时，绿灯（Y1）亮。

2）出口传感器（X1）检测到人的消息5s后，绿灯（Y1）灭。

车通行控制要求：

1）当入门传感器（X2）检测到汽车通过时，绿灯（Y4）亮。

2）出口传感器（X3）检测到车的消息5s后，绿灯（Y4）灭。

2.3.2 编程练习5仿真视频：两盏信号灯的闪烁控制（D3画面）

2.3.2 编程练习6-1仿真视频：交通路口人的通行控制（D2画面）

2.3.2 编程练习6-2仿真视频：交通路口车的通行控制（D2画面）

2.3.2 仿真软件编程指导：交通路口车的通行控制（D2画面）

3) 如果汽车没有在 6 s 内通过入门传感器（X2）和出口传感器（X3）之间的区域，则红灯（Y3）亮而且蜂鸣器（Y7）响。

4) 一旦汽车通过出口传感器（X3），红灯（Y3）灭而且蜂鸣器（Y7）停止。

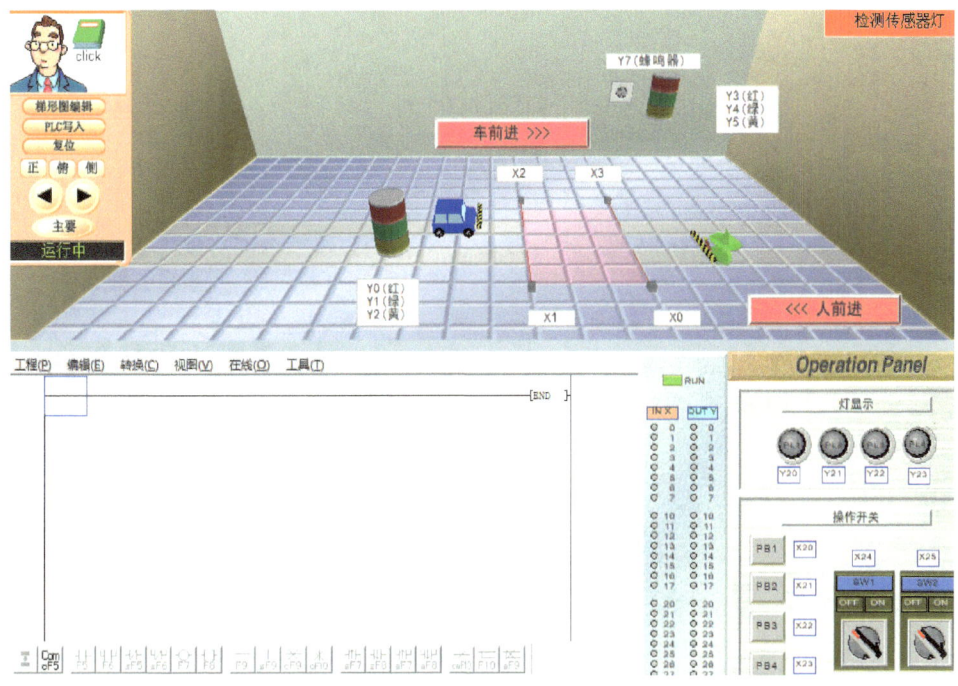

图 2-3-13　仿真软件 D2 画面

###  编程练习 7：灯的亮灭控制

仿真软件 E1 画面（如图 2-3-14 所示）：灯的亮灭控制。
控制要求：

1) 按下红色按钮（X10），红色信号灯（Y0）闪烁 6 s（先灭 1 s 后亮 1 s，周期 2 s）。

2) 同时，按下红色按钮（X10），指示灯（Y10）持续点亮 6 s。

3) 6 s 后红色信号灯（Y0）和指示灯（Y10）都熄灭，黄色信号灯（Y1）点亮 3 s。

4) 3 s 后黄色信号灯（Y1）熄灭，绿色信号灯（Y2）点亮 5 s。

5) 5 s 后绿色信号灯（Y2）熄灭。

2.3.2 编程练习 7 仿真视频：灯的亮灭控制（E1 画面）

2.3.2 仿真软件编程指导：灯的亮灭控制（E1 画面）

###  编程练习 8：灯的闪烁控制

仿真软件 D3 画面：灯的闪烁控制。
用定时器编一个程序，控制要求：

1) 按下 PB1 启动信号灯。

2) 黄灯闪烁 3 s 后熄灭（亮 0.5 s 灭 0.5 s）。

提示：黄灯闪烁分别用以下两种方法进行编写。

1) 通用闪烁程序的编程方法；

2) 借助特殊辅助继电器 M8013 的编程方法。

2.3.2 编程练习 8 仿真视频：灯的闪烁控制（D3 画面）

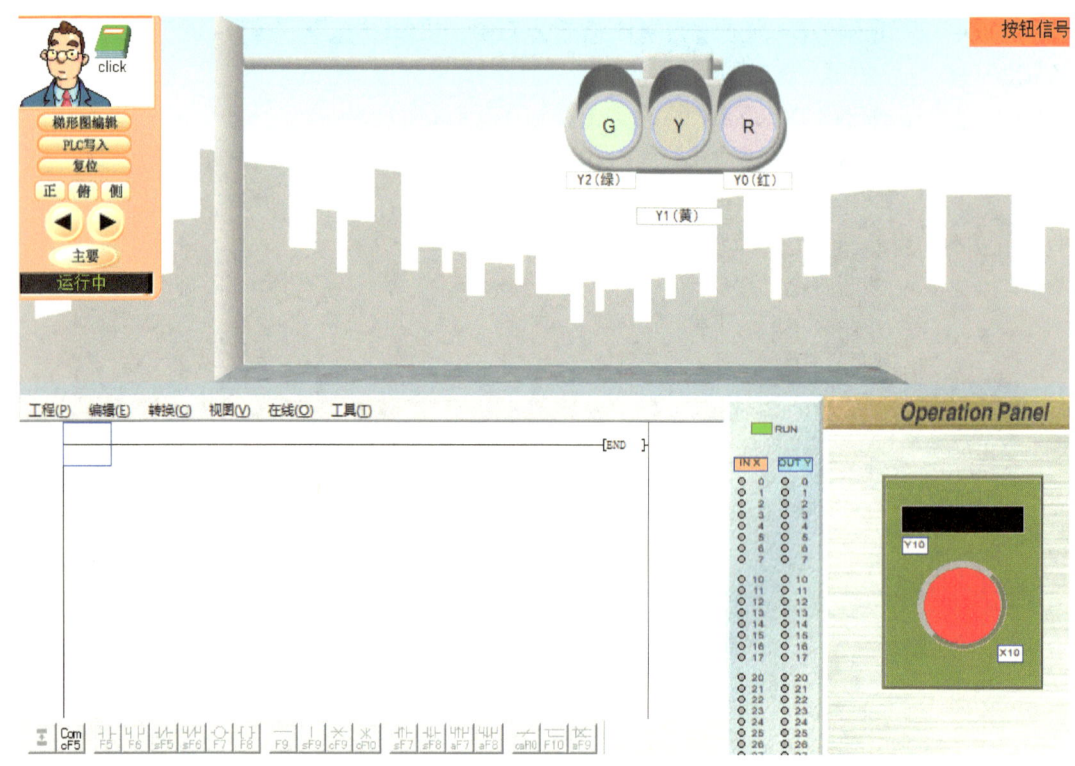

图 2-3-14 仿真软件 E1 画面

 **编程练习 9：三盏信号灯的闪烁控制**

仿真软件 D3 画面：三盏信号灯的闪烁控制。
控制要求：
1) 按下 PB1 2 s 后启动信号灯。
2) 黄灯闪 3 s 后熄灭（亮 0.5 s 灭 0.5 s）。
3) 绿灯亮 5 s 后熄灭。
4) 红灯亮 2 s 后熄灭。
5) 以上 1)~4) 过程重复循环。

 2.3.2 编程练习 9 仿真视频：三盏信号灯的延时（D3 画面）

 **编程练习 10：一盏信号灯的亮与闪烁控制**

仿真软件 D3 画面：一盏信号灯的亮与闪烁控制。
用定时器结合 M8013 编一个程序，按下 PB1 启动信号灯，控制要求：
1) 黄灯亮 3 s。
2) 黄灯闪 5 s。

 2.3.2 编程练习 10 仿真视频：一盏信号灯的亮与闪烁控制（D3 画面）

 **编程练习 11：提送供给系统的控制**

仿真软件 B4 画面（如图 2-1-20 所示）：提送供给系统的控制。
控制要求：

 2.3.2 编程练习 11 仿真视频：提送供给系统的控制（B4 画面）

1) 设备上电,PLC 处于运行状态,红色警示灯(Y5)点亮。
2) 按下解锁键 PB1,指示灯 PL1(Y20)点亮,设备解锁。
3) 按下锁定键 PB2,指示灯 PL1(Y20)熄灭,设备锁定。
4) 当设备处于解锁状态,即指示灯 PL1(Y20)点亮,且 SW1 为"ON"时,输送带正转。
5) 输送带正转时,指示灯 PL2(Y21)以 1 s 为周期闪烁。
6) 输送带正转时,按下 PB3,机械手供给工件。

## 2.3.3 信号灯的停电保持控制

### 1. 引入任务

信号灯的停电保持控制要求如下:

2.3.3 编程练习仿真视频:信号灯的停电保持控制(D3 画面)

1) 如图 2-3-1 所示,PLC 上电后红灯亮 3 s 后熄灭。
2) 绿灯亮 3 s 后熄灭。
3) 黄灯亮 3 s 后熄灭。
4) 重复 1)~3)步骤。
5) 以上定时器具有停电保持功能。

### 2. 编程并观察程序运行效果

1) 在仿真软件 D3 画面中编辑程序,如图 2-3-15 所示。

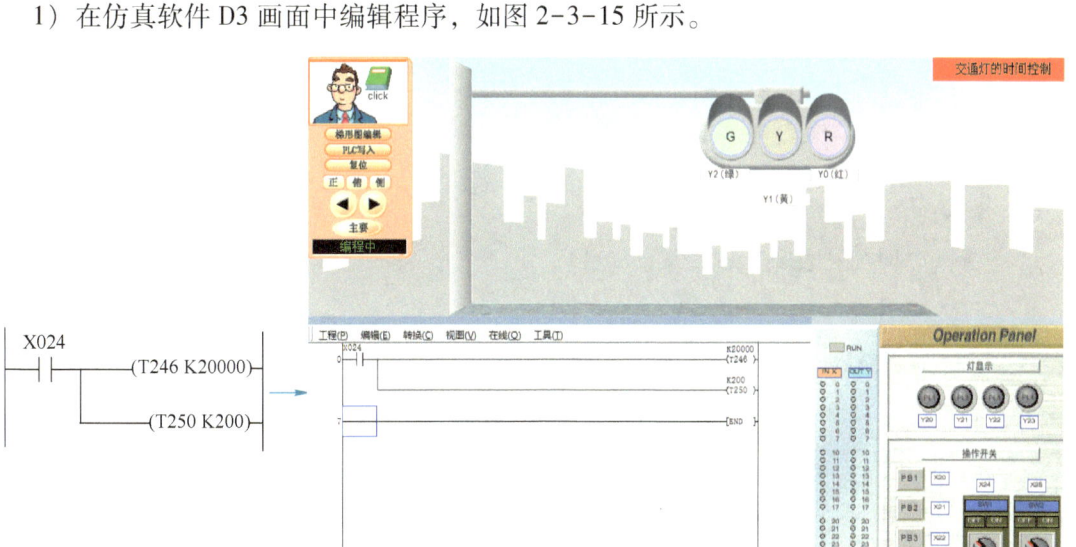

图 2-3-15 仿真软件 D3 画面编辑程序

2) 接通 X024 一会后断开,再接通然后断开,反复几次,观察 T246 和 T250 的计时特点。仿真过程中,可以观察到以下两个现象:
1) T246、T250 不会因 X024 断开而复位,能累积计时。
2) T246 的计时数值是 T250 的 100 倍。

### 知识链接 4——积算定时器

如图 2-3-15 中的程序所示,当定时器线圈 T246、T250 的驱动输入 X024 为 ON 时,T246 当前值计数器就对 1 ms 的时钟脉冲进行加法运算,T250 当前值计数器则对 100 ms 的时钟脉冲进行加法运算，如果这个值等于设定值 K20000 或 K200，则定时器的输出触点动作。

积算定时器具有计数累计功能。在计数过程中，即使出现输入 X024 变为 OFF 或停电的情况，当再次运行时也能继续计数。其累计动作时间为 20 s。

积算定时器在计时条件失去或 PLC 失电时，其当前值寄存器的内容及触点状态均可保持，可"累积"计时，所以称为积算。因积算定时器的当前值寄存器及触点都有记忆功能，所以其复位时必须在程序中加入专门的复位指令。

积算定时器的种类如下：

1) 1 ms 积算定时器 T246~T249，共 4 点（中断动作），计时范围为 0.001~32.767 s。
2) 100 ms 积算定时器 T250~T255，共 6 点，计时范围为 0.1~3276.7 s。

**3. 实施任务**

编程提示：

1) 根据控制要求"定时器具有停电保持功能"，本程序涉及的定时器应该用积算定时器。
2) 根据控制要求"PLC 上电后红灯亮"，本程序用特殊辅助继电器 M8000 当作启动按钮。
3) 信号灯亮灭的编程思路与控制要求 1) 的类似，同时要结合积算定时器的工作特点。

## 2.3.4　实践应用：多盏信号灯的时序控制

多盏信号灯的时序控制要求如下：

1) 按下启动按钮，绿灯亮 5 s。
2) 5 s 后绿灯灭，红灯亮 3 s。
3) 3 s 后红灯灭，黄灯亮 2 s。
4) 黄灯灭后重复以上过程。
5) 按下停止按钮，所有灯都熄灭。

本任务评分明细见表 2-1-2。

**1. 实验设备**

本任务实验设备如图 2-1-21 所示，根据本任务的控制要求，项目所选用的器材见表 2-3-3。

表 2-3-3　任务器材表

| 序　号 | 元器件名称 | 型　号 | 单　位 | 数　量 |
|---|---|---|---|---|
| 1 | PLC | FX$_{3SA}$－14MR | 台 | 1 |
| 2 | 断路器 | DZ47LE－32/1P | 个 | 1 |
| 3 | 开关电源 | 明纬 24 V/5 A | 个 | 1 |
| 4 | 指示灯 | $U_N$ = DC 24 V | 个 | 3 |
| 5 | 按钮 | LA38－11BN | 个 | 2 |
| 6 | PLC 通信线 | Mini USB 数据线 | 根 | 1 |

**2. 实施任务**

（1）分配输入/输出（I/O）地址

通过分析任务的控制要求，可以确定 2 个输入点和 3 个输出点，输入/输出（I/O）地址分配表见表 2-3-4。

表 2-3-4 输入/输出（I/O）地址分配表

| 输 入 | | | 输 出 | | |
| --- | --- | --- | --- | --- | --- |
| 输入点 | 输入元件 | 作用 | 输出点 | 输出元件 | 作用 |
| X0 | SB1 | 启动 | Y0 | 绿灯 HG | 指示 |
| X1 | SB2 | 停止 | Y1 | 红灯 HR | 指示 |
| | | | Y2 | 黄灯 HY | 指示 |

（2）绘制 I/O 接线图

根据 I/O 分配，将启动按钮 SB1、停止按钮 SB2 接到 PLC 对应的输入端子，按照 2.1.3 小节信号灯的接线方法将负载（绿灯、红灯、黄灯）及其工作电源接到 PLC 的输出端。本任务 I/O 接线图如图 2-3-16 所示。

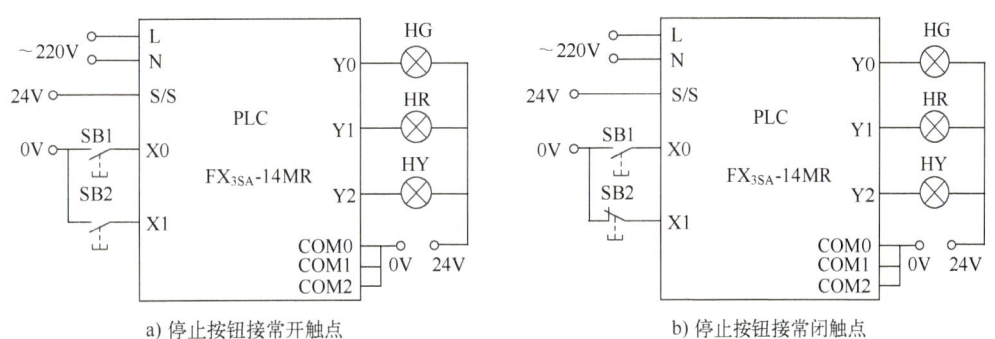

a) 停止按钮接常开触点      b) 停止按钮接常闭触点

图 2-3-16 I/O 接线图

（3）接线

结合 I/O 接线图，按照多盏信号灯时序控制任务的接线工艺要求完成接线。

（4）编写程序

根据 I/O 地址分配和 I/O 接线图编写多盏信号灯时序控制程序，参考程序如图 2-3-17 所示。

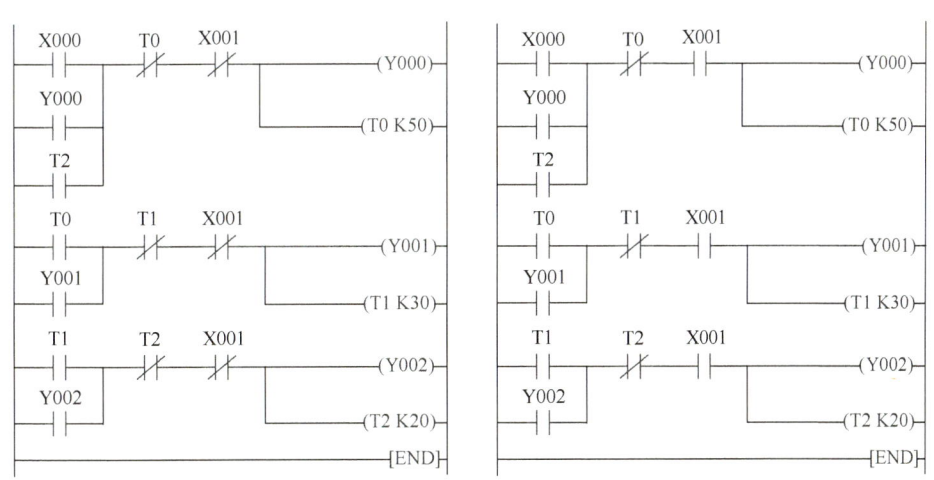

a) 停止按钮接常开触点对应的梯形图      b) 停止按钮接常闭触点对应的梯形图

图 2-3-17 信号灯时序控制参考程序

**(5) 运行调试**

参考 2.1.3 小节"实践应用：信号灯的点动控制"的运行调试方法进行运行调试。

## 复习与提高

### 一、判断题

1. PLC 中，T 是实现断电延时的操作指令，输入由 ON 变为 OFF 时，定时器开始定时，当定时器的输入为 OFF 或电源断开时，定时器复位。（　　）
2. 定时器相当于断电延时型时间继电器，在梯形图中起时间控制作用。（　　）
3. PLC 用软件代替大量的中间继电器，仅保留与输入和输出有关的少量硬件，接线可以减少到继电器控制系统的 1/100～1/10，进而使触点接触不良造成的故障大为减少。（　　）
4. M8002 是初始化脉冲，仅在 M8000 由 OFF 变为 ON 状态时的一个扫描周期内为 ON。（　　）
5. 利用多个定时器串联可以实现较长时间的延时。（　　）

### 二、单项选择题

1. 采用 T50 作为定时器，定时时间为 30 s，则设定值应该为（　　）。
   A. K3　　　　B. K30　　　　C. K300　　　　D. K3000
2. 下列哪一组定时器的定时精度最高？（　　）
   A. T0～T199　　B. T200～T245　　C. T246～T249　　D. T250～T255
3. $FX_{3U}$ 系列 PLC 内部辅助继电器 M 编号是（　　）进制的。
   A. 二　　　　B. 八　　　　C. 十　　　　D. 十六
4. PLC 的特殊辅助继电器是指（　　）。
   A. 提供具有特定功能的内部继电器　　B. 断电保护继电器
   C. 内部定时器和计数器　　D. 内部状态指示继电器和计数器
5. 若无须停电保持，则下列哪一组定时器的定时范围最广？（　　）
   A. T0～T199　　B. T200～T245　　C. T246～T249　　D. T250～255

### 三、填空题

1. （　　）相当于中间继电器，它只能在内部程序中使用，不能对外驱动外部负载。
2. （　　）是 1s 时钟脉冲。
3. 积算定时器的当前值需使用（　　）指令清除。
4. T200～T245 是 $FX_{3U}$ 中的分辨率为（　　）的定时器。
5. $FX_{3U}$ 系列 PLC 的常数 K 表示（　　）。

### 四、简答题

积算定时器和普通定时器有什么区别？

## 2.4　产品生产的计数控制——计数器

**[学习目标]**

- 掌握编程元件计数器 C 的结构、分类和使用特点。
- 会用计数器指令编写简单的控制程序。

2.4　产品生产的计数控制

- 会组合使用定时器 T 和计数器 C。
- 能用三菱 PLC 对汽车转向灯进行控制。

[重点与难点]
- 计数器指令实现计数控制。
- PLC 控制汽车转向灯运行的方法。
- 定时器 T 和计数器 C 的联合使用。

[素养目标]
- 具有实践应用能力：能运用计数器及其他基本指令解决具体的控制问题。
- 精练操作技能，培养一丝不苟的工匠精神。

[课前准备]
- 复习复位指令、编程元件定时器 T 和辅助继电器 M 的相关知识。

## 2.4.1 工件的计数控制

### 1. 引入任务

工件的计数控制要求如下：

1）仿真软件 C4 画面如图 2-4-1 所示，合上运行输送带开关，输送带正转运行。

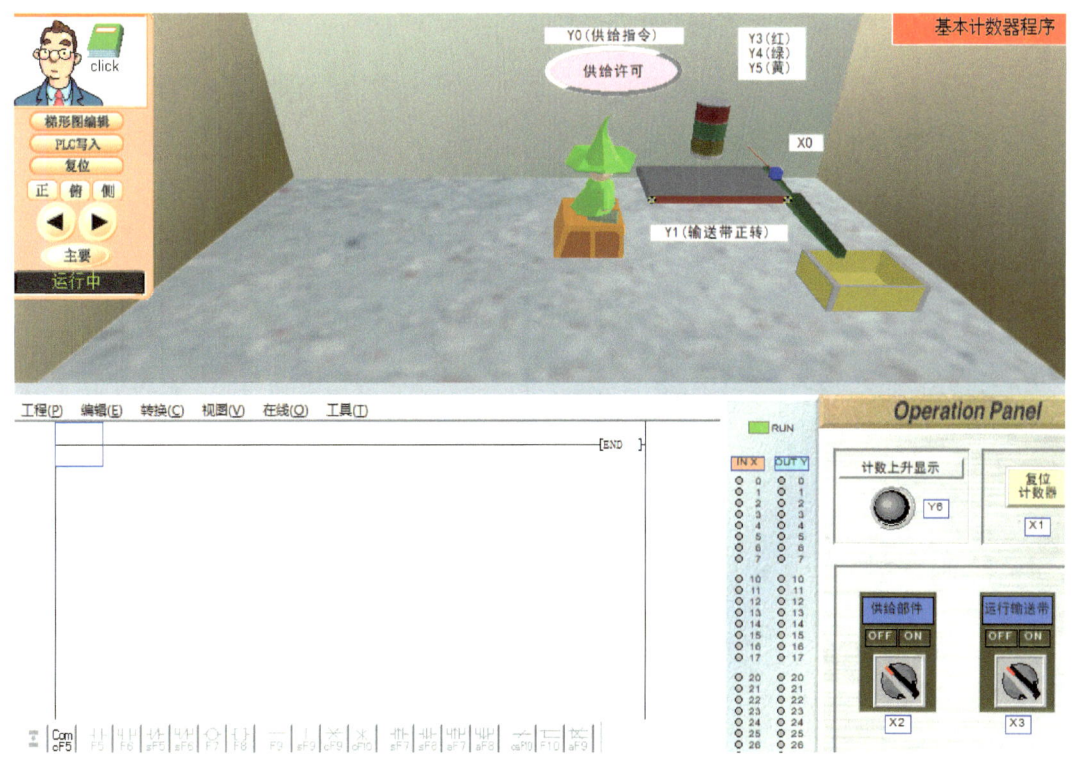

图 2-4-1 仿真软件 C4 画面

2）合上供给部件开关，连续供给工件。
3）供给 5 个工件后计数灯（Y6）点亮，不再供给工件。
4）按下复位计数器按钮（X1），计数器复位。

## 2. 编程并观察程序运行效果

在仿真软件 D3 画面中编辑程序，如图 2-4-2 所示。观察程序运行效果（即交通灯 Y0、Y1 的变化）：PLC 运行，黄灯亮，5 个数计到后红灯亮，仿真现象如图 2-4-3 所示。

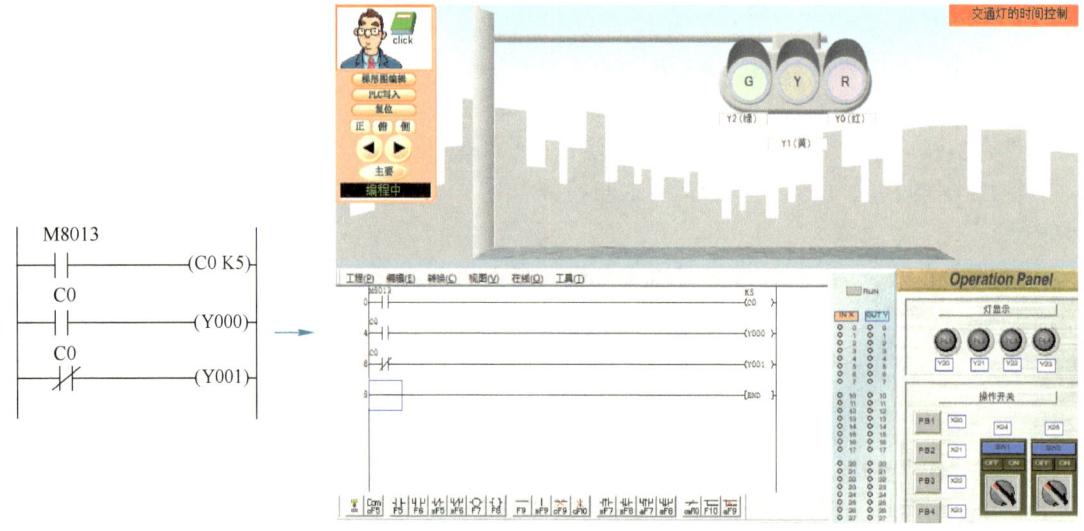

图 2-4-2 仿真软件 D3 画面编辑程序

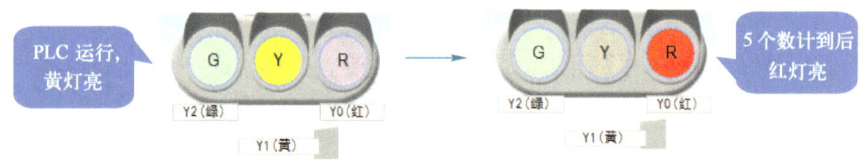

图 2-4-3 仿真现象

### 知识链接 1——计数器

计数器用于对各种软元件触点的闭合次数进行计数。它有触点和线圈，触点可无限次使用，计数器 C 的说明见表 2-4-1。

表 2-4-1 计数器 C 的说明

| 名 称 | 符 号 | 结 构 | 功 能 |
|---|---|---|---|
| 计数器 | C | ——(C0 K5) | 用于对各种软元件触点的闭合次数进行计数 |

梯形图表示为 C0 K5，具体含义如下。

1）C：计数器的简称。

2）0：地址编号，采用十进制，FX₃ᵤ 系列 PLC 的地址编号为 0~255，共 256 点。

3）K：表示十进制常数。

4）5：设定值，即计数次数。与定时器一样，设定值既可用常数 K 设定，也可用数据寄存器 D 设定。

计数器的工作原理如下：当计数器的线圈得电，计数 1 次，然后其线圈失电；线圈再得电，计数第 2 次……当计数器的当前值等于设定值时，停止计数，其常开触点闭合，常闭触点断开。

计数器要求输入脉冲有一定宽度,计数发生在上升沿,要求输入脉冲的频率不能太高。根据计数方式和工作特点,计数器可分为内部信号计数器(C0~C234)和高速计数器(C235~C255)。

内部信号计数器要求脉冲信号的一个周期要大于扫描周期的两倍以上,一般内部信号计数器脉冲信号频率在20Hz左右。对于脉冲信号频率高于程序扫描周期的计数要用高速计数器。一般情况下,计数脉冲频率在50Hz以上,建议使用高速计数器或高速计数模块,其计数脉冲频率可达200kHz。内部信号计数器又分为16位增计数器和32位增/减计数器两种,其编号见表2-4-2。

表 2-4-2  内部信号计数器编号

| 16位增计数器 1~32767 计数 | | 32位增/减计数器 −2147483648~+2147483647 | |
|---|---|---|---|
| 通用 | 停电保持 | 通用 | 停电保持 |
| C0~C99 100点 | C100~C199 100点 | C200~C219 20点 | C220~C234 15点 |

(1) 16位增计数器

从图2-4-4中可以看出增计数器的计数原理:X000是计数器输入信号,每接通一次,计数器C0当前值加1,当前值与设定值相等时,即当前值为5时,计数器触点动作(常开触点接通、常闭触点断开)且不再计数。当C0触点闭合后,Y000得电。当复位输入X001接通时,执行RST复位指令,计数器C0复位,当前值清0,C0触点复位即断开。

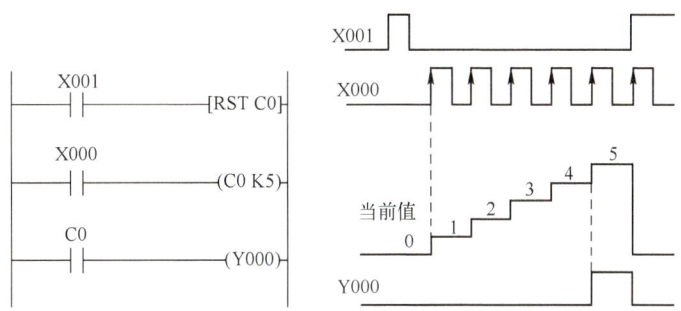

图 2-4-4  16位增计数器计数过程

**问题1:** 如何使图2-4-2程序中的C0清0?

方法如下:用RST指令使C0清0。

(2) 32位增/减计数器

增/减计数器的设定值可正可负,计数过程中当前值可加可减,分别用特殊辅助继电器M8200~M8234指定计数方向,对应的特殊辅助继电器M断开时为加计数,接通时为减计数。如图2-4-5所示,用X012通过M8200控制双向计数器C200的计数方向。当X012=1时,M8200=1,计数器C200处于减计数状态;当X012=0时,M8200=0,计数器C200处于加计数状态。无论是加计数状态还是减计数状态,当前值大于或等于设定值5时,常开触点C200闭合;当前值小于设定值时,触点C200复位。

需要注意的是，只要双向计数器不处于复位状态，无论当前值是否达到设定值，其当前值始终随计数信号的变化而变化，如图 2-4-5 所示。

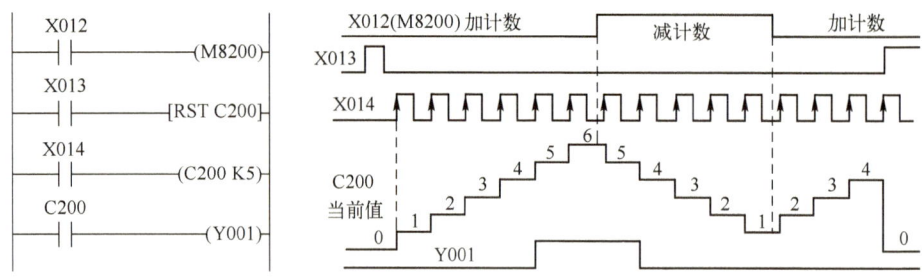

图 2-4-5　32 位增/减计数器计数过程

与通用计数器一样，当复位信号到来时（X013 接通），双向计数器 C200 就处于复位状态。此时，当前值清 0，触点复位且不计数。

高速计数器共 21 点，其类型可分为以下 3 种。

1）单相单计数 C235~C245。

2）单相双计数 C246~C250。

3）双相双计数 C251~C255。

**3. 实施任务**

按照 16 位增计数器的计数特点编写图 2-4-1 即仿真软件 C4 画面的程序，参考程序如图 2-4-6 所示。

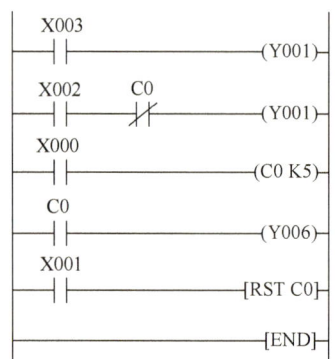

图 2-4-6　产品生产的计数控制程序

**4. 改进程序**

问题 2：若将控制要求"按下复位计数器按钮（X1），计数器复位"改为"延时 5 s，计数器复位"，则应该如何修改程序？

方法如下：用 C0 常开触点启动 5 s 的定时器，定时时间一到立即复位计数器。

**知识链接 2——定时器与计数器的比较**

定时器与计数器的比较见表 2-4-3。

表 2-4-3 定时器与计数器的比较

| 序号 | 定时器 | 计数器 |
|---|---|---|
| 1 | 条件保持接通状态时，持续计时 | 条件每接通 1 次，就计数 1 次 |
| 2 | 当前值=设定值，停止计时/计数 | |
| 3 | 当前值=设定值，触点动作 | |
| 4 | 通用定时器：可用其常闭触点复位（清 0）<br>积算定时器：用 RST 指令复位 | 用 RST 指令复位（清 0） |
| 5 | 定时器/计数器复位后触点也复位 | |

**5. 组合使用定时器与计数器**

（1）定时器与计数器组合延时动作

如图 2-4-7 所示，在定时器 T1 的线圈回路中接有定时器 T1 的常闭触点，它使得定时器 T1 每隔 10 s 接通一次，接通时间为一个扫描周期。定时器 T1 的每一次接通都使计数器 C1 计一个数。当计到计数器的设定值 10 时，线圈 Y000 得电，从 X001 接通为始点的延时时间是定时器的设定值乘上计数器的设定值。X002 为计数器 C1 的复位条件。

（2）计数器与计数器组合延时动作

如图 2-4-8 所示，X001 接通，对计数器 C0 进行计数，C0 计数 50 次，C10 计数 100 次，实现计数 5000 次，Y000 线圈接通，X002 为计数器 C0 的复位条件。

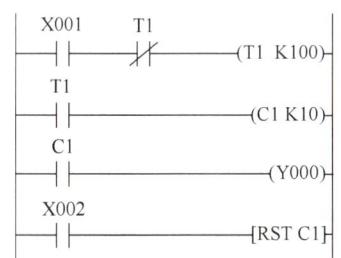  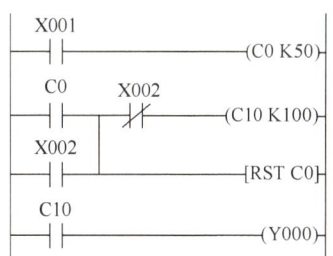

图 2-4-7 定时器与计数器组合延时动作　　图 2-4-8 计数器与计数器组合延时动作

 **编程练习 1：输送带上工件的计数控制**

2.4.1 编程练习 1 仿真视频：输送带上工件的计数控制（D4 画面）

1-1 仿真软件 D4 画面（如图 2-4-9 所示）：输送带上工件的计数控制。

控制要求：

1）合上 SW1，输送带正转。

2）按下 PB1，且机械手在原点位置，机械手供给 1 个工件。

2.4.1 仿真软件编程指导：输送带上工件的计数控制（D4 画面）

3）工件有大、中、小 3 种，被传感器（X0/X1/X2）拣选后，对应的大、中、小指示灯分别点亮，工件通过传感器（X4）后指示灯熄灭。

4）工件经过传感器（X4）时计 1 个数，共计 5 个。

5）计数的同时机械手供给下一个工件，直到计满 5 个，停止供给工件。

1-2 仿真软件 D4 画面：输送带上工件的计数控制。

控制要求：

1）合上 SW1，输送带正转。

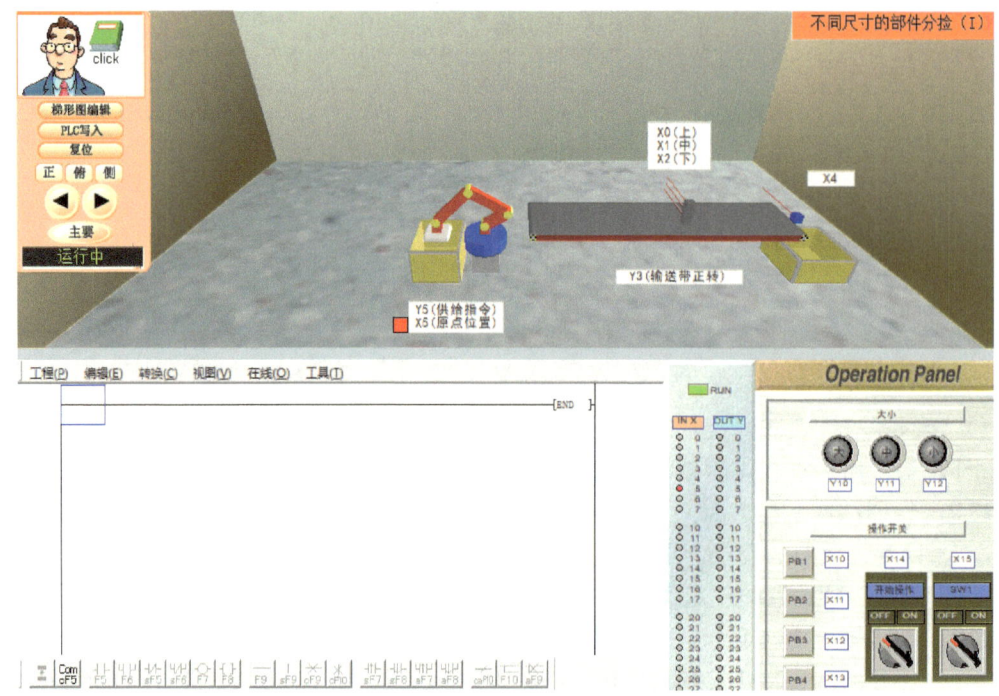

图 2-4-9 仿真软件 D4 画面

2）按下 PB1，且机械手在原点位置，机械手供给 1 个工件。

3）工件有大、中、小 3 种，被传感器（X0/X1/X2）拣选后，对应的大、中、小指示灯分别点亮，工件通过传感器（X4）后指示灯熄灭。

4）工件经过传感器（X4）时计 1 个数，共计 5 个。

5）延时 2s 后机器人自动供给第 2 个工件……直到计满 5 个，停止供给工件。

1-3　仿真软件 D4 画面：输送带上工件的计数控制。

控制要求：

1）合上 SW1，输送带正转。

2）按下 PB1，且机械手在原点位置，机械手供给 1 个工件。

3）工件有大、中、小 3 种，被传感器（X0/X1/X2）拣选后，对应的大、中、小指示灯分别点亮，工件通过传感器（X4）后指示灯熄灭。

4）工件通过传感器 X4 时计 1 个数，接着供给指令自动被打开，重复以上过程。直到货箱装满，停止供给工件。

5）共有 2 个货箱，每个货箱装 2 个工件，生产时需对箱子进行计数。

 **编程练习 2：不同尺寸工件的输送控制**

2-1　仿真软件 F3 画面（如图 2-4-10 所示）：不同尺寸工件的输送控制。

控制要求：

1）合上 SW1，输送带正转（Y1/Y2/Y3/Y4）运行。

2）按下 PB1，且机械手在原点位置，机械手供给工件。

2.4.1　编程练习 2-1 仿真视频：不同尺寸工件的输送控制（F3 画面）

2.4.1　仿真软件编程指导：不同尺寸工件的输送控制（F3 画面）

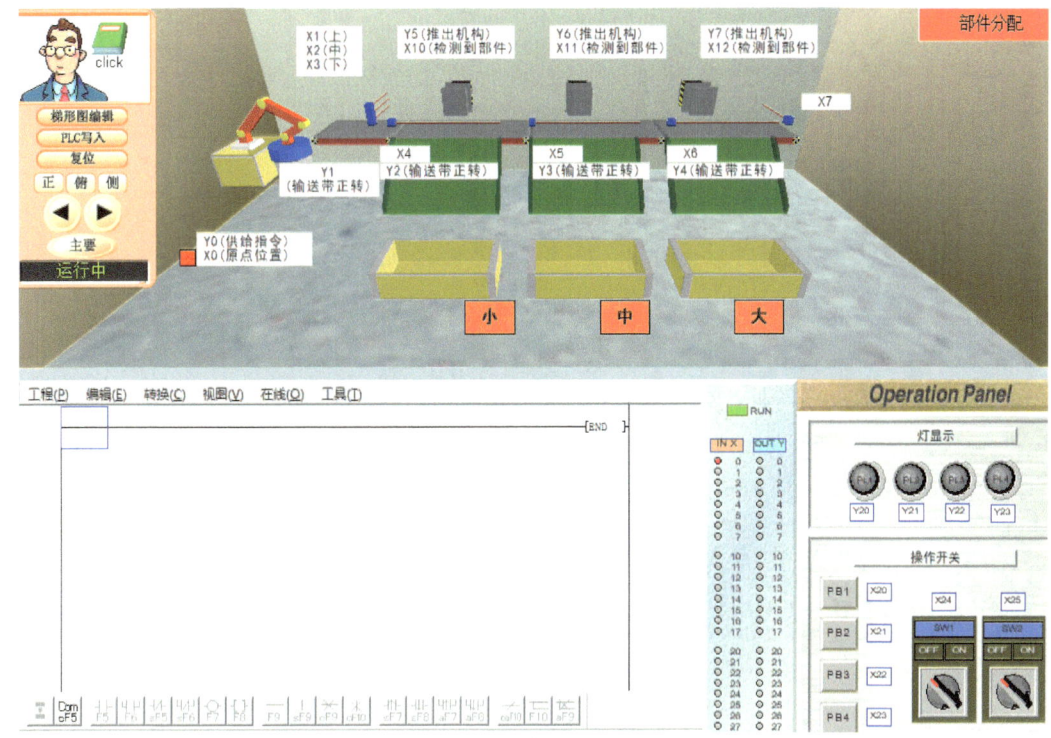

图 2-4-10 仿真软件 F3 画面

3) 工件有大、中、小 3 种，被传感器（X1/X2/X3）拣选后，每个工件停留在对应的推出机构前并被推到对应的货箱里。

4) 任意一个工件到达指定货箱后计 1 个数，累积计到 5 个后机械手不再供给工件。

2-2　仿真软件 F3 画面：不同尺寸工件的输送控制。

1) 合上 SW1，输送带正转（Y1/Y2/Y3/Y4）运行。

2) 按下 PB1，且机械手在原点位置，机械手供给工件。

3) 工件有大、中、小 3 种，被传感器（X1/X2/X3）拣选后，每个工件停留在对应的推出机构前并被推到对应的货箱里。

4) 机械手共供给 5 个工件，大、中、小箱子各装一个工件，其余工件从输送带右端落下。

2.4.1　编程练习 2-2 仿真视频：不同尺寸工件的输送控制（F3 画面）

## 2.4.2　实践应用：汽车转向灯的 PLC 控制

结合转换开关，用三菱 PLC 实现汽车转向灯（$U_N$=DC24 V）的控制，控制要求如下：

1) 汽车有两个转向灯，分别为左转向灯和右转向灯，简称左灯和右灯。当开关扳向左边时，左灯闪烁，亮灭时间各为 1 s；当开关扳向右边时，右灯闪烁，亮灭时间也各为 1 s。

2) 当开关扳回中间位置时，关灯，即两灯都不亮。

3) 若司机转向后忘记关灯（即扳回中间位置），则 10 s（即亮灭各 5 次）后转向灯自动熄灭。

本任务评分明细见表 2-4-4。

表 2-4-4 任务评分明细

| 序号 | 主要内容 | 考核要求 | 评分标准 | 配分 | 考核要点 |
|---|---|---|---|---|---|
| 1 | 电路设计 | 1) 根据提出的电气控制要求，正确绘出电路图<br>2) 按所设计的电路图，提出主要材料单、线号统计表 | 1) 电路设计出错1处，扣5分<br>2) 电路绘制不符合标准，每处扣1分<br>3) 主要材料单、工具单有误，每处扣1分 | 30 | 节能减排：在电路设计和装接过程中，注重节能减排，减少不必要的能耗，提高能源利用效率 |
| 2 | 元件安装 | 1) 按图纸的要求，正确使用工具和仪表，熟练地安装电气元器件<br>2) 元件在配电板上布置要合理，安装要准确紧固<br>3) 按钮固定在板上 | 1) 元件布置不整齐、不匀称、不合理，每处扣1分<br>2) 元件安装不牢固、安装元件错误，每处扣1分<br>3) 安装时漏装螺钉，每处扣1分<br>4) 损坏元件或工具，每处扣2分 | 10 | |
| 3 | 布线工艺 | 1) 要求美观、紧固、无毛刺、节能，导线要放进线槽<br>2) 线标标注符合标准<br>3) 电源和电动机配线、按钮接线要接到端子排上<br>4) 强电回路和弱电回路进行区分 | 1) 有导线未放进线槽，每处扣0.5分<br>2) 线标标注不符合标准，每处扣0.5分<br>3) 强电回路和弱电回路未进行区分，扣2分<br>4) 接线不牢固，每处扣0.5分<br>5) 接点松动、接头露铜过长、反圈、压绝缘层，每处扣0.5分<br>6) 损伤导线绝缘或线芯，每根扣0.5分 | 25 | |
| 4 | 通电试验 | 在保证人身和设备安全的前提下，要求通电试验一次成功 | 1) 信号灯运行正常，但未按电路图接线，扣2分<br>2) 启动后出现电源短路或烧坏元器件，该项0分<br>3) 一次试验不成功扣10分；二次试验不成功扣20分；三次试验不成功扣30分 | 30 | 安全生产：在试验过程中，严格按照操作规程进行，确保每一步操作都准确无误 |
| 5 | 工具使用/工位整理 | 能够按照电工作业标准正确使用工具与仪器，整理工位 | 使用不规范，根据情况酌情扣分<br>整理不规范，根据情况酌情扣分 | 5 | 规范操作、责任担当：正确使用PLC编程软件、装调工具；完成试验后，对工位进行整理和清洁，确保工作环境整洁有序 |
| 6 | 创新 | 可在传统汽车转向灯控制的基础上进行改进。如是否引入了新的控制逻辑；是否使用了先进的PLC编程技术；是否结合了传感器、通信模块等其他技术来提升控制的精度和可靠性 | 每个创新点+5分 | | 创新应用：探索PLC技术的创新应用，提出新颖的解决方案，实现技术创新和工程应用优化 |
| 7 | 安全文明 | 发现有重大事故隐患时，要立即予以制止，并扣安全文明生产分10分；如未经老师允许擅自通电，扣30分；未经允许擅自通电产生安全事故，扣50分 | | | |
| | | 合计 | | 100 | |

注：前6项每项最低分为0分，第6项对应附加分（附加分上限为10分），第7项为倒扣分。

## 1. 实验设备

本任务实验设备如图 2-1-21 所示，根据任务要求，本任务所选用的器材见表 2-4-5。

表 2-4-5 任务器材表

| 序 号 | 元器件名称 | 型 号 | 单 位 | 数 量 |
|---|---|---|---|---|
| 1 | PLC | FX$_{3SA}$-14MR | 台 | 1 |
| 2 | 断路器 | DZ47LE-32/1P | 个 | 1 |
| 3 | 开关电源 | 明纬 24 V/5 A | 个 | 1 |
| 4 | 指示灯 | $U_N$ = DC24 V | 个 | 2 |
| 5 | 转换开关 | LAY37 | 个 | 1 |
| 6 | PLC 通信线 | Mini USB 数据线 | 根 | 1 |

**2. 实施任务**

（1）分配输入/输出（I/O）地址

通过分析任务的控制要求，可以确定 1 个输入点和 2 个输出点，输入/输出（I/O）地址分配表见表 2-4-6。

表 2-4-6 输入/输出（I/O）地址分配表

| 输 入 | | | 输 出 | | |
|---|---|---|---|---|---|
| 输入点 | 输入元件 | 作用 | 输出点 | 输出元件 | 作用 |
| X0 | SA-1 | 左转向灯开关 | Y0 | H1 | 左转向灯 |
| X1 | SA-2 | 右转向灯开关 | Y1 | H2 | 右转向灯 |

（2）绘制 I/O 接线图

根据 I/O 分配，将转向灯开关接到 PLC 对应的输入端子，按照 2.1.3 小节信号灯的接线方法将负载（H1、H2）接到 PLC 的输出端。本任务 I/O 接线图如图 2-4-11 所示。

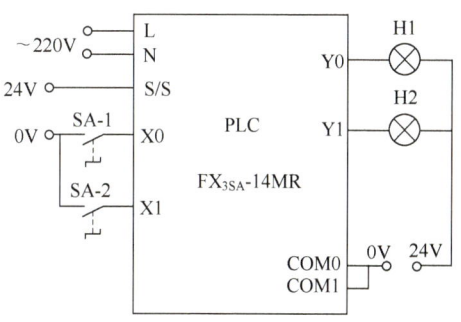

图 2-4-11 I/O 接线图

（3）接线

结合 I/O 接线图，按照汽车转向灯控制任务的接线工艺要求完成接线。

（4）编写程序

根据 I/O 地址分配和 I/O 接线图编写汽车转向灯控制程序，参考程序如图 2-4-12 所示。

（5）运行调试

参考 2.1.3 小节"实践应用：信号灯的点动控制"的运行调试方法进行运行调试。

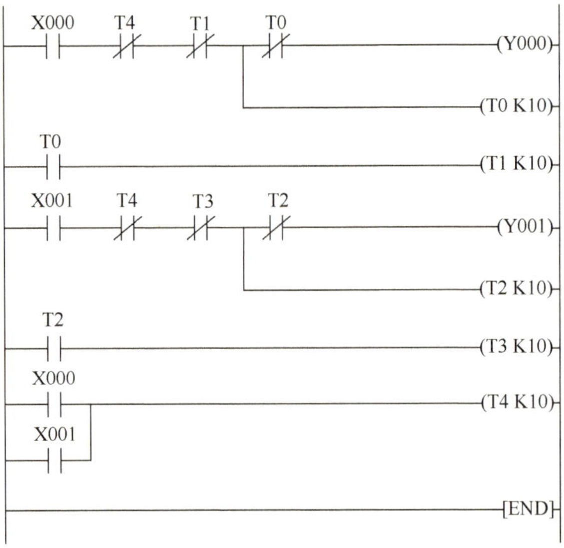

图 2-4-12　汽车转向灯控制参考程序

# 复习与提高

## 一、判断题

1. C100~C199 是 FX$_{3U}$ 系列 PLC 中的 16 位加计数器，停电保持。（　　）
2. 通用计数器的当前值大于或等于设定值 K 时，线圈为 ON，继续计数。（　　）
3. 计数器必须用 RST 指令清零。（　　）
4. 计数器只能进行加法运算。（　　）
5. 三菱 FX$_{3U}$ 系列 PLC 内部计数器，按照位数来分，有 16 位和 32 位两种。（　　）

## 二、单项选择题

1. 下面所示的三菱 FX$_{3U}$ 系列 PLC 内部继电器中，（　　）表示计数器。
   A. X001　　　　　B. T00　　　　　C. C036　　　　　D. Y007
2. FX$_{3U}$ 系列 PLC 中，16 位的内部计数器的计数数值最大可设定为（　　）。
   A. 32767　　　　B. 32768　　　　C. 1000　　　　　D. 10000
3. C0~C199 归类于（　　）。
   A. 32 位计数器　　B. 16 位计数器　　C. 8 位计数器　　D. 高速计数器
4. C200~C234 归类于（　　）。
   A. 8 位计数器　　B. 16 位计数器　　C. 32 位计数器　　D. 高速计数器
5. 16 位计数器为（　　）计数，应用前先对其设置一个设定值，当输入信号个数累积到设定值时，计数器动作。
   A. 增　　　　　　B. 减　　　　　　C. 双向　　　　　D. 不确定

## 三、简答题

定时器与计数器有何异同？

## 2.5 自动门的开合控制——脉冲式触点与脉冲输出指令

[学习目标]

- 掌握脉冲式触点指令上升沿检测触点/下降沿检测触点的指令特点及使用。
- 掌握脉冲输出指令 PLS/PLF 的指令格式和使用特点。
- 能用三菱 PLC 实现三相电动机的单向运行、正反转运行及 Y-△减压起动控制。

2.5 自动门的开合控制

[重点与难点]

- 脉冲式触点指令上升沿检测触点/下降沿检测触点的指令特点及使用。
- 脉冲输出指令 PLS／PLF 的指令格式和使用特点。
- PLC 控制三相电动机运行的方法。
- 脉冲输出指令 PLS／PLF 的应用。

[素养目标]

- 具有实践操作与调试技能：能根据自动门及电动机的控制要求编写、调试和测试 PLC 程序。
- 树立科学规范、求真务实的学习态度和编程作风。

[课前准备]

- 复习编程元件定时器 T、辅助继电器 M、计数器 C 的相关知识。
- 复习三相电动机的单向运行、正反转运行、Y-△减压起动控制原理。

### 2.5.1 脉冲式触点指令控制自动门的开合

**1. 引入任务**

脉冲式触点指令控制自动门开合的控制要求如下：

1）仿真软件 F1 画面如图 2-5-1 所示，当汽车开到门前时，自动门打开。

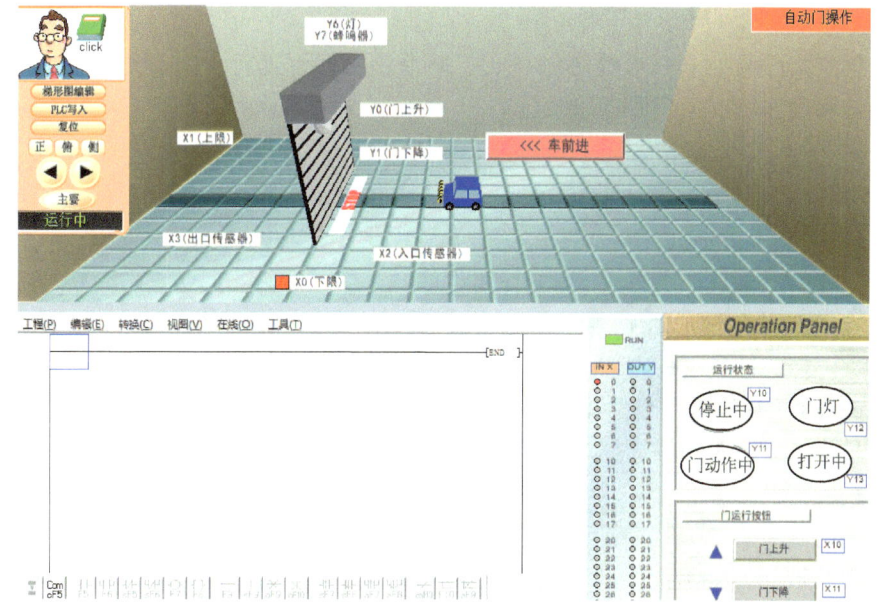

图 2-5-1 仿真软件 F1 画面

2) 当上限开关 X1=ON 时,门不再打开。
3) 当汽车经过门以后,自动门关闭。
4) 当下限开关 X0=ON 时,门不再关闭。

### 2. 编程并观察程序 1 运行效果

在仿真软件 D3 画面中编辑程序 1,如图 2-5-2 所示。

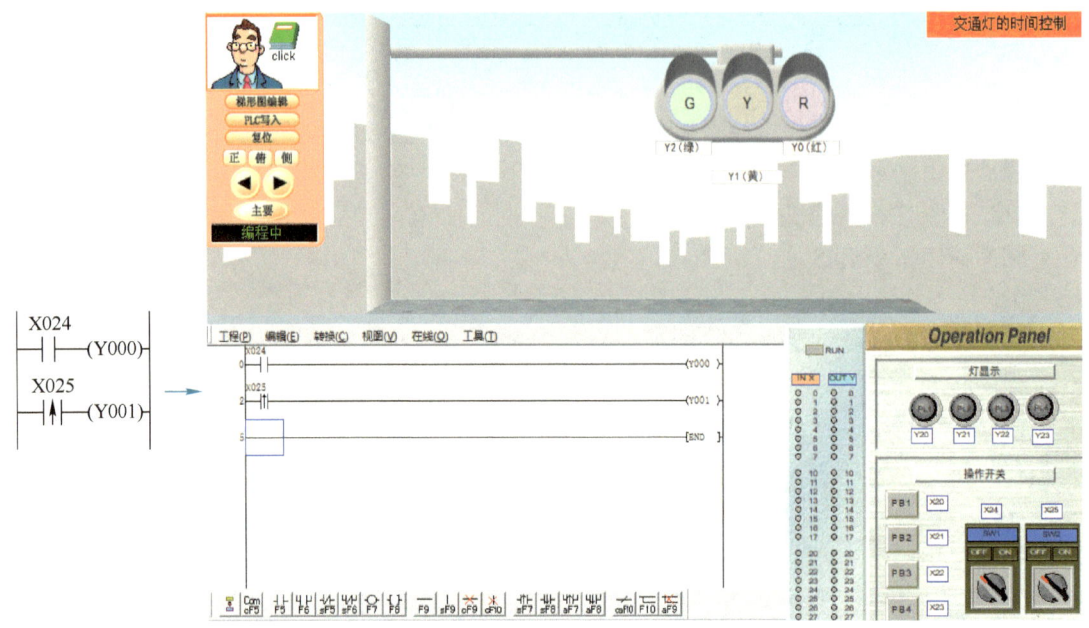

图 2-5-2 仿真软件 D3 画面编辑程序 1

分别接通 X24、X25,观察程序运行效果(即交通灯 Y0、Y1 的变化):红灯 Y0 亮,黄灯 Y1 不亮。

#### 知识链接 1——上升沿检测触点

脉冲式触点指令分为上升沿检测触点和下降沿检测触点两种。上升沿检测触点梯形图符号、操作元件和动作特点见表 2-5-1。

表 2-5-1 上升沿检测触点梯形图符号、操作元件和动作特点

| 名　称 | 梯形图符号 | 操作元件 | 动作特点 |
| --- | --- | --- | --- |
| 上升沿检测触点 | ─┤↑├─ | X、Y、M、S、T、C | 在输入信号的上升沿接通一个扫描周期 |

在图 2-5-2 所示的梯形图中,X025 是上升沿检测触点,其时序图如图 2-5-3 所示。X025 由断开(OFF)变为接通(ON)时,其上升沿检测触点闭合,闭合时间为一个扫描周期,之后断开,线圈 Y001 只得电一个扫描周期,直至 X025 再一次由 OFF 变为 ON,线圈 Y001 能再得电一个扫描周期。由于扫描周期十分短暂,故仿真时黄灯不亮。

**问题 1:** 在图 2-5-2 所示的梯形图中,常开触点 X024 与上升沿检测触点 X025 有何区别?

答:与常开触点 X024 相比,上升沿检测触点 X025 是单次触发,可以避免机器的意外启动。

问题 2： 如何使图 2-5-2 所示梯形图中的线圈 Y001 连续得电、黄灯持续点亮？

方法如下：在上升沿检测触点 X025 两端并联 Y001 的自锁触点，如图 2-5-4 所示。

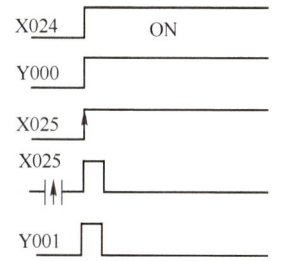

图 2-5-3　上升沿检测触点时序图

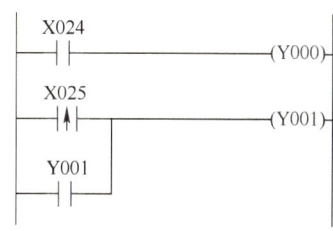

图 2-5-4　线圈 Y001 连续得电

### 3. 编程并观察程序 2 运行效果

在仿真软件 D3 画面中编辑程序 2，如图 2-5-5 所示。

分别接通 X24、X25，之后断开，观察程序运行效果（即交通灯 Y0、Y1 的变化）：红灯 Y0 亮，黄灯 Y1 不亮。

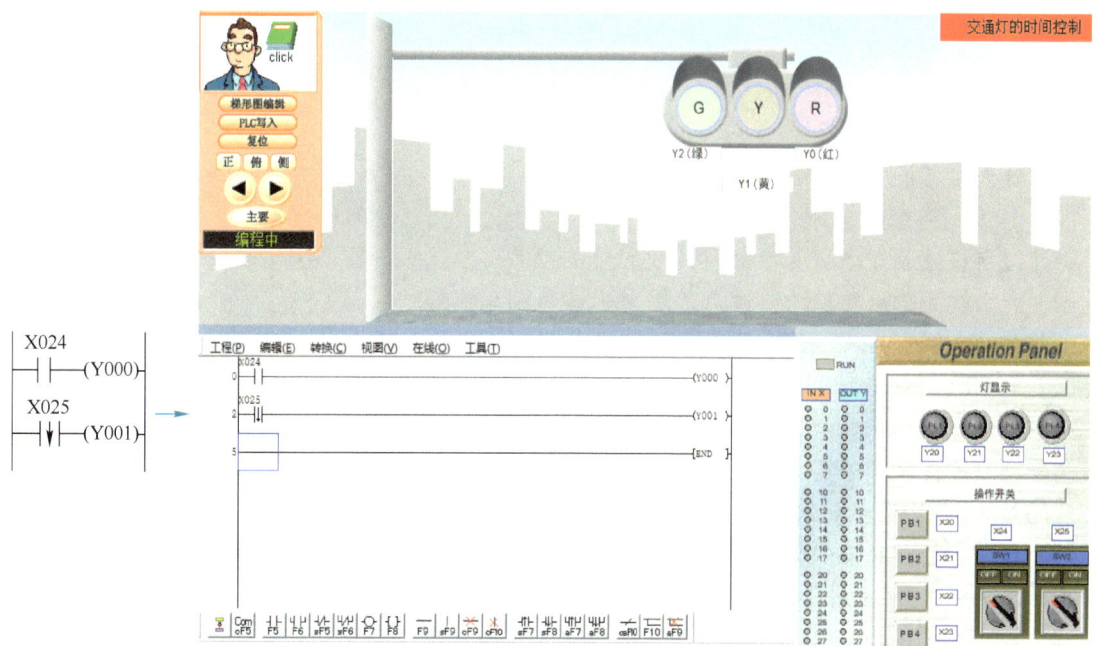

图 2-5-5　仿真软件 D3 画面编辑程序 2

### 知识链接 2——下降沿检测触点

下降沿检测触点梯形图符号、操作元件和动作特点见表 2-5-2。

表 2-5-2　下降沿检测触点梯形图符号、操作元件和动作特点

| 名　称 | 梯形图符号 | 操　作　元　件 | 动　作　特　点 |
| --- | --- | --- | --- |
| 下降沿检测触点 | ┤↓├ | X、Y、M、S、T、C | 在输入信号的下降沿接通一个扫描周期 |

在图 2-5-5 所示梯形图中，X025 是下降沿检测触点，其时序图如图 2-5-6 所示。X025 由接通（ON）变为断开（OFF）时，其下降沿检测触点闭合，闭合时间为一个扫描周期，之后断开，线圈 Y001 只得电一个扫描周期，直至 X025 再一次由 ON 变为 OFF，线圈 Y001 能再得电一个扫描周期。由于扫描周期十分短暂，故仿真时黄灯不亮。

**问题 3：** 如何使图 2-5-5 所示梯形图中的线圈 Y001 连续得电、黄灯持续点亮？

方法如下：在下降沿检测触点 X025 两端并联 Y001 的自锁触点，如图 2-5-7 所示。

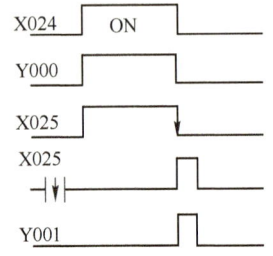

图 2-5-6　下降沿检测触点时序图

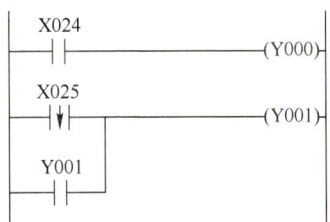

图 2-5-7　线圈 Y001 连续得电

### 4. 实施任务

本任务参考程序如图 2-5-8 所示。

（1）编写卷帘门上升的程序

通过自锁控制程序实现卷帘门持续上升的控制。在这选用上升沿检测触点而非动合触点，是为了避免因车辆停滞不前，动合触点 X002 持续闭合，而导致卷帘门不能停止上升的情况。

（2）编写卷帘门下降的程序

采用自锁控制程序实现卷帘门持续下降的控制。需要注意的是："车辆完全通过"是指车辆尾端驶离出口传感器 X003，即 X003 从能检测到信号转变为检测不到信号这一瞬间。为此，应通过下降沿检测触点 X003 作为启动条件。

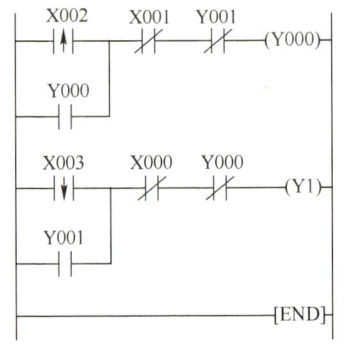

图 2-5-8　自动门的开合控制程序 1

## 2.5.2　脉冲输出指令控制自动门的开合

### 1. 编程并观察程序 3 运行效果

在仿真软件 D3 画面中编辑程序 3，如图 2-5-9 所示。

分别接通 X24、X25，观察程序运行效果（即交通灯 Y0、Y1 的变化）：红灯 Y0 亮，黄灯 Y1 不亮。

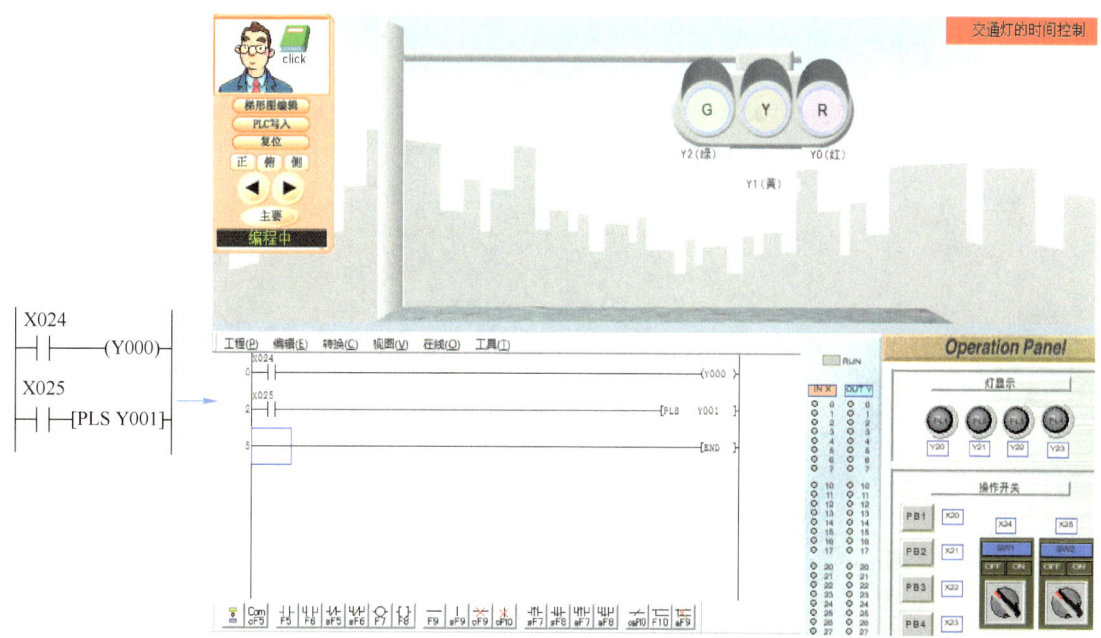

图 2-5-9　仿真软件 D3 画面编辑程序 3

### 知识链接 3——上升沿微分输出指令

脉冲输出指令分为上升沿微分输出和下降沿微分输出两种。上升沿微分输出指令符号、梯形图与操作元件及其动作特点见表 2-5-3。

表 2-5-3　上升沿微分输出指令符号、梯形图与操作元件及动作特点

| 名　称 | 指令符号 | 梯形图与操作元件 | 动作特点 |
| --- | --- | --- | --- |
| 上升沿微分输出 | PLS | ─┤├─ PLS Y/M | 元件 Y/M 仅在驱动输入由 OFF→ON 时动作（置 1） |

 **特别说明**：特殊辅助继电器不能用作 PLS 的操作元件。

在图 2-5-9 所示的梯形图中，PLS 是上升沿微分输出，即它在输出信号上升沿产生脉冲输出，其时序图如图 2-5-10 所示。在 X025 由断开（OFF）变为接通（ON）的一个扫描周期内，对 Y001 动作，因此线圈 Y001 只得电一个扫描周期，直至 X025 再一次由 OFF 变为 ON，线圈 Y001 能再得电一个扫描周期。由于扫描周期十分短暂，故仿真时黄灯不亮。

上升沿检测触点（─┤↑├─）与 PLS 指令的关系如图 2-5-11 所示。

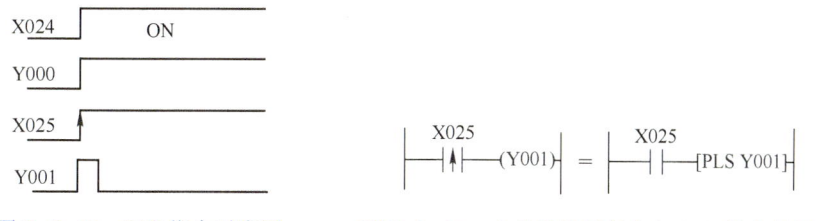

图 2-5-10　PLS 指令时序图　　　图 2-5-11　上升沿检测触点与 PLS 指令的关系

问题 4：**如何使图 2-5-9 所示梯形图中的线圈 Y001 连续得电、黄灯持续点亮？**

方法如下：在常开触点 X025 由断到通的一个扫描周期内，线圈 M0 得电，再由 M0 常开触点驱动 Y001 且自锁，最终使 Y001 连续得电、黄灯持续点亮，如图 2-5-12 所示。

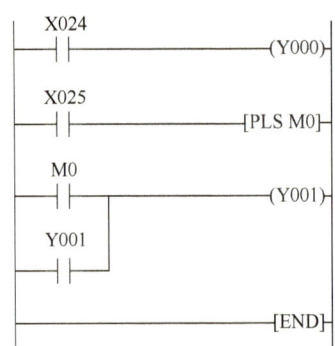

图 2-5-12　线圈 Y001 连续得电 1

**2. 编程并观察程序 4 运行效果**

在仿真软件 D3 画面中编辑程序 4，如图 2-5-13 所示。

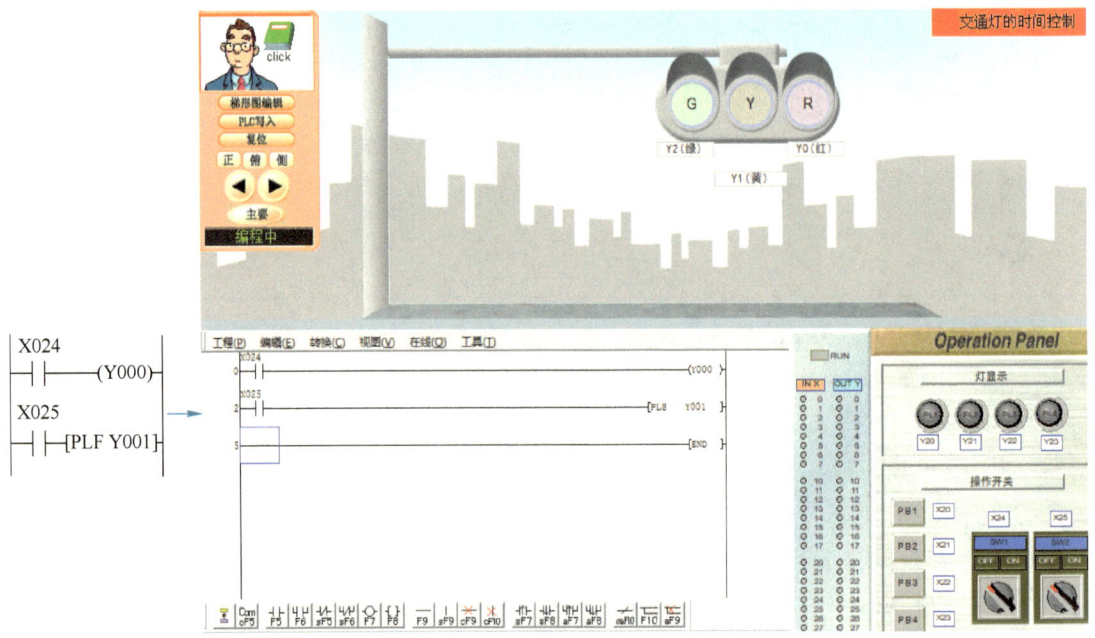

图 2-5-13　仿真软件 D3 画面编辑程序 4

分别接通 X24、X25，之后断开，观察程序运行效果（即交通灯 Y0、Y1 的变化）：红灯 Y0 亮，黄灯 Y1 不亮。

**知识链接 4——下降沿微分输出指令**

下降沿微分输出指令符号、梯形图与操作元件及其动作特点见表 2-5-4。

表 2-5-4　下降沿微分输出指令符号、梯形图与操作元件及动作特点

| 名　称 | 指　令　符　号 | 梯形图与操作元件 | 动　作　特　点 |
|---|---|---|---|
| 下降沿微分输出 | PLF | ─┤ ├─[ PLF \| Y/M ] | 元件 Y/M 仅在驱动输入由 ON→OFF 时动作（置1） |

> 🔍 **特别说明**：特殊辅助继电器不能用作 PLF 的操作元件。

在图 2-5-13 所示的梯形图中，PLF 是下降沿微分输出，即它在输出信号下降沿产生脉冲输出，其时序图如图 2-5-14 所示。X025 由接通（ON）变为断开（OFF）时，其下降沿检测触点闭合，闭合时间为一个扫描周期，之后断开，线圈 Y001 只得电一个扫描周期，直至 X025 再一次由 ON 变为 OFF，线圈 Y001 能再得电一个扫描周期。由于扫描周期十分短暂，故仿真时黄灯不亮。

下降沿检测触点（─┤↓├─）与 PLF 指令的关系如图 2-5-15 所示。

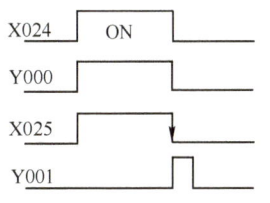

图 2-5-14　PLF 指令时序图　　　图 2-5-15　下降沿检测触点与 PLF 指令的关系

> **问题 5**：如何使图 2-5-13 所示梯形图中的线圈 Y001 连续得电、黄灯持续点亮？

方法如下：在常开触点 X025 由通到断的一个扫描周期内，线圈 M0 得电，再由 M0 常开触点驱动 Y001 且自锁，最终使 Y001 连续得电、黄灯持续点亮，如图 2-5-16 所示。

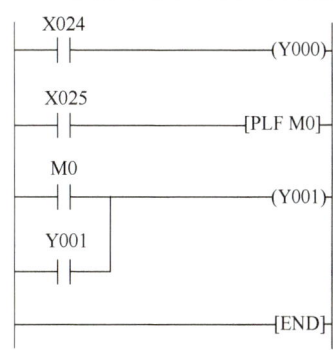

图 2-5-16　线圈 Y001 连续得电 2

### 3. 实施任务

**（1）编写卷帘门上升的程序**

为了避免因车辆停滞不前，触点 X002 持续闭合，而导致卷帘门不能停止上升的情况，采用 PLS 指令。在常开触点 X002 由断到通的一个扫描周期内，线圈 M0 得电，再由 M0 常开触点驱动 Y000 且自锁，最终使 Y000 连续得电、卷帘门持续上升，直到上限开关 X1=ON。

**（2）编写卷帘门下降的程序**

为使车辆完全通过，采用 PLF 指令。在常开触点 X003 由通到断的一个扫描周期内，线圈

M1 得电,再由 M1 常开触点驱动 Y001 且自锁,最终使 Y001 连续得电、卷帘门持续下降,直到下限开关 X0=ON。

参考程序如图 2-5-17 所示。

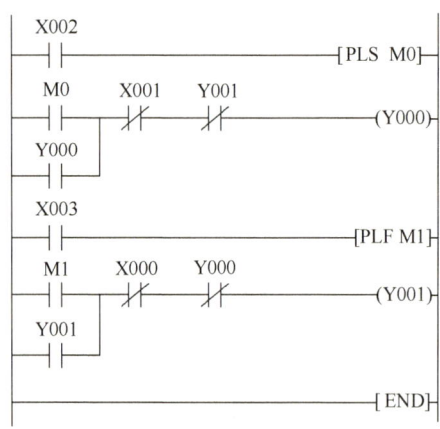

图 2-5-17 自动门的开合控制程序 2

###  编程练习 1:卷帘门自动与手动的控制

仿真软件 F1 画面:卷帘门自动与手动的控制。
控制要求:

1) 入口传感器(X2)检测到车辆,控制卷帘门上升,0.5 s 后停止(卷帘门恰好开启一半)。

2) 卷帘门开启高度不合适时,可通过门上升按键(X10)手动调节。为防止误操作,长按该按键 2 s 后,卷帘门上升,松开按键或到达上限位置(X1)停止。

3) 当出口传感器(X3)检测到车辆完全通过后或按门下降按键(X11),卷帘门下降,到达下限位置(X0)停止。

###  编程练习 2:橘子的装箱控制

仿真软件 E5 画面(如图 2-5-18 所示):橘子的装箱控制。
控制要求:

1) 按下 PB1,且机械手在原点位置,机械手供给 1 个箱子。
2) 合上开关 SW1,输送带正转。
3) 箱子在橘子进料器正下方时,橘子进料器中的传感器(X1)动作,输送带停转。
4) 此时开始装橘子。
5) 装到 5 个后,输送带重新正转,装有 5 个橘子的箱子被送到右边的碟子中。

### 编程练习 3:输送带的正反转控制

仿真软件 F5 画面(如图 2-5-19 所示):输送带的正反转控制。

2.5.2 编程练习 1 仿真视频:卷帘门自动与手动的控制(F1 画面)

2.5.2 编程练习 2 仿真视频:橘子的装箱控制(E5 画面)

2.5.2 仿真软件编程指导:橘子的装箱控制(E5 画面)

2.5.2 编程练习 3 仿真视频:输送带的正反转控制(F5 画面)

2.5.2 仿真软件编程指导:输送带的正反转控制(F5 画面)

模块 2 基本指令的应用 93

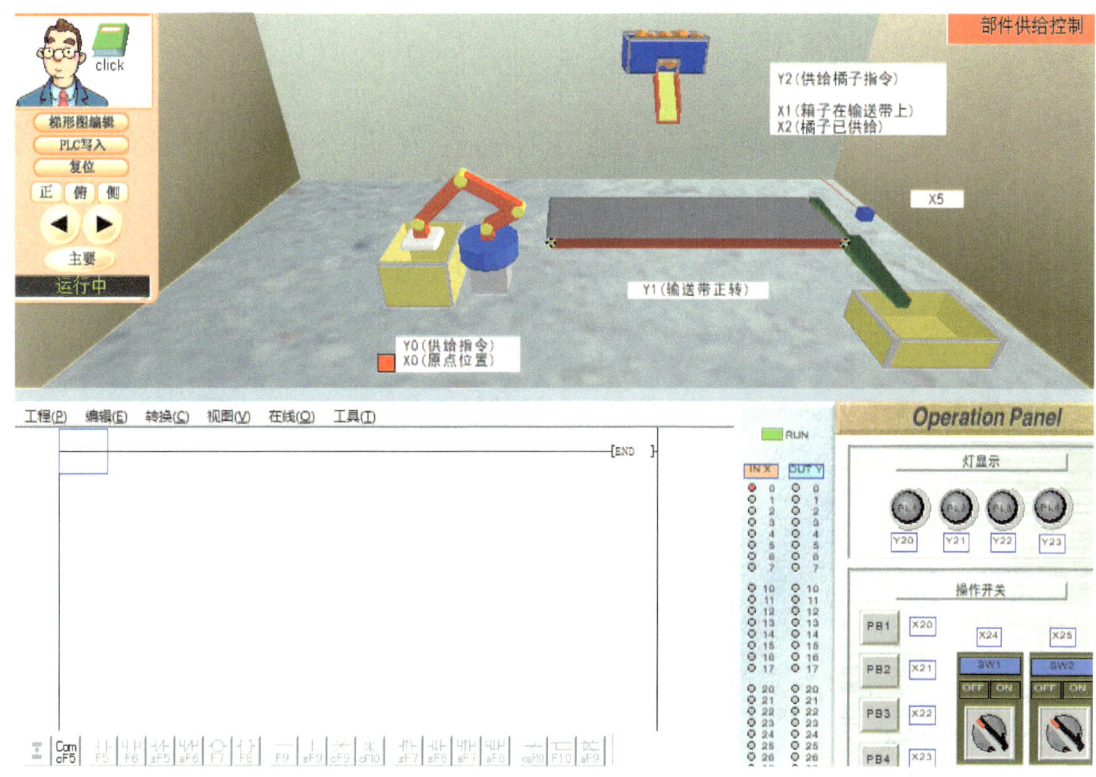

图 2-5-18 仿真软件 E5 画面

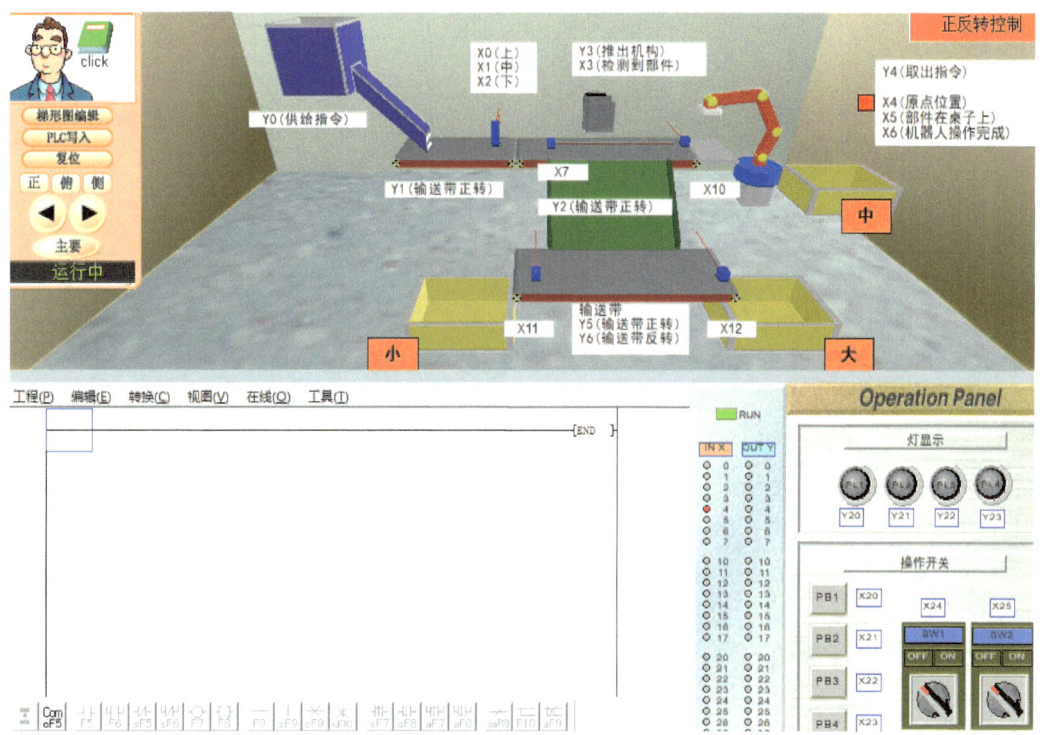

图 2-5-19 仿真软件 F5 画面

控制要求：

1）合上 SW1，输送带（Y1/Y2）正转运行。

2）按下 PB1，供给工件。

3）工件有大、中、小 3 种，由传感器（X0/X1/X2）拣选。大工件被推到底层的输送带且被输送到右边的大货箱里。

4）中工件被上层输送带上的机械手抓到中货箱里。

5）小工件被推到底层的输送带且被输送到左边的小货箱里。

 **编程练习 4：钻孔控制**

仿真软件 E4 画面（如图 2-5-20 所示）：钻孔控制。

 2.5.2 编程练习 4 仿真视频：钻孔控制（E4 画面）

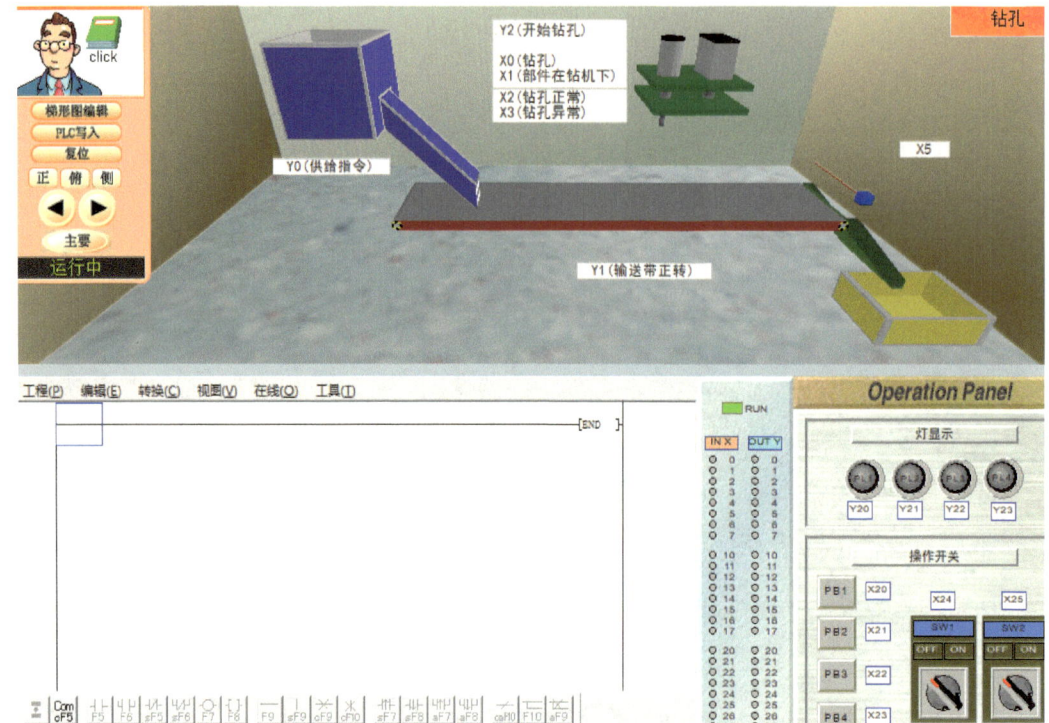

图 2-5-20 仿真软件 E4 画面

控制要求：

1）合上 SW1，输送带正转。

2）按下 PB1，供给工件。

3）工件到达指定位置（X1=ON）后，开始钻孔。

4）不论钻孔正常与否，钻孔结束后，工件被送到右边的货箱里。

5）当钻孔后的工件到达指定位置后，自动发出供给指令，重复进行以上过程。

6）钻孔数量共计 5 个。

## 2.5.3 实践应用：电动机的综合运行控制

 **任务1：三相电动机的单向运行控制**

图 2-5-21 所示为三相电动机单向运行的继电器-接触器控制电路。控制效果如下：
1) 按下起动按钮，KM 线圈（$U_N = 220\,\text{V}$）得电，三相电动机（$U_N = 380\,\text{V}$）单向运行。
2) 按下停止按钮，KM 线圈失电，电动机停止运行。

根据以上控制效果，用 PLC 对该三相电动机进行单向运行控制。

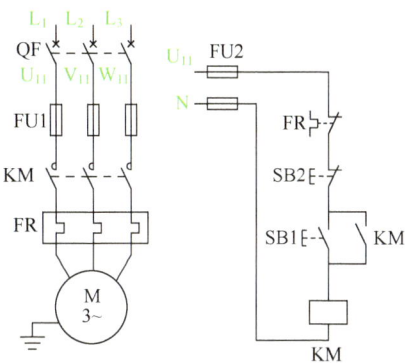

图 2-5-21 三相电动机单向运行的继电器-接触器控制电路

本任务评分明细见表 2-5-5。

表 2-5-5 任务评分明细

| 序号 | 主要内容 | 考核要求 | 评分标准 | 配分 | 考核要点 |
|---|---|---|---|---|---|
| 1 | 电路设计 | 1) 根据提出的电气控制要求，正确绘出电路图 2) 按所设计的电路图，提出主要材料单、线号统计表 | 1) 电路设计出现1处错误，扣5分 2) 电路绘制不符合标准，每处扣1分 3) 主要材料单、工具单有误，每处扣1分 | 30 | 节能减排：在电路设计和装接过程中，注重节能减排，减少不必要的能耗，提高能源利用效率 |
| 2 | 元件安装 | 1) 按图纸的要求，正确使用工具和仪表，熟练地安装电气元器件 2) 元件在配电板上布置要合理，安装要准确紧固 3) 按钮固定在板上 | 1) 元件布置不整齐、不匀称、不合理，每个扣1分 2) 元件安装不牢固、安装元件错误，每处扣1分 3) 安装时漏装螺钉，每处扣1分 4) 损坏元件或工具，每处扣2分 | 10 | |
| 3 | 布线工艺 | 1) 要求美观、紧固、无毛刺、节能，导线要放进线槽 2) 线标标注符合标准 3) 电源和电动机配线、按钮接线要到端子排上 4) 强电回路和弱电回路进行区分 | 1) 有导线未放进线槽，每处扣0.5分 2) 线标标注不符合标准，每处扣0.5分 3) 强电回路和弱电回路未进行区分，扣2分 4) 接线不牢固，每处扣0.5分 5) 接点松动、接头露铜过长、反圈、压绝缘层，每处扣0.5分 6) 损伤导线绝缘或线芯，每根扣0.5分 | 25 | |

（续）

| 序号 | 主要内容 | 考核要求 | 评分标准 | 配分 | 考核要点 |
|---|---|---|---|---|---|
| 4 | 通电试验 | 在保证人身和设备安全的前提下，要求通电试验一次成功 | 1）信号灯运行正常，但未按电路图接线，扣2分<br>2）起动后出现电源短路或烧坏元器件，该项0分<br>3）一次试验不成功扣10分；二次试验不成功扣20分；三次试验不成功扣30分 | 30 | 安全生产：在试验过程中，严格按照操作规程进行，确保每一步操作都准确无误 |
| 5 | 工具使用/工位整理 | 能够按照电工作业标准正确使用工具与仪器，整理工位 | 使用不规范，根据情况酌情扣分<br>整理不规范，根据情况酌情扣分 | 5 | 规范操作、责任担当：正确使用PLC编程软件、装调工具；完成试验后，对工位进行整理和清洁，确保工作环境整洁有序 |
| 6 | 创新 | 可在控制逻辑优化和控制精度提升方面对电动机的运行进行创新，如是否采用了先进的控制算法或逻辑，提高了电动机的运行效率或稳定性；是否通过精确控制电动机的起动、加速、运行和停止过程，实现了更高的控制精度 | 每个创新点+5分 | | 创新应用：探索PLC技术的创新应用，提出新颖的解决方案，实现技术创新和工程应用优化 |
| 7 | 安全文明 | 发现有重大事故隐患时，要立即予以制止，并扣安全文明生产分10分；如未经老师允许擅自通电，扣30分；未经允许擅自通电产出安全事故，扣50分 | | | |
| | | 合计 | | 100 | |

注：前6项每项最低分为0分，第6项为附加分（附加分上限为10分），第7项为倒扣分。

### 1. 分析任务

用PLC进行控制时，主电路仍然与图2-5-21中主电路部分相同，只是控制电路不一样。首先，选定输入/输出设备，即选定发布控制信号的按钮、热继电器触点等，并选定执行控制任务的接触器；再把这些设备与PLC相连，编写PLC程序；最后运行程序。

根据继电器-接触器控制原理，完成本控制任务需要有起动按钮SB1和停止按钮SB2两个主令控制信号作为输入设备，热继电器FR触点是电动机的过热保护信号，也应该作为输入设备，由执行元件（交流接触器）KM作为输出设备，控制电动机主电路的接通和断开，从而控制电动机的启停。

### 2. 实验设备

本任务实验设备如图2-1-21所示，根据任务分析，任务所选用的器材见表2-5-6。

表 2-5-6　电动机单向运行任务器材表

| 序　号 | 元器件名称 | 型　号 | 单　位 | 数　量 |
|---|---|---|---|---|
| 1 | PLC | $FX_{3SA}$-14MR | 台 | 1 |
| 2 | 断路器 | DZ47LE-32/1P | 个 | 1 |
| 3 | 开关电源 | 明纬 24V/5A | 个 | 1 |
| 4 | 按钮 | LA38-11BN | 个 | 2 |
| 5 | 交流接触器 | CJX2-0910/AC 220V | 个 | 1 |
| 6 | 热继电器 | JRS2-63F | 个 | 1 |
| 7 | 三相电动机 | YS502/380V | 台 | 1 |
| 8 | PLC 通信线 | Mini USB 数据线 | 根 | 1 |

**3. 实施任务**

（1）不使用 KA

由于本任务使用的 PLC 是继电器输出型，可接交、直流负载，因此可将交流接触器线圈直接接到 PLC 对应的输出端子。

1）分配输入/输出（I/O）地址。根据任务分析，可以确定 3 个输入点和 1 个输出点，输入/输出（I/O）地址分配表见表 2-5-7。

表 2-5-7　输入/输出（I/O）地址分配表（不使用 KA）

| 输　入 | | | 输　出 | | |
|---|---|---|---|---|---|
| 输入点 | 输入元件 | 作　用 | 输出点 | 输出元件 | 作　用 |
| X0 | SB1 | 起动 | Y0 | KM | 控制电动机单向运行 |
| X1 | SB2 | 停止 | | | |
| X2 | FR | 过载保护 | | | |

2）绘制 I/O 接线图。根据 I/O 分配，将 SB1、SB2、FR 接到 PLC 对应的输入端子，按照 2.1.3 小节信号灯的接线方法将负载（KM）及其工作电源（220V）接到 PLC 的输出端。本任务 I/O 接线图如图 2-5-22 所示。

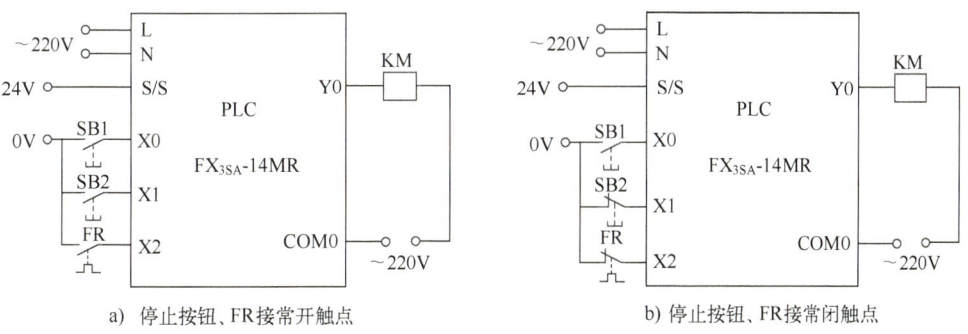

a) 停止按钮、FR 接常开触点　　　　b) 停止按钮、FR 接常闭触点

图 2-5-22　I/O 接线图（不使用 KA）

（2）使用 KA

由于本项目的交流接触器 $U_N$ = 220 V，在实际控制中，为提高安全保障，一般用中间继电器（KA）作为桥梁，即先用 PLC 控制 KA 线圈，再用 KA 触点控制 KM，因此项目所选用的器

材需要增加一个 KA 元件，见表 2-5-8。

表 2-5-8　电动机单向运行项目中的 KA 元件

| 序　号 | 元器件名称 | 型　号 | 单　位 | 数　量 |
|---|---|---|---|---|
| 1 | 中间继电器 | NXJ-2Z/DC24V | 个 | 1 |

1) 分配输入/输出（I/O）地址。根据表 2-5-6，使用 KA 的输入/输出（I/O）地址分配表见表 2-5-9。

表 2-5-9　输入/输出（I/O）地址分配表（使用 KA）

| 输　入 | | | 输　出 | | |
|---|---|---|---|---|---|
| 输入点 | 输入元件 | 作　用 | 输出点 | 输出元件 | 作　用 |
| X0 | SB1 | 起动 | Y0 | KA | 控制 KM |
| X1 | SB2 | 停止 | | | |
| X2 | FR | 过载保护 | | | |

2) 绘制 I/O 接线图。根据 I/O 分配，将 SB1、SB2、FR 接到 PLC 对应的输入端子，按照 2.1.3 小节信号灯的接线方法将负载（KA）及其工作电源（直流 24 V）接到 PLC 的输出端，最后由 KA 常开触点控制 KM 线圈得电或失电。本任务 I/O 接线图如图 2-5-23 所示。

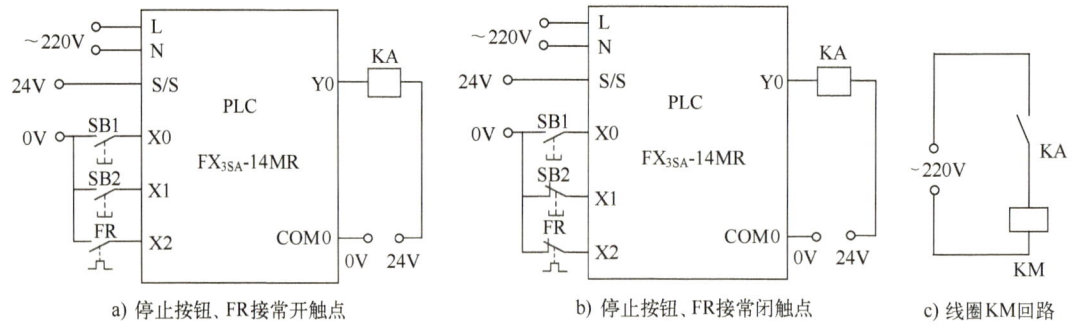

a) 停止按钮、FR 接常开触点　　　b) 停止按钮、FR 接常闭触点　　　c) 线圈 KM 回路

图 2-5-23　I/O 接线图（使用 KA）

3) 接线。接线前，先了解中间继电器的线圈端口和触点端口。

① KA 线圈端口：13、14 是线圈的两个端口，其中 14 是正极、13 是负极，如图 2-5-24 所示。

② KA 触点端口：5、9 和 8、12 是两对常开触点的端口，1、9 和 4、12 是两对常闭触点的端口，如图 2-5-24 所示。

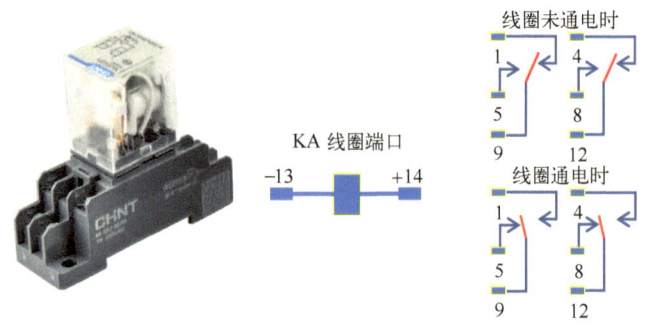

图 2-5-24　KA 及其线圈、触点端口

结合 I/O 接线图，按照三相电动机单向运行控制任务的接线工艺要求完成接线。

4) 编写程序。根据 I/O 地址分配和 I/O 接线图编写三相电动机单向运行控制程序，参考程序如图 2-5-25 所示。

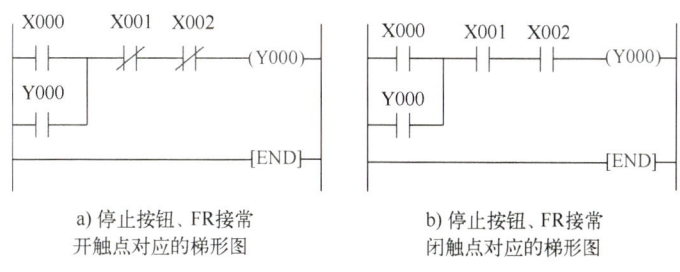

a) 停止按钮、FR接常开触点对应的梯形图

b) 停止按钮、FR接常闭触点对应的梯形图

图 2-5-25　三相电动机单向运行控制参考程序

5) 运行调试。参考 2.1.3 小节"实践应用：信号灯的点动控制"的运行调试方法进行运行调试。

##  任务 2：三相电动机的正反转运行控制

图 2-5-26 所示为三相电动机正反转运行的继电器-接触器控制电路。控制效果如下：

1) 按下正转起动按钮，KM1 线圈 ($U_N = 220$ V) 得电，三相电动机 ($U_N = 380$ V) 正向运行。

2) 按下停止按钮，KM1 线圈失电，电动机停止运行。

3) 按下反转起动按钮，KM2 线圈得电，电动机反向运行。

4) 按下停止按钮，KM2 线圈失电，电动机停止运行。

根据以上控制效果，用 PLC 对该三相电动机进行正反转运行控制。

本任务评分明细见表 2-5-5。

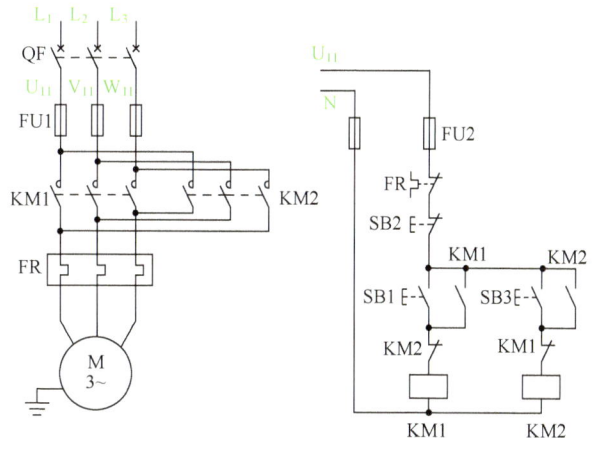

图 2-5-26　电动机正反转运行控制电路

**1. 分析任务**

用 PLC 进行控制时，主电路仍然与图 2-5-26 中主电路部分相同，只是控制电路不一样。首先，选定输入/输出设备，即选定发布控制信号的按钮、热继电器触点等，并选定执行控制任务的接触器；再把这些设备与 PLC 相连，编写 PLC 程序；最后运行程序。

根据继电器-接触器控制原理，完成本控制任务需要有起动按钮 SB1、SB3 和停止按钮 SB2 这 3 个主令控制信号作为输入设备，热继电器 FR 触点是电动机的过热保护信号，也应该作为输入设备，由执行元件（交流接触器）KM1、KM2 作为输出设备，控制电动机主电路正反转主触点的接通和断开，从而控制电动机的正反转。

为了提高安全保障，仍用中间继电器 KA 作为桥梁，即先用 PLC 控制 KA，再由 KA 触点控制 KM。

### 2. 实验设备

本任务实验设备如图 2-1-21 所示，根据任务分析，任务所选用的器材见表 2-5-10。

表 2-5-10 电动机正反转运行任务器材表

| 序　号 | 元器件名称 | 型　号 | 单　位 | 数　量 |
|---|---|---|---|---|
| 1 | PLC | $FX_{3SA}$-14MR | 台 | 1 |
| 2 | 断路器 | DZ47LE-32/1P | 个 | 1 |
| 3 | 开关电源 | 明纬 24V/5A | 个 | 1 |
| 4 | 按钮 | LA38-11BN | 个 | 3 |
| 5 | 交流接触器 | CJX2-0910/AC 220V | 个 | 2 |
| 6 | 热继电器 | JRS2-63F | 个 | 1 |
| 7 | 中间继电器 | NXJ-2Z/DC24V | 个 | 2 |
| 8 | 三相电动机 | YS502/380V | 台 | 1 |
| 9 | PLC 通信线 | Mini USB 数据线 | 根 | 1 |

### 3. 实施任务

（1）分配输入/输出（I/O）地址

根据任务分析，可以确定 4 个输入点和 2 个输出点，输入/输出（I/O）地址分配表见表 2-5-11。

表 2-5-11 输入/输出（I/O）地址分配表

| 输　入 | | | 输　出 | | |
|---|---|---|---|---|---|
| 输 入 点 | 输入元件 | 作　用 | 输 出 点 | 输出元件 | 作　用 |
| X0 | SB1 | 正转起动 | Y0 | KA1 | 控制正转运行的 KM1 |
| X1 | SB2 | 停止 | Y1 | KA2 | 控制反转运行的 KM2 |
| X2 | SB3 | 反转起动 | | | |
| X3 | FR | 过载保护 | | | |

（2）绘制 I/O 接线图

根据 I/O 分配，将 SB1、SB2、SB3、FR 接到 PLC 对应的输入端子，按照本小节任务 1 的接线方法将负载（KA1、KA2）及其工作电源接到 PLC 的输出端，最后由 KA1、KA2 常开触点控制 KM1、KM2 线圈得电或失电。本任务 I/O 接线图如图 2-5-27 所示。

[实践问题]

虽然在程序中已经有了软继电器的互锁触点，但在外部硬件输出电路中还必须使用 KM1、KM2 的常闭触点进行互锁。PLC 内部软继电器互锁只相差一个扫描周期，而外部硬件接触器的断开时间往往大于一个扫描周期，来不及响应。例如 Y0 虽然失电，可能 KM1 的主触点还未断开，在没有外部硬件互锁的情况下，KM2 的主触点可能已接通，引起主电路短路。因此必须采用软硬件双重互锁。

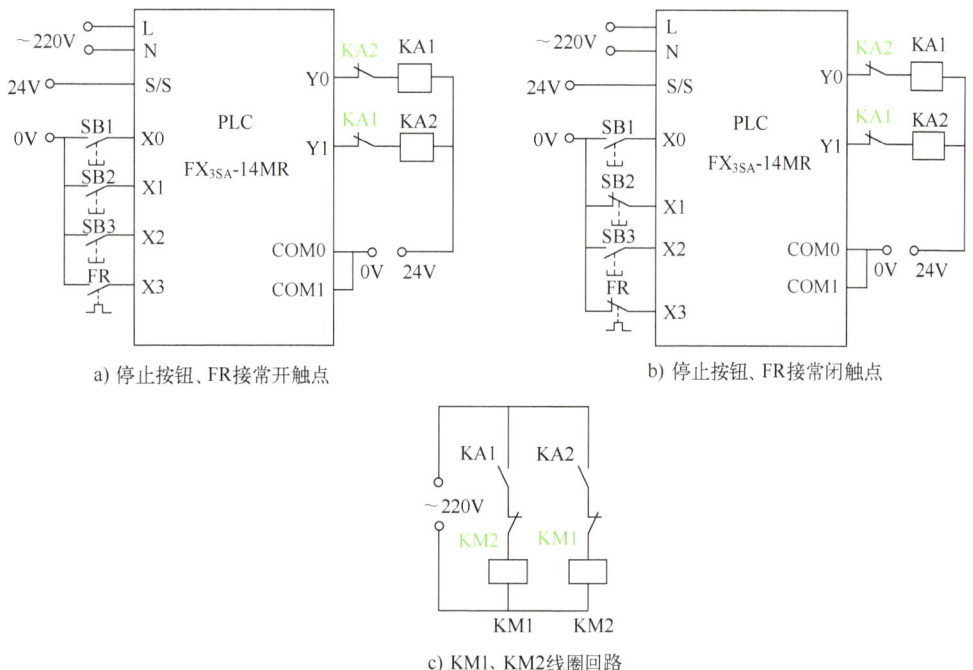

a) 停止按钮、FR接常开触点　　　　b) 停止按钮、FR接常闭触点

c) KM1、KM2线圈回路

图 2-5-27　I/O 接线图

（3）接线

结合 I/O 接线图，按照三相电动机正反转运行控制任务的接线工艺要求完成接线。

（4）编写程序

根据 I/O 地址分配和 I/O 接线图编写三相电动机正反转运行控制程序，参考程序如图 2-5-28 所示。

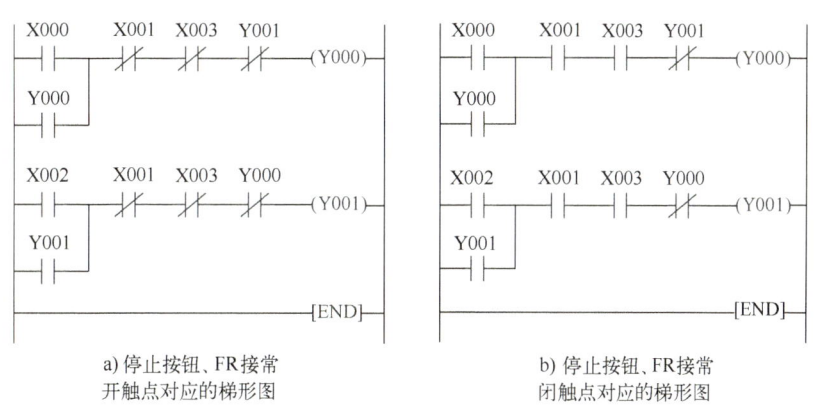

a) 停止按钮、FR接常　　　　b) 停止按钮、FR接常
　　开触点对应的梯形图　　　　　闭触点对应的梯形图

图 2-5-28　三相电动机正反转运行控制参考程序

（5）运行调试

参考 2.1.3 小节"实践应用：信号灯的点动控制"的运行调试方法进行运行调试。

## 任务3：三相电动机的Y-△减压起动控制

图 2-5-29 所示为三相电动机Y-△减压起动控制的继电器-接触器控制电路。控制效果如下：

1)按下起动按钮,KM1/KM3 线圈($U_N = 220\ V$)得电,三相电动机($U_N = 380\ V$)丫形起动。

2)延时 5 s 后,KM3 线圈失电、KM2 线圈得电,电动机△形运行。

3)按下停止按钮,KM1、KM2 线圈失电,电动机停止运行。

根据以上控制效果,用 PLC 对该三相电动机进行丫-△减压起动控制。

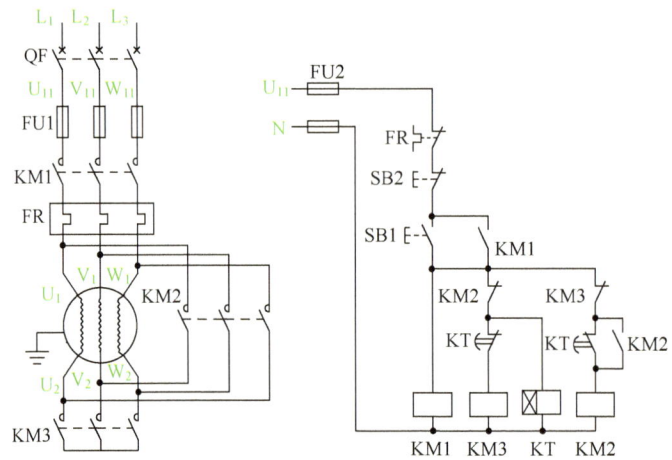

图 2-5-29 三相电动机丫-△减压起动控制的继电器-接触器控制电路

本任务评分明细见表 2-5-5。

### 1. 分析任务

用 PLC 进行控制时,主电路仍然与图 2-5-29 中主电路部分相同,只是控制电路不一样。首先,选定输入/输出设备,即选定发布控制信号的按钮、热继电器触点等,并选定执行控制任务的接触器;再把这些设备与 PLC 对应相连,编写 PLC 程序;最后运行程序。

根据继电器-接触器控制原理,完成本控制任务需要有起动按钮 SB1 和停止按钮 SB2 两个主令控制信号作为输入设备,热继电器 FR 触点是电动机的过热保护信号,也应该作为输入设备,由执行元件(交流接触器)KM1、KM2、KM3 作为输出设备,控制电动机主电路丫/△主触点的接通和断开,从而控制电动机丫-△的减压起动。

为了提高安全保障,仍用中间继电器 KA 作为桥梁,即先用 PLC 控制 KA,再由 KA 触点控制 KM。

### 2. 实验设备

本任务实验设备如图 2-1-21 所示,根据任务分析,任务所选用的器材见表 2-5-12。

表 2-5-12 电动机丫-△减压起动任务器材表

| 序 号 | 元器件名称 | 型 号 | 单 位 | 数 量 |
|---|---|---|---|---|
| 1 | PLC | $FX_{3SA}$-14MR | 台 | 1 |
| 2 | 断路器 | DZ47LE-32/1P | 个 | 1 |
| 3 | 开关电源 | 明纬 24V/5A | 个 | 1 |
| 4 | 按钮 | LA38-11BN | 个 | 2 |
| 5 | 交流接触器 | CJX2-0910/AC 220V | 个 | 3 |

(续)

| 序　号 | 元器件名称 | 型　号 | 单　位 | 数　量 |
|---|---|---|---|---|
| 6 | 热继电器 | JRS2-63F | 个 | 1 |
| 7 | 中间继电器 | NXJ-2Z/DC24V | 个 | 3 |
| 8 | 三相电动机 | YS502/380V | 台 | 1 |
| 9 | PLC 通信线 | Mini USB 数据线 | 根 | 1 |

**3. 任务实施**

(1) 分配输入/输出（I/O）地址

根据任务分析，可以确定 3 个输入点和 3 个输出点，输入/输出（I/O）地址分配表见表 2-5-13。

表 2-5-13　输入/输出（I/O）地址分配表

| 输　入 | | | 输　出 | | |
|---|---|---|---|---|---|
| 输入点 | 输入元件 | 作　用 | 输出点 | 输出元件 | 作　用 |
| X0 | SB1 | 起动 | Y0 | KA1 | 控制接通电源的 KM1 |
| X1 | SB2 | 停止 | Y1 | KA2 | 控制△形运行的 KM2 |
| X2 | FR | 过载保护 | Y2 | KA3 | 控制丫形起动的 KM3 |

(2) 绘制 I/O 接线图

根据 I/O 分配，将 SB1、SB2、FR 接到 PLC 对应的输入端子，按照本小节任务 1 的接线方法将负载（KA1、KA2、KA3）及其工作电源接到 PLC 的输出端，最后由 KA1、KA2、KA3 常开触点控制线圈 KM1、KM2、KM3 得电或失电。本任务 I/O 接线图如图 2-5-30 所示。

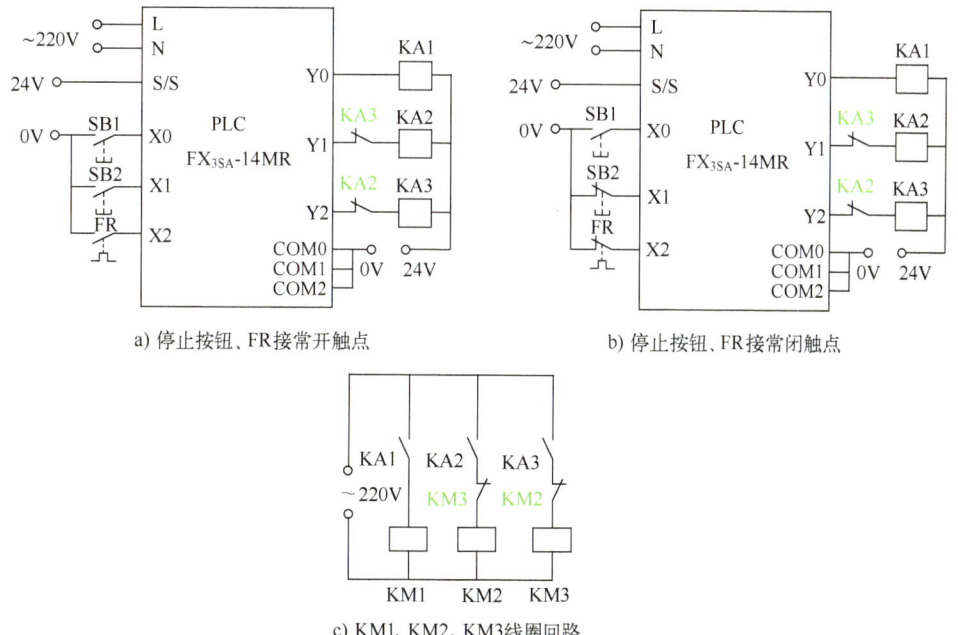

a) 停止按钮、FR 接常开触点　　　　b) 停止按钮、FR 接常闭触点

c) KM1、KM2、KM3 线圈回路

图 2-5-30　I/O 接线图

（3）接线

结合 I/O 接线图，按照三相电动机 Y-△ 减压起动控制任务的接线工艺要求完成接线。

（4）编写程序

根据 I/O 地址分配和 I/O 接线图编写三相电动机 Y-△ 减压起动控制程序，参考程序如图 2-5-31 所示。

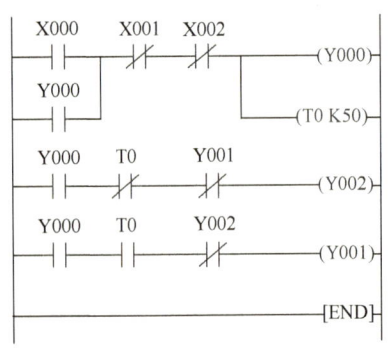
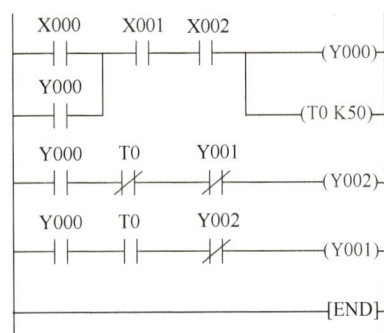

图 2-5-31　三相电动机 Y-△ 减压起动控制参考程序

（5）运行调试

参考 2.1.3 小节"实践应用：信号灯的点动控制"的运行调试方法进行运行调试。

## 复习与提高

### 一、判断题

1. PLS 是上升沿微分输出指令。（　　）
2. 在三菱 PLC 中，脉冲式触点指令有常开触点，也有常闭触点。（　　）
3. 脉冲式触点指令有上升沿检测和下降沿检测两种。（　　）

### 二、单项选择题

1. ⫞↑⫞这个触点的名称为（　　）。
   A. 下降沿检测　　　　B. 常开　　　　C. 上升沿检测　　　　D. 常闭
2. 图 2-5-32 所示的梯形图表示的含义是（　　）。

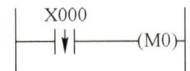

图 2-5-32　选择题 2 的图

   A. 当 X000 由 ON 变为 OFF 时，M0 仅接通一个扫描周期
   B. 当 X000 由 OFF 变为 ON 时，M0 仅接通一个扫描周期
   C. 当 X000 由 ON 变为 OFF 时，M0 持续接通
   D. 当 X000 由 OFF 变为 ON 时，M0 持续接通

3. （　　）能使元件 Y、M 仅在驱动断开后的一个扫描周期内动作。
   A. PLF　　　　B. PLS　　　　C. MPS　　　　D. MRD

### 三、简答题

在继电器控制线路中，停车按钮、过载保护的热继电器采用的是常闭触点接法，若因常闭触点故障只能采用常开接法，则 PLC 的控制如何实现？试画出 PLC 控制接线图及梯形图。

科学规范、求真务实：PLC 编程的基石

在工业自动化领域，可编程逻辑控制器（PLC）是不可或缺的核心组件。PLC 编程涉及对机械设备、生产流程等关键环节的精确控制。因此，科学规范、求真务实的学习作风和编程态度显得尤为重要。

#### 1. 科学规范的学习与实践

PLC 编程要求编程者具备扎实的理论基础和丰富的实践经验。这意味着，不能仅仅停留在书本知识上，更需要在实践中不断摸索、学习和进步。

理论学习：需要系统学习 PLC 的基本原理、指令系统、编程语言等知识，以确保对 PLC 有全面而深入的理解。

实践操作：理论学习是基础，实践操作才是关键。通过参与实际项目，读者可以将所学知识应用到实际场景中，从而加深对 PLC 编程的理解。

#### 2. 严谨细致的编程态度

PLC 编程涉及生产线的稳定运行和产品质量的保障，因此，编程者必须具备严谨细致的编程态度。

遵循编程规范：在编写 PLC 程序时，需要遵循一定的编程规范和标准，以确保程序的可读性、可维护性和可扩展性。

注重细节：PLC 编程时需要关注每一个细节，包括输入/输出的处理、程序的逻辑结构、异常处理等。只有关注细节，才能确保程序的正确性和稳定性。

总之，科学规范、求真务实的学习态度和编程作风是 PLC 编程的基石。只有坚持这样的原则，才能编写出高质量、高稳定性的 PLC 程序，同时要关注如何将这些技术应用于实际生产中，推动工业制造的智能化、绿色化和高效化，为工业自动化的发展做出贡献。

# 模块 3 功能指令的应用

PLC 的基本指令基于继电器、定时器、计数器类等软元件，是主要用于逻辑处理的指令。作为工业控制计算机，PLC 仅有基本指令是远远不够的。现代工业控制在许多场合需要数据处理，所以 PLC 制造商在 PLC 中引入了应用指令，也称为功能指令。

FX$_{3U}$ 系列 PLC 除了基本指令、步进指令外，还有 200 多条功能指令，这些指令可分为程序流向控制、数据传送与比较、算术与逻辑运算、数据移位与循环、数据处理、高速处理、方便指令、外部设备通信、浮点运算、定位运算、时钟运算、触点比较等几大类。功能指令实际上就是许多功能不同的子程序。

## 3.1 抢答器的主控控制——主控触点指令（MC/MCR）

[学习目标]
- 能用主控触点指令设计四路抢答器控制程序。

[重点与难点]
- 主控触点指令的应用。
- 主控触点指令的嵌套。

3.1 抢答器的主控控制

[素养目标]
- 具有问题分析与解决能力：分析四路抢答器的控制需求，提出合理的解决方案。

[课前准备]
- 复习输出继电器 Y、辅助继电器 M。

### 3.1.1 主控触点指令说明

**1. 引入任务**

主控触点指令的控制要求如下：

1）设计抢答器时，为了方便主持人控制比赛，使用了主控触点指令，在开始与结束一般设置开始按钮和复位按钮（开始和复位用同一个按钮），只有主持人允许答题（开始按钮接通）时，选手答题才有效。

2）共 4 位选手，每位选手都有 1 个抢答按钮和 1 个指示灯，某位选手按下抢答按钮时，对应的指示灯点亮，其他选手的抢答按钮失效。

3）点亮的指示灯显示 3s 后自动熄灭，若 3s 未到，则主持人断开开始按钮，灯就会熄灭。在学习主控触点指令之前，将借助仿真软件 D3 画面使用交通灯仿真案例来展示其应用。

交通灯控制逻辑与抢答器相似,便于快速搭建测试环境。虽非直接模拟,但逻辑相通。通过观察仿真,直观感受主控触点指令作用。本章后续的 3.2~3.9 节中任务引入后的"编程并观察程序运行效果"中都是利用控制逻辑相通的仿真案例来展示相应指令的作用。

**2. 编程并观察程序运行效果**

在仿真软件 D3 画面中编辑程序,如图 3-1-1 所示。

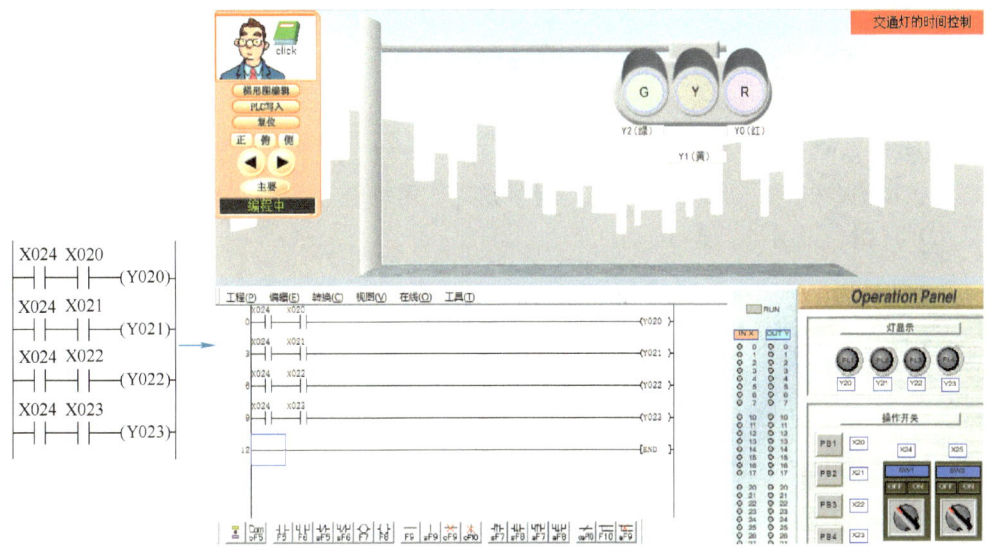

图 3-1-1 仿真软件 D3 画面编辑程序

接通 X24,分别按下启动按钮 PB1~PB4,观察程序运行效果(即交通灯 Y20~Y23 的变化)并分析 X24 的作用。

在仿真过程中,可以观察到,分别按下启动按钮 PB1~PB4,交通灯 Y20~Y23 分别点亮。

上述程序中,Y20~Y23 这 4 个线圈同时受一个触点 X24 控制,如果在每个线圈的控制程序中都串入同样的触点,将多占用存储单元,应用主控指令就可以很好地解决此问题。

首先观察主控触点指令的控制效果。在图 3-1-1 的程序中加入 MC/MCR,如图 3-1-2 所示。

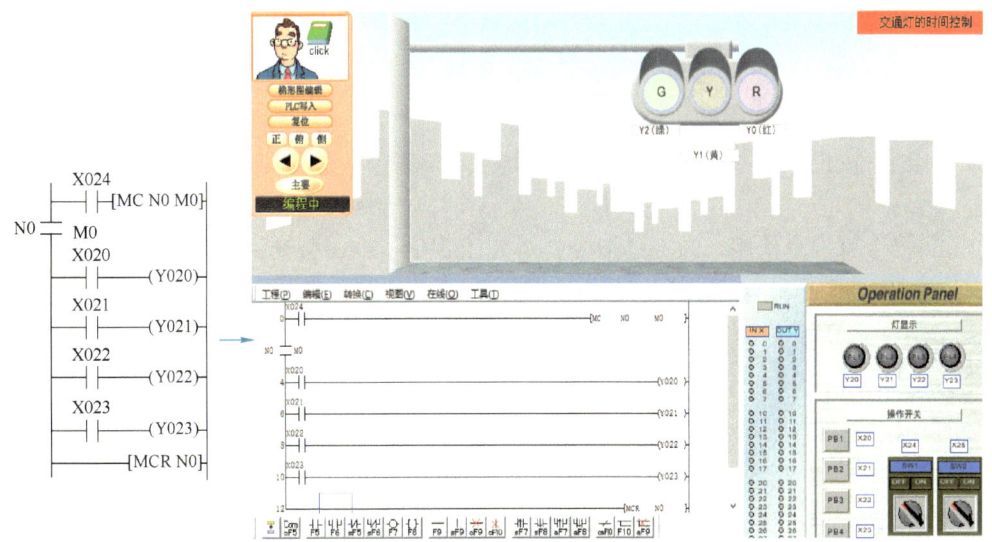

图 3-1-2 用主控触点指令改进图 3-1-1 中的程序

接通 X24，分别按下启动按钮 PB1~PB4，观察程序运行效果（即指示灯 Y20~Y23 的变化）。仍可以观察到，分别按下启动按钮 PB1~PB4，交通灯 Y20~Y23 分别点亮，控制效果与图 3-1-1 中的程序相同。

断开 X24，分别按下启动按钮 PB1~PB4，再观察程序运行效果（即指示灯 Y20~Y23 的变化）。结果，Y20~Y23 不亮。原因是总开关 X24 未接通。

观察了图 3-1-2 中程序的控制效果后，下面就一起来学习主控触点指令 MC/MCR。

### 3. MC/MCR 指令说明

MC：主控触点指令，用于公共串联接点的连接。

MCR：主控复位指令，即 MC 的复位指令。

MC、MCR 指令的操作元件为 Y、M，但不允许使用特殊辅助继电器 M。

MC、MCR 指令说明见表 3-1-1。

表 3-1-1 MC/MCR 指令说明

| 名称 | 符号 | 梯形图与操作元件 | 功能 | 备注 |
|---|---|---|---|---|
| 主控 | MC | ⊢⊣ MC N Y/M | 主控电路块起点 | ① N：嵌套级数，0~7<br>② 特殊辅助继电器不能用主控指令 |
| 主控复位 | MCR | ⊢ MCR N | 主控电路块终点 | |

图 3-1-2 的程序中，触点 X024 输出主控触点指令 MC，当 X024 接通时，主控触点指令便有了控制效果，起始母线上的公共串联触点 N0 M0 接通，它在梯形图中与一般的触点垂直。注意：这个触点是软件自动产生的，不需要输入，相当于控制一组电路的总开关。接着分别按下启动按钮 PB1~PB4，交通灯 Y20~Y23 分别点亮。当主控复位指令 MCR 输出时，主控触点指令停止控制。

### 4. MC/MCR 指令使用注意事项

MC/MCR 指令使用注意事项如下：

1）MC/MCR 指令必须成对使用。执行 MC 指令后，起始母线移到 MC 触点之后，即主控触点指令 MC 后面的任何指令均以 LD、LDI 指令开始，MCR 指令使母线返回。

2）使用不同的 Y、M 地址编号，可多次使用 MC 指令。不能用同一地址编号，避免出现双线圈。

3）MC 指令可嵌套使用。在 MC 指令内再使用 MC 指令，嵌套级的编号就顺次由小增大；用 MCR 指令逐级返回时，嵌套级的编号则顺次由大减小。

## 3.1.2 主控触点指令应用

下面利用主控触点指令 MC、MCR 设计抢答器的主控控制程序。

🔍 **特别说明**：本任务实施只进行软件设计，硬件设计部分不做介绍。

## 1. 分配 I/O 地址

通过分析任务的控制要求，可以确定 5 个输入点和 4 个输出点，结合仿真软件 D3 画面，具体的输入/输出（I/O）地址分配表见表 3-1-2。

表 3-1-2 输入/输出（I/O）地址分配表

| 输入 | | | 输出 | | |
|---|---|---|---|---|---|
| 输入点 | 输入元件 | 作用 | 输出点 | 输出元件 | 作用 |
| X20 | SB1 | 抢答按钮 1 | Y20 | H1 | 指示 |
| X21 | SB2 | 抢答按钮 2 | Y21 | H2 | 指示 |
| X22 | SB3 | 抢答按钮 3 | Y22 | H3 | 指示 |
| X23 | SB4 | 抢答按钮 4 | Y23 | H4 | 指示 |
| X24 | SA | 总开关 | | | |

## 2. 编写程序

参考程序 1：如图 3-1-3 所示，总开关 X024 作为主控触点指令的输入，输出 MC N0 M0，任何一位选手抢答成功后，对应的指示灯亮起，同时利用电气互锁使其他选手无法再抢答，指

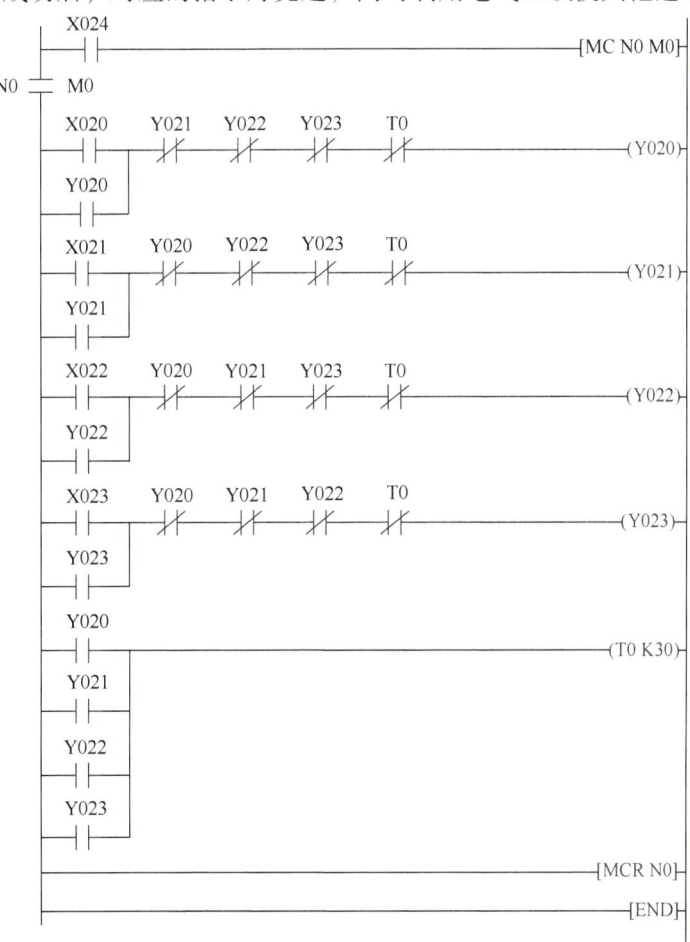

图 3-1-3 四路抢答器控制参考程序 1

示灯亮起后计时 3 s，4 位选手对应的指示灯用同一个定时器进行计时。最后用 MCR 进行主控复位。

参考程序 2：如图 3-1-4 所示，与参考程序 1 的编程思路不同的是，参考程序 2 的编程思路一共用了 4 个定时器，每位选手对应的指示灯分别用一个定时器进行计时。

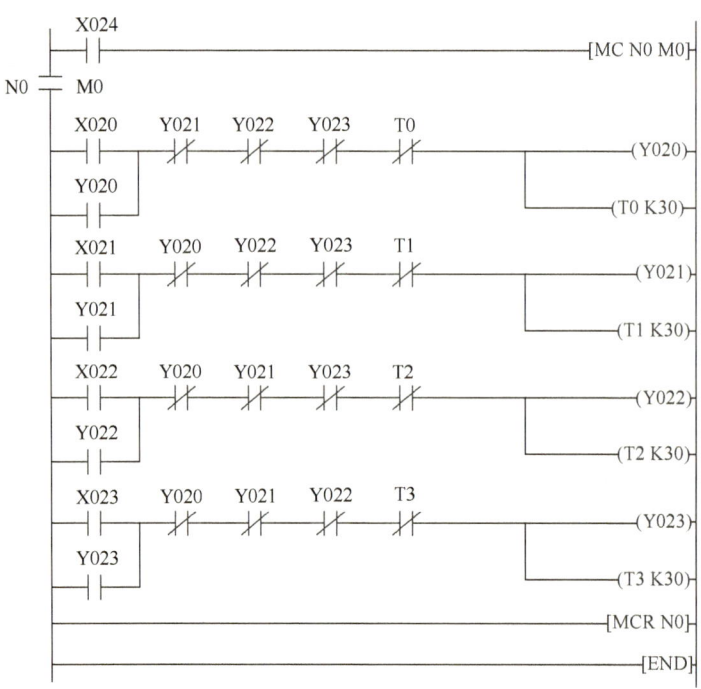

图 3-1-4　四路抢答器控制参考程序 2

## 复习与提高

### 一、判断题

1. 主控复位线圈指令为 MCR，用于表示被控制电路的结束。（　　）
2. 主控线圈指令为 MC，用于对一段电路进行控制，只能用于辅助继电器 M。（　　）
3. 与基本指令不同，功能指令不是表达梯形图符号间的相互关系，而是直接表达本指令的功能。（　　）

### 二、单项选择题

1. 下列指令使用正确的是（　　）。
   A. OUT X0　　　B. MC M100　　　C. SET Y0　　　D. OUT T0
2. 在 FX$_{3U}$ 系列 PLC 中，MC、MCR 指令允许嵌套使用，嵌套级数为（　　）级。
   A. 5　　　　　B. 6　　　　　C. 7　　　　　D. 8

### 三、简答题

在应用主控指令 MC N0 M100 时，左母线上的 N0 M100 触点应该怎么输入？

## 3.2 数码管的显示控制——传送指令（MOV）

**[学习目标]**
- 能用传送指令设计四路抢答器（含数码管）控制程序。

**[重点与难点]**
- 传送指令的应用。
- 位组合元件在传送指令中的应用。

**[素养目标]**
- 具有创新能力：在完成基本设计要求的基础上，尝试不同的编程方法和优化策略。

**[课前准备]**
- 复习二进制与十进制的相互转换、了解字元件与位元件。

3.2 数码管的显示控制

### 3.2.1 传送指令说明

**1. 引入任务**

传送指令的控制要求如下：

1) 设置抢答前由主持人控制的"开始"按钮。

2) 主持人按下"开始"按钮后进入5s倒计时，由数码管显示时间，时间到后选手答题才有效。

3) 共4位选手，每位选手都有1个抢答按钮，某位选手按下抢答按钮时，数码管显示该选手的号码，数字显示3s后自动熄灭。

4) 数字显示的3s内其他选手的抢答按钮失效，3s后可进行下一轮抢答。

**2. 分解任务**

将任务分解成4个小任务，分别是：任务1 显示模块（数码管）硬件设计、任务2 显示模块（数码管）软件设计、任务3 控制模块硬件设计、任务4 控制模块软件设计。

**3. 实施任务**

**（1）任务1 显示模块（数码管）硬件设计**

任务1对应的控制要求是总任务控制要求的第1）、2）条。

七段数码管共有7段，分别是a-b-c-d-e-f-g，小数点计为h。本任务中的七段数码管额定工作电压为直流12V。

由数码管显示的数字0~9对应的编码如下：abcdef 六段点亮时显示0；bc 两段点亮时显示1；abdeg 五段点亮时显示2；abcdg 五段点亮时显示3；bcfg 四段点亮时显示4；acdfg 五段点亮时显示5；acdefg 六段点亮时显示6；abc 三段点亮时显示7；abcdefg 七段全部点亮时显示8；abcdfg 六段点亮时显示9。数码管编码如图3-2-1所示。

1) 分配I/O地址。端子分配前，先分析本任务的硬件设备：PLC型号为$FX_{3U}$-32MR，是继电器输出，七段数码管是共阴极的。因此，PLC可直接驱动数码管。I/O地址分配见表3-2-1，根据I/O地址分配可得出编码列表，见表3-2-2。

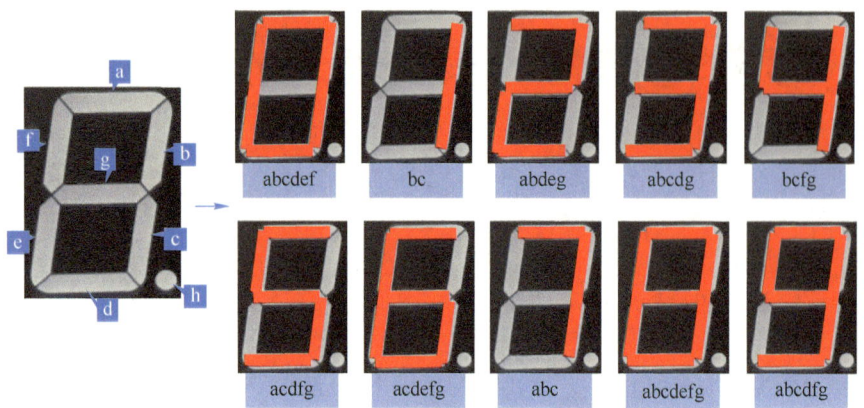

图 3-2-1　数码管编码

表 3-2-1　I/O 地址分配表

| 输　入 | | | 输　出 | | |
|---|---|---|---|---|---|
| 输 入 点 | 输入元件 | 作　用 | 输 出 点 | 输出元件 | 作　用 |
| X0 | SA | 启动 | Y0 | a 段 LED | 显示 |
| | | | Y1 | b 段 LED | 显示 |
| | | | Y2 | c 段 LED | 显示 |
| | | | Y3 | d 段 LED | 显示 |
| | | | Y4 | e 段 LED | 显示 |
| | | | Y5 | f 段 LED | 显示 |
| | | | Y6 | g 段 LED | 显示 |

表 3-2-2　编码列表

| 显示数字 | 显　示　段 | | | | | | |
|---|---|---|---|---|---|---|---|
| | g<br>Y6 | f<br>Y5 | e<br>Y4 | d<br>Y3 | c<br>Y2 | b<br>Y1 | a<br>Y0 |
| 0 |  | 1 | 1 | 1 | 1 | 1 | 1 |
| 1 |  |  |  |  | 1 | 1 |  |
| 2 | 1 |  | 1 | 1 |  | 1 | 1 |
| 3 | 1 |  |  | 1 | 1 | 1 | 1 |
| 4 | 1 | 1 |  |  | 1 | 1 |  |
| 5 | 1 | 1 |  | 1 | 1 |  | 1 |
| 6 | 1 | 1 | 1 | 1 | 1 |  | 1 |
| 7 |  |  |  |  | 1 | 1 | 1 |
| 8 | 1 | 1 | 1 | 1 | 1 | 1 | 1 |
| 9 | 1 | 1 |  | 1 | 1 | 1 | 1 |

2）绘制 I/O 接线图。I/O 接线图如图 3-2-2 所示。

模块 3 功能指令的应用　113

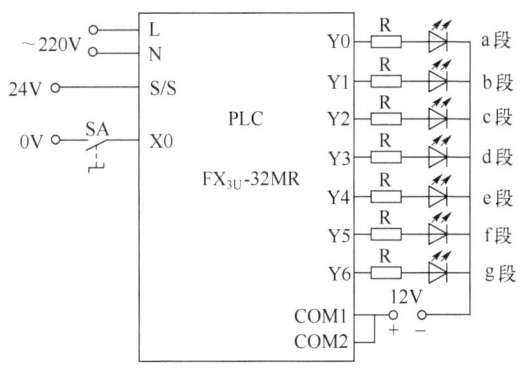

图 3-2-2　I/O 接线图

**(2) 任务 2　显示模块（数码管）软件设计**

编程之前，先分析编程思路。以数字"2"为例，要使数码管显示"2"，则对应的 abdeg 这 5 个二极管要导通，如图 3-2-3a 所示。如果用基本逻辑指令来实现，则程序设计如图 3-2-3b 所示，X000 接通，Y0、Y1、Y3、Y4、Y6 所对应的 abdeg 这 5 个二极管要接通，数码管就显示 2，仅显示一个数字 2 就要输出 5 行，程序太烦琐。那么 PLC 有没有这样的指令，只要输入一行，就能实现 X000 接通，Y0、Y1、Y3、Y4、Y6 成组接通呢？答案是"有"，这就是传送指令 MOV。学习传送指令 MOV 之前，先来了解数据寄存器 D。

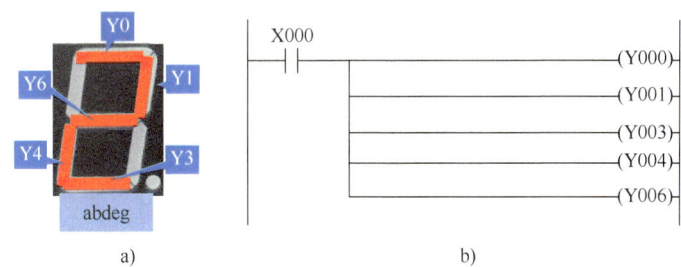

图 3-2-3　显示数字"2"的基本逻辑指令

**知识链接 1——数据寄存器 D**

在进行输入/输出处理、模拟量控制、位置控制时，需要许多数据寄存器存储数据和参数。数据寄存器无触点、线圈，常与应用指令配合使用。数据寄存器为 16 位，最高位为符号位，可用两个数据寄存器合并起来存放 32 位数据，最高位仍为符号位。

数据寄存器分成下面 3 类：通用数据寄存器 D0~D199 共 200 点，停电保持数据寄存器 D200~D7999 共 7800 点，特殊数据寄存器 D8000~D8255 共 256 点。

1) 通用数据寄存器 D0~D199。只要不写入其他数据，已写入的数据不会变化。但是当 PLC 由运行到停止或断电时，该类数据寄存器的数据被清除为 0。但是当特殊辅助继电器 M8033 置 1，PLC 由运行转向停止时，数据可以保持。

2) 停电保持数据寄存器 D200~D7999。其使用方法和通用数据寄存器相同，在 PLC 停止或停电时数据被保存。其中 D200~D511 可通过参数设定值变为通用型，D512~D7999 不能通过参数设定改变其停电保持数据的特性,若要改变停电保持的特性,则可以在程序的起始步采用初始化脉冲(M8002)和复位指令将其内容清除。

在两台 PLC 进行点对点的通信时,D490~D509 被用于通信操作。

利用参数设定可以将 D1000~D7999 的数据寄存器分为 500 点为一组的文件数据寄存器。文件数据寄存器实际上是一类专用数据寄存器,用于存储大量的数据,如采集数据、统计计算数据、多组控制参数等。

3)特殊数据寄存器 D8000~D8255。特殊数据寄存器是指写入特定目的的数据,或已事先写入特定内容的数据寄存器,其内容在电源接通时被置于初始值(一般先清零,然后由系统 ROM 来写入)。未定义的特殊数据寄存器,用户不能用。

**知识链接 2——字元件、位元件与位组合元件**

1)字元件:处理数据的元件称字元件,即数值。K、H、KnX、KnY、KnM、KnS、T、C、D、V、Z 均属于字元件。

2)位元件:用一个二进制位表达。只处理 ON、OFF 两种状态的元件被称为位元件,即只有通断两种状态,一般指触点或线圈。如 X、Y、M、S 都是位元件。

3)位组合元件:位元件可以组合起来进行数字处理。方法是将多个位元件按 4 位一组的原则来组合。因此,位组合元件使用位元件组成字长可变化的软元件。

组合方法的助记符是 Kn+最低位位元件号,如 KnY、KnX、KnM、KnS。其中"K"表示后面跟的是十进制数,"n"表示 4 位一组的组数,16 位数据用 K1~K4,32 位数据用 K1~K8。数据中的最高位是符号位,被组合的位元件最低(起始)位为偶数,可以任意选择,一般以 0 为起始元件。例如,K2Y0 表示由 Y0~Y3 和 Y4~Y7 两位组件组成一个 8 位数据,其中 Y7 是最高位,Y0 是最低位。同样,K4M10 表示由 M10~M25 组成一个 16 位数据,其中 M25 是最高位,M10 是最低位。

在进行 16 位数据操作时,参与操作的位元件由 K1~K4 指定。如果仅有 K1~K3,则不足 16 位的高位都作为 0 处理。这样最高位的符号位必然是 0,也就是说只能是正数(符号位的判别是:正数为 0,负数为 1)。

**练习**

1)K1Y0:1 个位元件组,Y0~Y3 组成的 4 个位元件。
2)K1X2:1 个位元件组,X1~X4 组成的 4 个位元件。
3)K4Y0:4 个位元件组,Y0~Y17 组成的 16 个位元件。
4)K2M2:2 个位元件组,M2~M9 组成的 8 个位元件。

(3)编程并观察程序运行效果

在仿真软件 D3 画面中编辑程序,如图 3-2-4 所示。

按下启动按钮 PB1,观察程序运行效果(即寄存器 D0 里数据的变化)。在仿真过程中,可以观察到,D0 右下角的数字由 0 变成了 100。

(4)MOV 指令说明

MOV 指令说明见表 3-2-3。

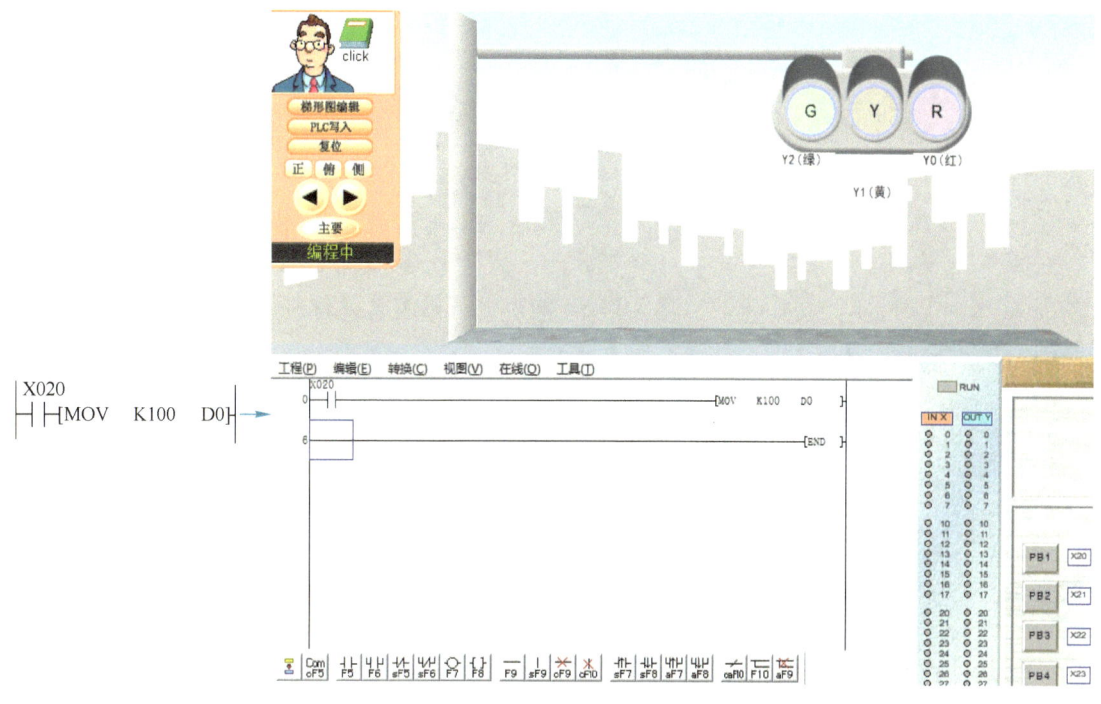

图 3-2-4　仿真软件 D3 画面编辑程序

表 3-2-3　MOV 指令说明

| 名　称 | 符　号 | 梯形图与操作元件 | 功　能 |
|---|---|---|---|
| 传送 | MOV | ─┤├──[ MOV [S] [D] ]── | 将[S]中的数据按原样传送到[D]中 |

S 是源操作数，它支持所有的数据形式，即字元件，包括 K、H、KnX、KnY、KnM、KnS、T、C、D、V、Z。

D 是目标操作数，它的数据形式是部分字元件，包括 KnY、KnM、KnS、T、C、D、V、Z。

在图 3-2-4 所示的程序中，当输入触点 X020 接通时，输出的传送指令便有了控制效果，它会把常数 100 传送到数据寄存器 D0 中，即 D0 = 100。若执行条件 X020 断开，则传送给 D0 的值仍保持。

功能指令可处理 16 位数据和 32 位数据。MOV 指令有 32 位操作方式，使用前缀"D"。

功能指令有连续执行和脉冲执行两种形式。脉冲执行形式使用后缀"P"，如 MOVP，只有在驱动条件由 OFF→ON 时进行一次运算。无"P"为连续执行形式。

（5）程序分析

1）如图 3-2-5 所示，若 X020 和 X021 都接通，则 D0 等于多少？

当 X020 和 X021 = 1 时，D0 先赋值 100，最后赋值 50，即第 2 个数值 50 覆盖了第 1 个数值 100。

2）如图 3-2-6 所示，若 X020 接通，则 K2Y000 等于多少？

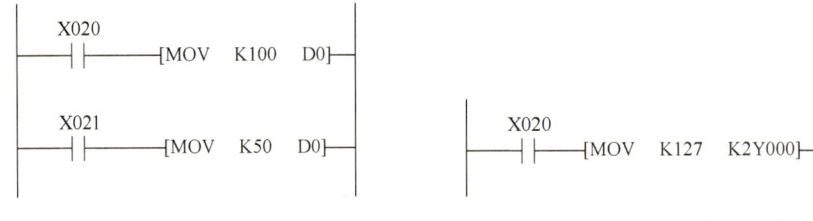

图 3-2-5 含 MOV 指令的程序 1　　　图 3-2-6 含 MOV 指令的程序 2

当 X020 =1 时，K2Y000=127，即 Y0~Y6 均得电。位组合元件中每个位元件二进制与十进制的换算见表 3-2-4。

表 3-2-4　位组合元件中每个位元件二进制与十进制的换算

| 位　　数 | 15 | 14 | 13 | 12 | 11 | 10 | 9 | 8 | 7 | 6 | 5 | 4 | 3 | 2 | 1 | 0 |
|---|---|---|---|---|---|---|---|---|---|---|---|---|---|---|---|---|
| 对应输出 | Y17 | Y16 | Y15 | Y14 | Y13 | Y12 | Y11 | Y10 | Y7 | Y6 | Y5 | Y4 | Y3 | Y2 | Y1 | Y0 |
| 二进制 | 0/1 | 0/1 | 0/1 | 0/1 | 0/1 | 0/1 | 0/1 | 0/1 | 0/1 | 0/1 | 0/1 | 0/1 | 0/1 | 0/1 | 0/1 | 0/1 |
| 转换成十进制 | $2^{15}$ | $2^{14}$ | $2^{13}$ | $2^{12}$ | $2^{11}$ | $2^{10}$ | $2^{9}$ | $2^{8}$ | $2^{7}$ | $2^{6}$ | $2^{5}$ | $2^{4}$ | $2^{3}$ | $2^{2}$ | $2^{1}$ | $2^{0}$ |

十进制的 127 等于二进制的 01111111，根据表 3-2-4 可以得出 Y0~Y6 均为 1。

📝 练习

1）分析图 3-2-7 中的 6 个程序，若 X020 接通，则哪些输出继电器能得电？

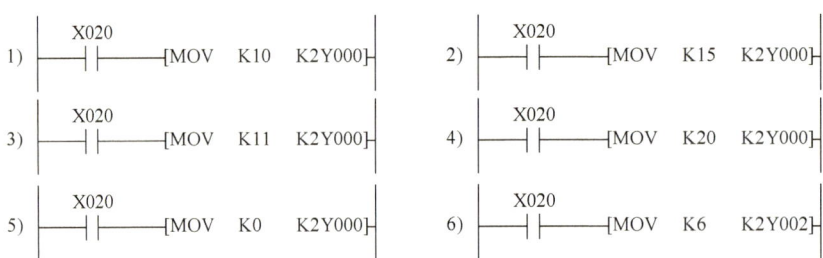

图 3-2-7　含 MOV 指令的程序 3

2）分析图 3-2-8 中的 2 个程序，若 X020 接通，输出继电器 Y2、Y3 或 Y2、Y5 得电，则"?"中应该写什么数字？

```
        X020
1) ─────┤ ├──────[MOV   K?   K2Y000]     2) ─────┤ ├──────[MOV   K?   K2Y002]
```

图 3-2-8　含 MOV 指令的程序 4

3）结合表 3-2-2，分析图 3-2-9 中的程序，若 X020 接通，则数码管显示什么数字？

```
        X020
  ─────┤ ├──────[MOV   K0   K2Y000]
```

图 3-2-9　含 MOV 指令的程序 5

4）结合表 3-2-2，分析图 3-2-10 中的程序，若 X020 接通，数码管显示数字"1"，则"?"中应该写什么数字？

图 3-2-10　含 MOV 指令的程序 6

### 编程练习 1：编写数码管显示数字"0~9"的程序

控制要求：

接通 X020，使数码管分别显示"0""1""2""3""4""5""6""7""8""9"。

备注：共编写 10 个程序，每个数字对应的十进制见表 3-2-5。

表 3-2-5　添加十进制数值的编码列表

| 显示数字 | 显示段 | | | | | | | K |
|---|---|---|---|---|---|---|---|---|
| | g<br>Y6<br>$2^6$ | f<br>Y5<br>$2^5$ | e<br>Y4<br>$2^4$ | d<br>Y3<br>$2^3$ | c<br>Y2<br>$2^2$ | b<br>Y1<br>$2^1$ | a<br>Y0<br>$2^0$ | |
| 0 | | 1 | 1 | 1 | 1 | 1 | 1 | 63 |
| 1 | | | | | 1 | 1 | | 6 |
| 2 | 1 | | 1 | 1 | | 1 | 1 | 91 |
| 3 | 1 | | | 1 | 1 | 1 | 1 | 79 |
| 4 | 1 | 1 | | | 1 | 1 | | 102 |
| 5 | 1 | 1 | | 1 | 1 | | 1 | 109 |
| 6 | 1 | 1 | 1 | 1 | 1 | | 1 | 125 |
| 7 | | | | | 1 | 1 | 1 | 7 |
| 8 | 1 | 1 | 1 | 1 | 1 | 1 | 1 | 127 |
| 9 | 1 | 1 | | 1 | 1 | 1 | 1 | 111 |

### 编程练习 2：编写 3 s 倒计时程序

控制要求：

主持人按下"开始"按钮（X0）后进入 3 s 倒计时，时间到后数码管自动熄灭。

1）绘制程序流程图。3 s 倒计时程序流程图如图 3-2-11 所示。

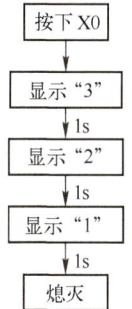

图 3-2-11　3 s 倒计时程序流程图

2）编写程序。3s 倒计时参考程序如图 3-2-12 所示。

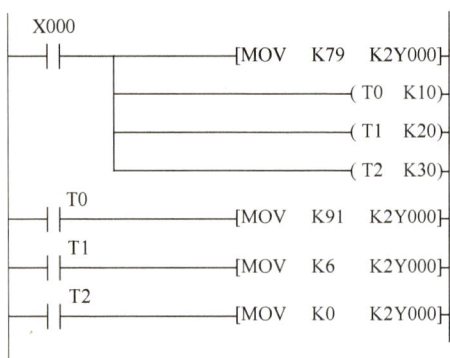

图 3-2-12　3s 倒计时参考程序

 编程练习 3：编写 5s 倒计时程序

控制要求：
主持人按下"开始"按钮（X0）后进入 5s 倒计时，时间到后数码管自动熄灭。
5s 倒计时程序编写方法同上，这里不再详述。

### 3.2.2　传送指令应用

**1. 任务 3　控制模块硬件设计**

任务 3 对应的控制要求是总任务控制要求的第 3）、4）条。
（1）分配 I/O 地址
本任务输入点新增了 4 位选手的 4 个抢答按钮，根据任务 1 的 I/O 地址分配表 3-2-1，可得出输入共有 5 个点，输出不变。汇总的 I/O 地址分配见表 3-2-6。

表 3-2-6　I/O 地址分配表（汇总）

| 输入 | | | 输出 | | |
| --- | --- | --- | --- | --- | --- |
| 输入点 | 输入元件 | 作用 | 输出点 | 输出元件 | 作用 |
| X0 | SA | 启动 | Y0 | KA1 | 控制 a 段 |
| X1 | SB1 | 抢答 | Y1 | KA2 | 控制 b 段 |
| X2 | SB2 | 抢答 | Y2 | KA3 | 控制 c 段 |
| X3 | SB3 | 抢答 | Y3 | KA4 | 控制 d 段 |
| X4 | SB4 | 抢答 | Y4 | KA5 | 控制 e 段 |
| | | | Y5 | KA6 | 控制 f 段 |
| | | | Y6 | KA7 | 控制 g 段 |

（2）绘制 I/O 接线图
I/O 接线图（汇总）如图 3-2-13 所示。

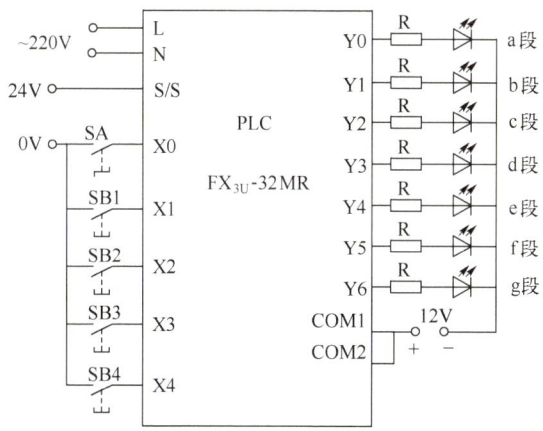

图 3-2-13 I/O 接线图（汇总）

### 2. 任务 4　控制模块软件设计

（1）绘制程序流程图

4 位选手抢答程序流程图如图 3-2-14 所示。1 号选手抢答，数码管显示 1，显示 3 s 后熄灭；2 号选手抢答，数码管显示 2，显示 3 s 后熄灭；3 号选手抢答，数码管显示 3，显示 3 s 后熄灭；4 号选手抢答，数码管显示 4，显示 3 s 后熄灭。4 位选手的抢答过程是选择性的过程，即任何一位抢答成功，其他几位抢答就无效。

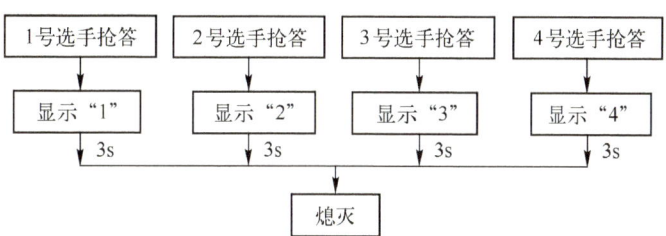

图 3-2-14　4 位选手抢答程序流程图

（2）编写程序

控制模块参考程序如图 3-2-15 所示。若 2 号选手抢答，X002 触点接通，利用 MOV 指令将十进制数 91 赋值给 K2Y000，数码管显示数字"2"。同时，线圈 M100 得电，3 s 计时开始。M100 得电后其常闭触点断开，使其他几路选手抢答失效，故 M100 常闭触点起到了互锁的作用。

把倒计时程序和控制模块的程序汇总成一个完整的程序，如图 3-2-16 所示。

汇总时要注意以下 2 个问题：①倒计时程序要与抢答程序互锁，即在倒计时程序中串联多个 M100 常闭触点，避免在抢答时进行倒计时；②要在抢答程序中串联倒计时结束的条件，即 T4 常开触点，避免倒计时未结束时误按抢答按钮后显示选手号码。

最后，按照 I/O 接线图接好外部各线，输入控制程序进行调试，观察结果。

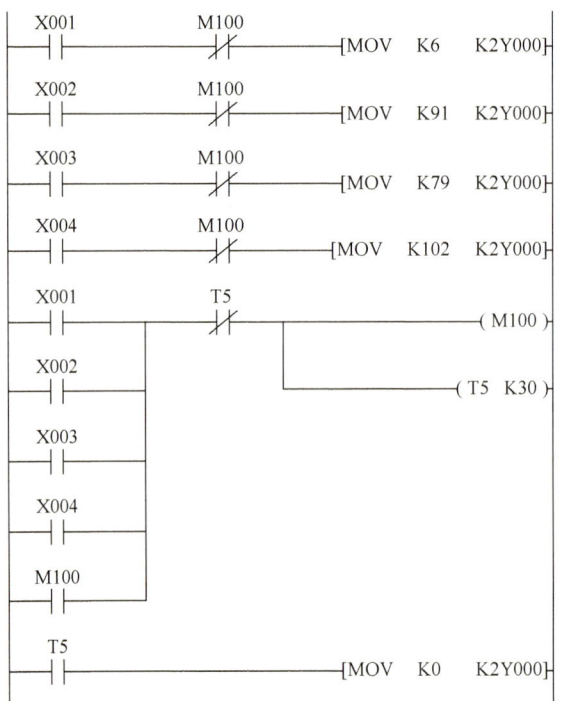

图 3-2-15 控制模块参考程序

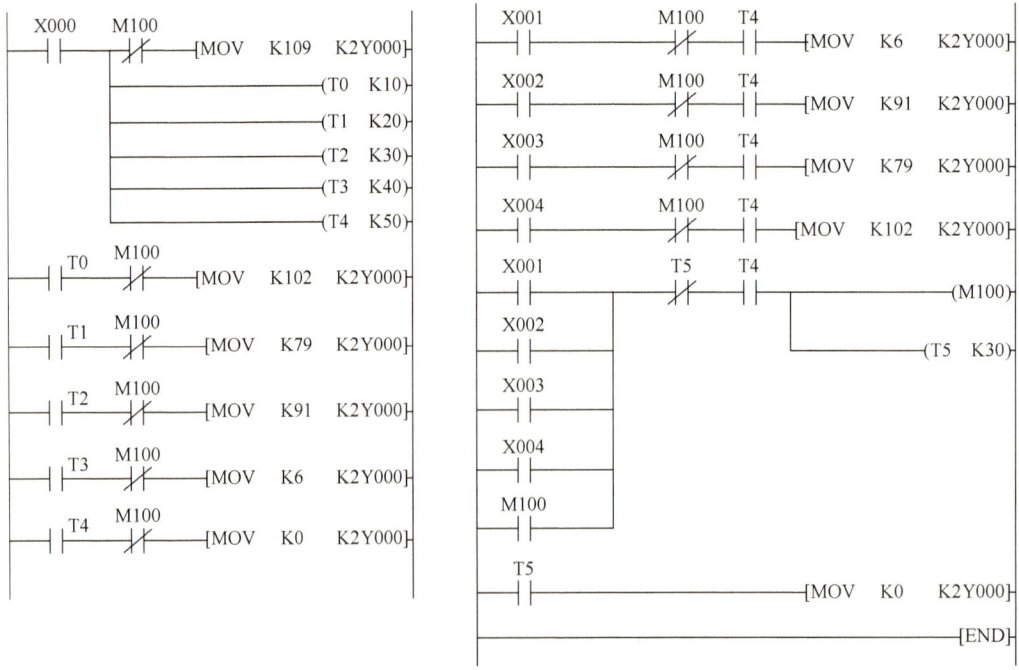

图 3-2-16 数码管的显示控制参考程序

### 3. 拓展练习

请思考如何用 MOV 指令实现 2.5.3 小节任务 3 控制程序（图 2-5-31）的控制效果。

## 复习与提高

### 一、判断题

1. 指令 MOV 为传送指令，如 MOV K50 D1，是指将 K50 传送到 D1 中。（　　）
2. 功能指令按处理数据的长度分为 16 位指令和 32 位指令，其中，32 位指令在助记符前加"D"，如 MOV 是 16 位指令，DMOV 是 32 位指令。（　　）
3. 字元件主要用于开关量信息的传递、变换及逻辑处理。（　　）
4. 位组合元件是一种字元件。（　　）
5. 数据寄存器 D 中存放的是二进制数。（　　）

### 二、单项选择题

1. 下列指令中，表示脉冲执行型的是（　　）。
   A. MOVP  B. MOV  C. SET  D. RST
2. 停电保持数据寄存器（　　），只要不改写，无论运算或停电，原有数据都不变。
   A. D0~D49  B. D50~D99  C. D100~D199  D. D200~D7999
3. 在梯形图编程中，传送指令 MOV 的功能是（　　）。
   A. 源数据内容传送给目标单元，同时将源数据清零
   B. 源数据内容传送给目标单元，同时源数据不变
   C. 目标数据内容传送给源单元，同时将目标数据清零
   D. 目标数据内容传送给源单元，同时目标数据不变
4. 程序：MOV T0 D20，表示（　　）。
   A. (D20)→T0 的当前值
   B. (D20)→T0 的设定值
   C. T0 的当前值→(D20)
   D. T0 的设定值→(D20)
5. M0~M15 中，M0、M2 数值都为 1，其他都为 0，那么 K4M0 数值等于（　　）。
   A. 5  B. 9  C. 10  D. 11

### 三、填空题

1. 在三菱的 PLC 中，位元件 Y2/Y3/Y4/Y5 可用位组合元件（　　）表示。
2. 十进制数 10 转换为二进制是（　　）。
3. 如图 3-2-17 所示，若 Y0~Y3 都接灯泡，则当 X000 闭合时，Y0~Y3 中点亮的是（　　）。

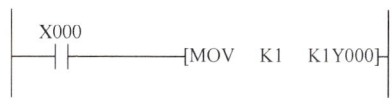

图 3-2-17　填空题 3 的图

## 3.3 运料车的往返控制——比较指令（CMP）

3.3 运料车的往返控制

[学习目标]
- 能用比较指令设计运料车往返控制程序。

[重点与难点]
- 比较指令的应用。
- 比较指令中源操作数 S1 和 S2 的比较分析。

[素养目标]
- 具有技术应用能力：将理论知识应用到实际问题中，实现运料车的往返控制。

[课前准备]
- 复习字元件与位元件、输出继电器 Y、辅助继电器 M。

### 3.3.1 比较指令说明

**1. 引入任务**

运料车的往返运行示意图如图 3-3-1 所示，控制要求如下：
1）运料车能停留在 4 个工作台中任意一个限位开关的位置上。
2）若运料车停于 2 号工作台，则此时 3 号位呼叫，车必须右行。
3）若运料车停于 2 号工作台，则此时 1 号位呼叫，车必须左行。
4）若运料车停于 2 号工作台，则此时 2 号位呼叫，车停止不动。
5）运料车停于其余 3 个工作台亦如此。

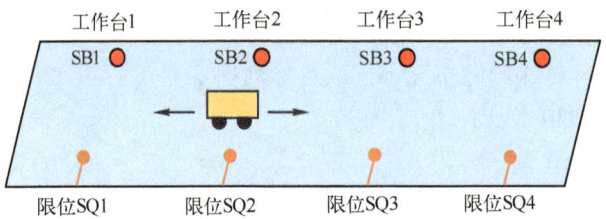

图 3-3-1 运料车的往返运行示意图

**2. 编程并观察程序运行效果**

1）在仿真软件 D3 画面中编辑程序 1，如图 3-3-2 所示。
按下启动按钮 PB1，观察程序运行效果（即交通灯 Y0~Y2 的变化）。
在仿真过程中可以观察到，X020 接通，红灯 Y0 点亮。
2）在仿真软件 D3 画面中编辑程序 2，如图 3-3-3 所示。
按下启动按钮 PB1，观察程序运行效果（即交通灯 Y0~Y2 的变化）。
在仿真过程中可以观察到，X020 接通，黄灯 Y1 点亮。
3）在仿真软件 D3 画面中编辑程序 3，如图 3-3-4 所示。
按下启动按钮 PB1，观察程序运行效果（即交通灯 Y0~Y2 的变化）。

图 3-3-2　仿真软件 D3 画面编辑程序 1

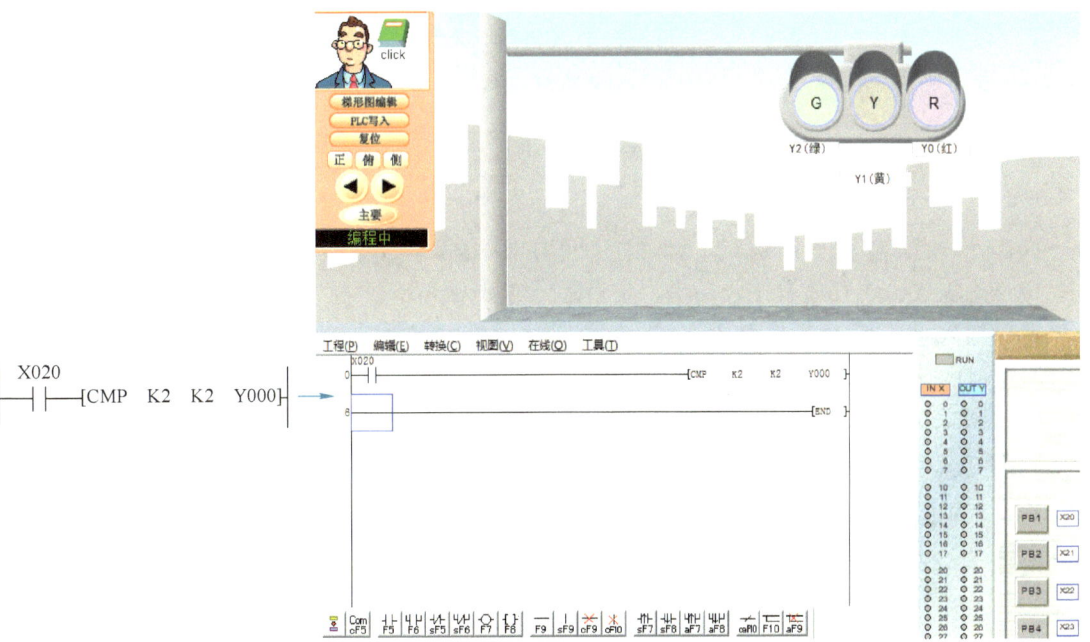

图 3-3-3　仿真软件 D3 画面编辑程序 2

在仿真过程中可以观察到，X020 接通，绿灯 Y2 点亮。

为什么比较指令会有以上的控制效果呢？下面就一起来学习比较指令 CMP。

**3. CMP 指令说明**

CMP 指令说明见表 3-3-1。

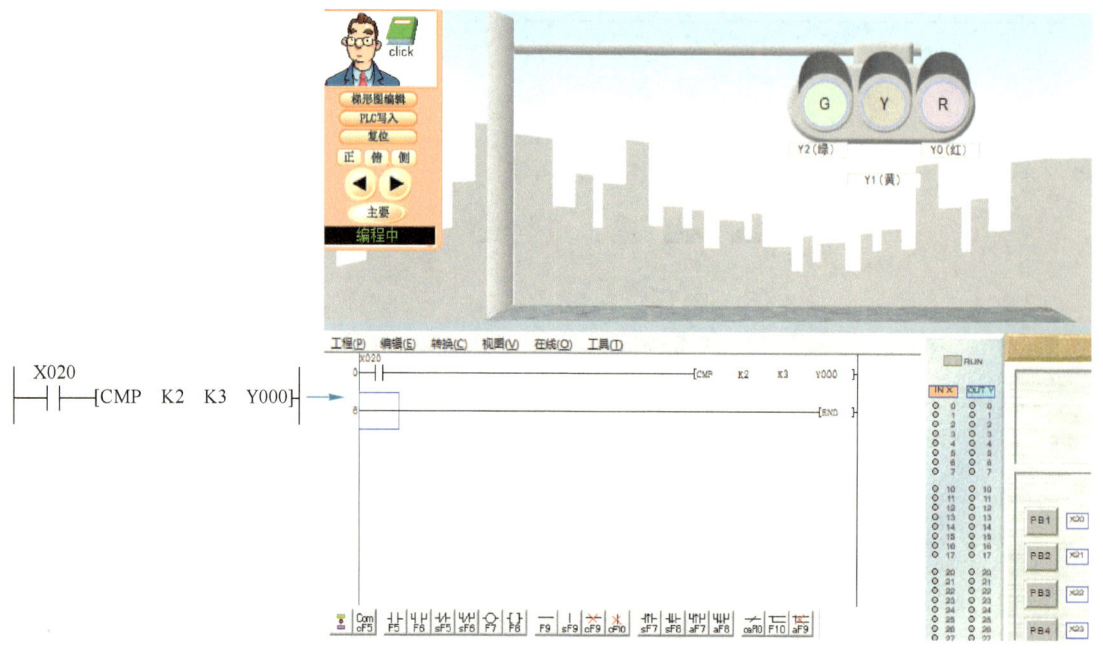

图 3-3-4 仿真软件 D3 画面编辑程序 3

表 3-3-1 CMP 指令说明

| 名 称 | 符 号 | 梯形图与操作元件 | 功 能 |
|---|---|---|---|
| 比较 | CMP | ─┤├─ CMP [S1] [S2] [Dn] | 比较两个值,将其结果(大于/等于/小于)输出到位软元件(3 点)中 |

操作元件有 3 个,分别是 S1、S2、$D_n$。其中 S1 是源操作数,也是被比较数;S2 是源操作数,也是比较数;$D_n$ 存放着比较结果,是目标操作数。

源操作数 S1、S2 支持所有的数据形式,即字元件,包括 K、H、KnX、KnY、KnM、KnS、T、C、D、V、Z。

目标操作数 $D_n$ 支持 Y、M、S 这 3 种位元件。

### 4. 解读 CMP 指令

将指令中的 S1 和 S2 进行比较,会有 3 种不同的结果,分别控制从 $D_n$ 开始的 3 个位元件的状态。

1) S1>S2,$D_n$ = ON。

图 3-3-2 的程序中,因为 K3>K2,所以 Y0 接通,红灯被点亮。

2) S1 = S2,$D_{n+1}$ = ON。

图 3-3-3 的程序中,因为 K2 = K2,所以 Y1 接通,黄灯被点亮。

3) S1<S2,$D_{n+2}$ = ON。

图 3-3-4 的程序中,因为 K2<K3,所以 Y2 接通,绿灯被点亮。

CMP 指令有 32 位操作方式,使用前缀 "D"。CMP 指令也可以有脉冲操作方式,使用后缀 "P",只有在驱动条件由 OFF→ON 时进行一次。

**特别说明**：清除比较结果需要用复位指令。

### 3.3.2 比较指令应用

下面利用比较指令 CMP 设计运料车往返运料的控制程序。

**1. 分配 I/O 地址**

端子分配前，先分析本任务的硬件设备：PLC 型号为 $FX_{3U}$-32MR，是继电器输出。控制要求中"运料车的左行与右行"由电动机正反转来实现。因此，PLC 输出接交流接触器 KM1、KM2 的线圈。

I/O 地址分配见表 3-3-2。

表 3-3-2 I/O 地址分配表

| 输 入 | | | 输 出 | | |
|---|---|---|---|---|---|
| 输 入 点 | 输入元件 | 作　用 | 输 出 点 | 输出元件 | 作　用 |
| X0 | SA | 启动 | Y0 | KM1 | 右行 |
| X1 | SB1 | 呼叫 1 | Y1 | KM2 | 左行 |
| X2 | SB2 | 呼叫 2 | | | |
| X3 | SB3 | 呼叫 3 | | | |
| X4 | SB4 | 呼叫 4 | | | |
| X5 | SQ1 | 位置信号 1 | | | |
| X6 | SQ2 | 位置信号 2 | | | |
| X7 | SQ3 | 位置信号 3 | | | |
| X10 | SQ4 | 位置信号 4 | | | |

**2. 绘制 I/O 接线图**

根据 I/O 地址分配绘制接线图，如图 3-3-5 所示。

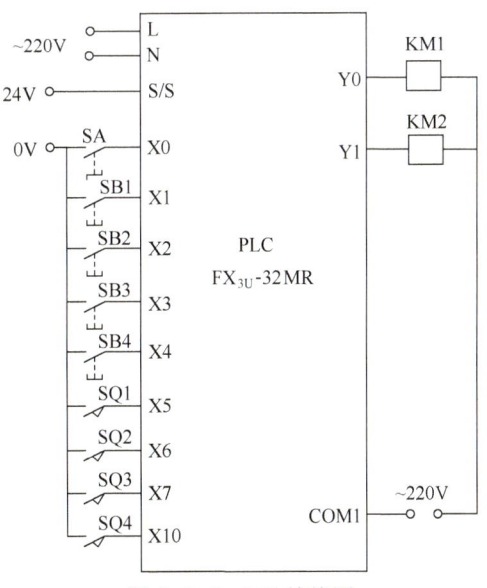

图 3-3-5 I/O 接线图

## 3. 编写程序

参考程序如图 3-3-6 所示。利用 MOV 传送指令，将运料车当前位置送到数据寄存器 D0 中，将呼叫工作台号送到数据寄存器 D1 中，然后通过 D0 与 D1 中数据的比较，决定运料车的运行方向和到达的目标位置。

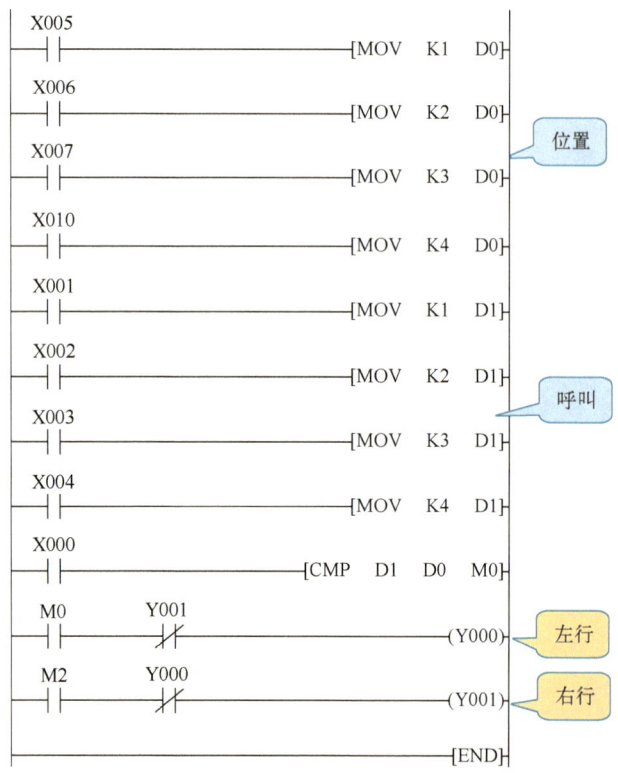

图 3-3-6 运料车往返运料控制参考程序

## 4. 运行调试

按照 I/O 接线图接好外部各线，输入控制程序进行调试，观察结果。

 复习与提高

### 一、判断题

1. 在图 3-3-7 所示的比较指令中，将 K50 和 C20 两个操作数进行比较，当 X010=ON 时，若 K50 < C20，则 Y010=ON。（    ）

图 3-3-7 判断题 1 的图

2. 比较指令是将源操作数（S1）和（S2）中的数据进行比较，结果驱动目标操作数（D）。（　　）

3. 比较指令 CMP 的目标操作元件可以是 M、Y、S。（　　）

二、单项选择题

1. 数据比较指进行代数数值大小的比较，所有的源数据均按（　　）处理。
   A. 二进制　　　　　　B. 八进制　　　　　　C. 十进制　　　　　　D. 十六进制

2. 比较指令 CMP K100 C20 M0 中使用了（　　）个辅助继电器。
   A. 1　　　　　　　　B. 2　　　　　　　　C. 3　　　　　　　　D. 4

3. 比较指令 CMP 的目的操作数指定为 M0，则（　　）被自动占有。
   A. M0、M1、M2、M3　　B. M0、M1、M2　　　C. 只有 M0　　　　　D. M0 和 M1

三、简答题

位元件与字元件有什么区别？

## 3.4　交通灯的交替控制——区间比较指令（ZCP）

[学习目标]
- 能用区间比较指令设计交通灯控制程序。

[重点与难点]
- 区间比较指令的应用。
- 区间比较指令中源操作数 S1/S2 与比较值 S 的比较分析。

[素养目标]
- 具有安全意识与责任心：确保交通灯控制程序在实际应用中的安全性和可靠性。

[课前准备]
- 复习字元件与位元件、输出继电器 Y、辅助继电器 M。

3.4　交通灯的交替控制

### 3.4.1　区间比较指令说明

#### 1. 引入任务

区间比较指令的控制要求如下：
1) 如图 2-3-1 所示，合上 SW1，红灯 Y0 亮 4 s。
2) 4 s 后红灯灭，黄灯 Y1 亮 3 s。
3) 3 s 后黄灯灭，绿灯 Y2 亮 5 s。
4) 5 s 后绿灯熄灭。

#### 2. 编程并观察程序运行效果

在仿真软件 D3 画面中编辑程序，如图 3-4-1 所示。

接通 X024，多次按下启动按钮 PB1，使 C0 计数到 5 为止。C0 从 1 计数到 5 的过程中，观察程序运行效果（即交通灯 Y0~Y2 的变化）。

在仿真过程中可以观察到，X24 接通，X20 闭合 1 次，C0=1，红灯 Y0 点亮；X20 闭合 2~4 次，C0=2 或 3 或 4，黄灯 Y1 点亮；X20 闭合 5 次，C0=5，绿灯 Y2 点亮。

为什么 ZCP 指令会有以上的控制效果呢？下面就一起来学习区间比较指令 ZCP。

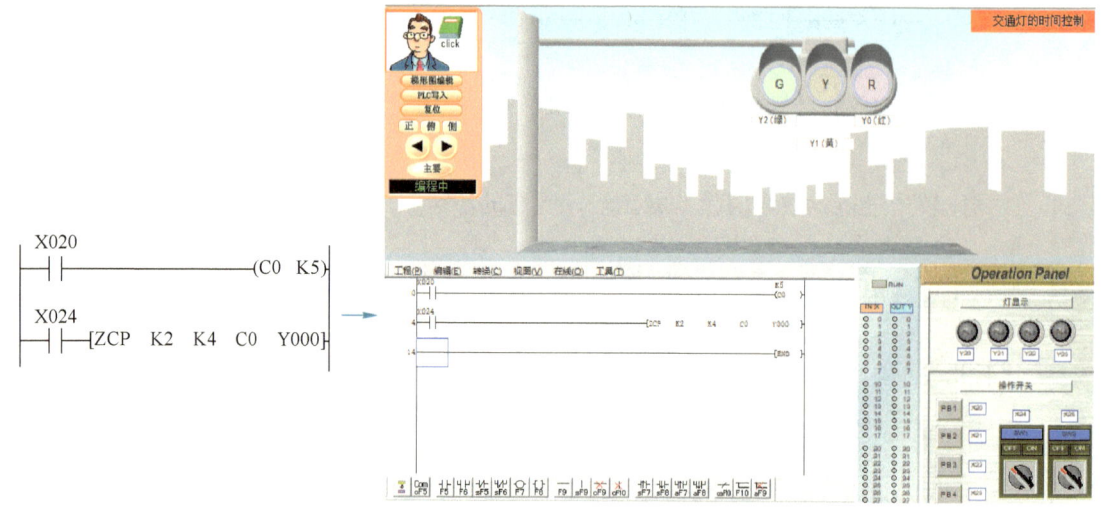

图 3-4-1 仿真软件 D3 画面编辑程序

### 3. ZCP 指令说明

ZCP 指令说明见表 3-4-1。

表 3-4-1 ZCP 指令说明

| 名 称 | 符 号 | 梯形图与操作元件 | 功 能 |
|---|---|---|---|
| 区间比较 | ZCP | ─┤├─ ZCP [S1] [S2] [S] [Dn] | 针对两个值（区间），将与比较源的值比较得出的结果[大于/等于（区域内）/小于]输出到位软元件（3点）中 |

操作元件有 4 个，分别是 S1、S2、S、$D_n$。其中，S1 是源操作数，也是区间比较的下限值；S2 是源操作数，也是区间比较的上限值；S 是比较值；$D_n$ 是目标操作数，存放着比较结果。

源操作数 S1、S2 和比较值 S 支持所有的数据形式，即字元件，包括 K、H、KnX、KnY、KnM、KnS、T、C、D、V、Z。

目标操作数 $D_n$ 支持 Y、M、S 这 3 种位元件。

### 4. 解读 ZCP 指令

区间比较指令中的 S 分别与 S1 和 S2 进行比较，会有 3 种不同的结果，分别控制从 Dn 开始的 3 个位元件的状态。

1) S<S1，$D_n$ = ON。

在图 3-4-1 所示的程序中，当 X020 接通 1 次时，C0 = 1→C0<K2→Y0 得电，红灯被点亮。

2) S1≤S≤S2，$D_{n+1}$ = ON。

在图 3-4-1 所示的程序中，当 X020 接通 2~4 次时，C0 分别为 2、3、4→K2≤C0≤K4→Y1 得电，黄灯被点亮。

3) S>S2，$D_{n+2}$ = ON。

在图 3-4-1 所示的程序中，当 X020 接通 5 次时，C0 = 5→C0>K4→Y2 得电，绿灯被点亮。

**特别说明**：清除比较结果需要用复位指令。

## 3.4.2 区间比较指令应用

下面利用区间比较指令 ZCP 设计交通灯的交替控制程序。

### 1. 分析控制要求

如图 3-4-2 所示，对于这个交通灯而言，它以 12 s 为一个周期，在一个周期内，0~4 s 红灯亮，4~7 s 黄灯亮，7~12 s 绿灯亮。这样就可以认为 4 s 和 7 s 这两个时间点把整个周期分隔成了 3 段。对于中间这段区间而言，4 s 为该区间的下限值、7 s 为该区间的上限值，低于区间下限红灯亮，在区间内黄灯亮，高于区间上限值绿灯亮，这样就可以利用之前讲的区间比较指令来完成交通信号灯输出状态的顺序切换。

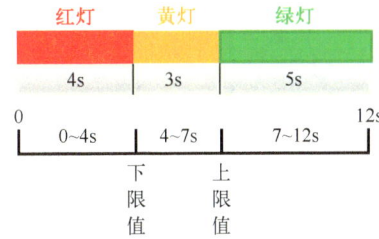

图 3-4-2 交通灯运行分析

### 2. 编写程序

参考程序如图 3-4-3 所示。X024 用于接收系统的启动命令。系统启动后要定时一个工作周期的时间 12 s，同时要对定时器 T0 的当前值进行区间比较。比较的 3 种结果如下：当 t0<4 s 时，红灯 Y0 亮；当 4 s≤t0≤7 s 时，黄灯 Y1 亮；当 t0>7 s 时，绿灯 Y2 亮。这样就完成了 1 个周期按时间顺序进行红、黄、绿灯的顺序切换。当定时器时间计到 12 s 时，用 T0 的常开触点对 Y0~Y2 进行复位。

```
    X024
─────┤├─────────────────────────(T0  K120)─

                       ─[ZCP  K40  K70  T0  Y000]─
     T0
─────┤├──────────────────[ZRST  Y000  Y002]─

                                       ─[END]─
```

图 3-4-3 交通灯交替控制参考程序

**思考**：若将控制要求2)中的"黄灯 Y1 亮 3 s"改为"黄灯 Y1 闪 3 s"，则应该如何编写程序？

## 3.4.3 知识拓展：触点比较指令

工业控制中有时候受比较条件的限制，要反复使用几次 CMP 指令或 ZCP 指令。这时候改用触点比较指令会方便得多。

触点比较指令可执行数值的比较，相当于一个触点，满足条件则触点接通。

**1. 编程并观察程序运行效果**

在仿真软件 D3 画面中编辑程序，如图 3-4-4 所示。

分别接通 X024、X025，C0 从 1 增加到 10 的过程中，观察程序运行效果（即交通灯 Y0~Y2 的变化）。

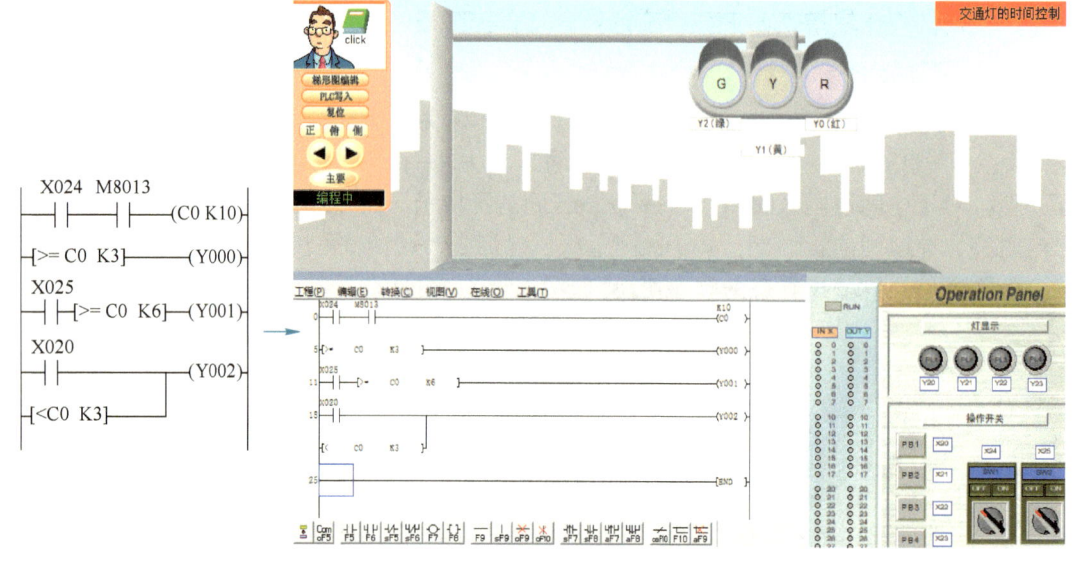

图 3-4-4　仿真软件 D3 画面编辑程序

在仿真过程中可以观察到，PLC 一上电，绿灯 Y2 就点亮；X024 接通，C0 开始计数，C0=1、2，绿灯 Y2 仍点亮；C0=3~5，绿灯 Y2 熄灭，红灯 Y0 点亮；X025 接通且 C0≥6，黄灯 Y1 点亮，同时红灯 Y0 仍点亮。

为什么触点比较指令会有以上的控制效果呢？下面就一起来学习触点比较指令。

**2. 触点比较指令说明**

触点比较指令分为取触点比较指令、与触点比较指令、或触点比较指令 3 种，其说明见表 3-4-2。

表 3-4-2　触点比较指令说明

| 名　称 | 符　号 | 梯形图与操作元件 | 功　能 |
|---|---|---|---|
| 取触点比较 | LD= | ─┤ LD= [S1] [S2] ├─ | [S1]=[S2]时起始触点接通 |
| | LD> | ─┤ LD> [S1] [S2] ├─ | [S1]>[S2]时起始触点接通 |
| | LD< | ─┤ LD< [S1] [S2] ├─ | [S1]<[S2]时起始触点接通 |
| | LD<> | ─┤ LD<> [S1] [S2] ├─ | [S1]≠[S2]时起始触点接通 |
| | LD<= | ─┤ LD<= [S1] [S2] ├─ | [S1]≤[S2]时起始触点接通 |
| | LD>= | ─┤ LD>= [S1] [S2] ├─ | [S1]≥[S2]时起始触点接通 |

（续）

| 名称 | 符号 | 梯形图与操作元件 | 功能 |
|---|---|---|---|
| 与触点比较 | AND= | ─┤AND= [S1] [S2]├─ | [S1]=[S2]时串联触点接通 |
| | AND> | ─┤AND> [S1] [S2]├─ | [S1]>[S2]时串联触点接通 |
| | AND< | ─┤AND< [S1] [S2]├─ | [S1]<[S2]时串联触点接通 |
| | AND<> | ─┤AND<> [S1] [S2]├─ | [S1]≠[S2]时串联触点接通 |
| | AND<= | ─┤AND<= [S1] [S2]├─ | [S1]≤[S2]时串联触点接通 |
| | AND>= | ─┤AND>= [S1] [S2]├─ | [S1]≥[S2]时串联触点接通 |
| 或触点比较 | OR= | ─┤OR= [S1] [S2]├─ | [S1]=[S2]时并联触点接通 |
| | OR> | ─┤OR> [S1] [S2]├─ | [S1]>[S2]时并联触点接通 |
| | OR< | ─┤OR< [S1] [S2]├─ | [S1]<[S2]时并联触点接通 |
| | OR<> | ─┤OR<> [S1] [S2]├─ | [S1]≠[S2]时并联触点接通 |
| | OR<= | ─┤OR<= [S1] [S2]├─ | [S1]≤[S2]时并联触点接通 |
| | OR>= | ─┤OR>= [S1] [S2]├─ | [S1]≥[S2]时并联触点接通 |

触点比较指令的助记符由文字符（如 LD、AND、OR）和数学关系符（如<、=、>）两部分组成。在梯形图中，文字符并不会出现，只出现数学关系符，因此实际是=、>、<、<>、<=、>=共6种。如果是32位运算，则指令最前面加"D"。

触点比较指令操作数有两个，S1、S2 都是源操作数，它们支持所有的数据形式，即字元件，包括 K、H、KnX、KnY、KnM、KnS、T、C、D、V、Z。

**3. 解读触点比较指令**

在图 3-4-4 所示的程序中，PLC 一上电，C0 的初始值为 0，满足 C0<K3 的条件，第 4 行程序中并联触点接通，Y002=1；当 X024 接通时，M8013 每接通一次，C0 计数 1 次，C0=3～10 时，满足 C0≥K3 的条件，第 2 行程序中起始触点接通，Y000=1；当 X025 接通，C0=6～10 时，满足 C0≥K6 的条件，第 3 行程序中串联触点接通，Y001=1。触点比较指令如图 3-4-5 所示。

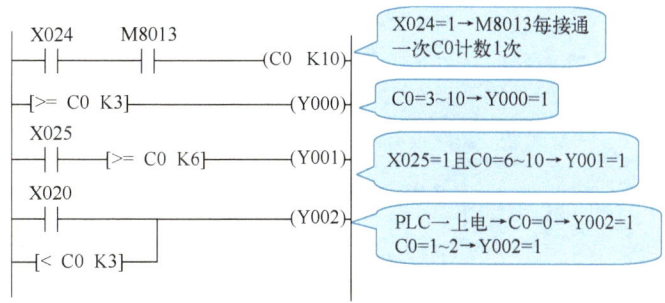

图 3-4-5 触点比较指令解读

**4. 应用触点比较指令——利用触点比较指令设计 12 盏彩灯交替点亮控制程序**

控制要求：

在仿真软件 D3 画面中，12 盏彩灯接在 Y0~Y13 点，当 X024 接通后系统开始工作。

1）小于或等于 2 s 时，第 1~6 盏灯点亮。

2）2~4 s 时，第 7~12 盏灯点亮。

3）大于或等于 4 s 时，12 盏灯全亮。

4）保持到 6 s 再循环。

5）当 X024 断开时，彩灯全部熄灭。

参考程序如图 3-4-6 所示。程序第 1、2 行构成定时器 T200 的复位电路。用定时精度为 10 ms 的定时器 T200 进行定时，当前值达到 201（即 2.01 s）时，切换到第 7~12 盏灯点亮。若用 T0 定时器，则需要等到当前值为 21（即 2.1 s）时才能切换，因此采用 T200 定时器提高了精度。

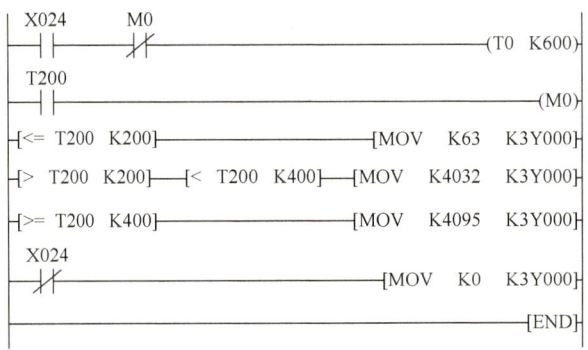

图 3-4-6　12 盏彩灯交替点亮控制参考程序

## 复习与提高

### 一、判断题

在图 3-4-7 所示的程序中，将 C30 和 K100、K120 两个操作数进行比较，当 X000=ON 时，若 K100≤C30≤K120，则 M4=ON。（　　）

```
  X000
───┤├────[ZCP  K100  K120  C30  M3]─
```

图 3-4-7　判断题的图

### 二、单项选择题

FX₃ᵤ 系列 PLC 中，将一个数据与两个源数据值比较，用（　　）指令。

A. CMP　　　B. ZCP　　　C. ADD　　　D. SUB

### 三、简答题

比较指令与区间比较指令有什么区别？

## 3.5 抢答器的跳转控制——条件跳转指令（CJ）

[学习目标]
- 能用条件跳转指令设计四路抢答器控制程序。

[重点与难点]
- 条件跳转指令的应用。
- 条件跳转指令的控制特点。

[素养目标]
- 具有精益求精的工匠精神；不断优化四路抢答器控制程序结构。

[课前准备]
- 复习输入继电器 X、输出继电器 Y。

3.5 抢答器的跳转控制

### 3.5.1 条件跳转指令说明

**1. 引入任务**

条件跳转指令的控制要求如下：

1）如图 2-3-1 所示，共 4 位选手，每位选手都有 1 个抢答按钮（PB1~PB4）和 1 个指示灯（Y20~Y23）。

2）某位选手按下抢答按钮时，对应的指示灯点亮，其他选手的抢答按钮失效。

3）点亮的指示灯显示 3 s 后自动熄灭。

**2. 编程并观察程序运行效果**

在仿真软件 D3 画面中编辑程序 1，如图 3-5-1 所示。

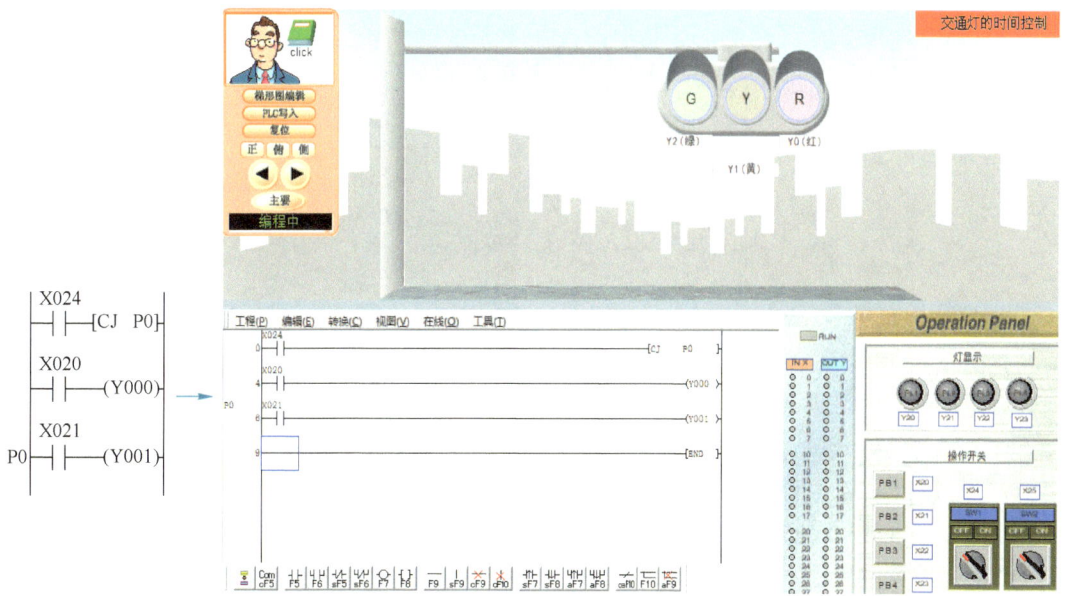

图 3-5-1　仿真软件 D3 画面编辑程序 1

接通 X24，先后按下 PB1、PB2，观察程序运行效果（即交通灯 Y0~Y2 的变化）。

在仿真过程中可以观察到，黄灯 Y1 亮，但红灯 Y0 不亮。

为什么条件跳转指令会有以上的控制效果呢？下面就一起来学习条件跳转指令 CJ。

### 3. CJ 指令说明

CJ 指令说明见表 3-5-1。

表 3-5-1 CJ 指令说明

| 名称 | 符号 | 梯形图与操作元件 | 功能 |
|---|---|---|---|
| 条件跳转 | CJ | ─┤├──[ CJ [Pn] ] | 用来执行指定的程序段，跳过暂时不需要执行的程序段 |

操作元件有 1 个，Pn 是操作数，也称为指针，对于不同系列的 PLC，数字 n 的范围不同，见表 3-5-2。

表 3-5-2 不同 PLC 系列的指针编号

| PLC 系列 | 指针 P 编号 | END 跳转用 |
|---|---|---|
| FX3S | 0~62、64~255<br>255 点 | P63<br>（1 点） |
| FX3G/FX3GC | 0~62、64~2047<br>2047 点 | |
| FX3U/FX3UC | 0~62、64~4095<br>4095 点 | |

### 4. 解读 CJ 指令

在图 3-5-1 所示的程序中，当 X024 接通时，执行 CJ P0 指令，根据指针 P0 所指，程序跳转到以 P0 为入口的程序段（即第 3 行）开始执行。当 X021 接通时，线圈 Y1 得电，黄灯被点亮。从 CJ 指令到指针 P0 之间的程序（即第 2 行程序）则不被执行，所以即使 X020 接通，线圈 Y000 也不得电，红灯不亮。CJ 指令解读如图 3-5-2 所示。

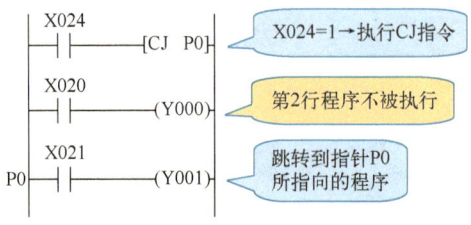

图 3-5-2 CJ 指令解读

### 5. CJ 指令使用注意事项

（1）多条跳转指令可以使用同一标号

在仿真软件 D3 画面中编辑程序 2，如图 3-5-3 所示。

分别接通 X024、X025，先后按下 PB1、PB2，观察程序运行效果（即交通灯 Y0~Y2 的变化）。结果仍是黄灯 Y1 被点亮，其余灯不亮。这个例子说明多条跳转指令可以使用同一指针标号。

（2）一个指针标号只能用 1 次

在仿真软件 D3 画面中编辑程序 3，如图 3-5-4 所示。

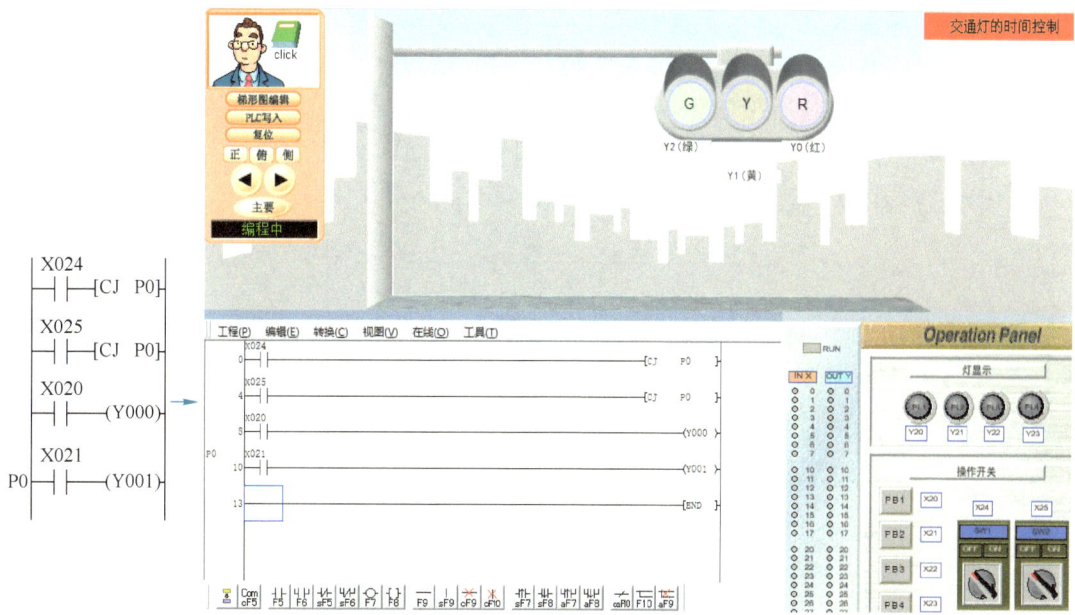

图 3-5-3　仿真软件 D3 画面编辑程序 2

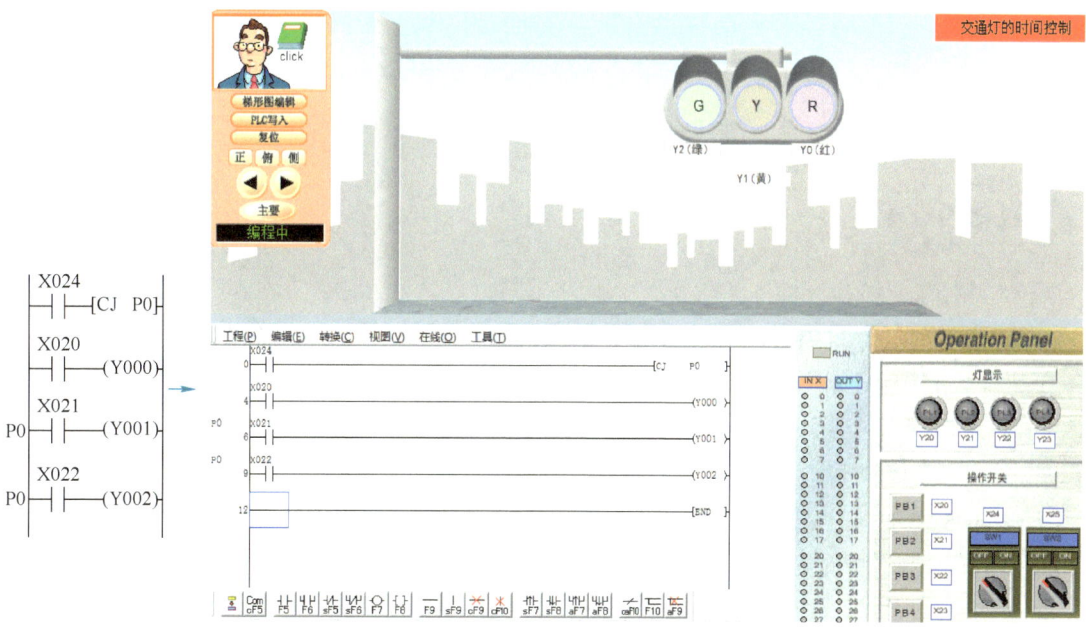

图 3-5-4　仿真软件 D3 画面编辑程序 3

接通 X024，先后按下 PB1、PB2、PB3，观察程序运行效果（即交通灯 Y0～Y2 的变化）。结果所有灯都不亮。这个例子说明：虽然指针 P0 所指的程序输入触点 X021 和 X022 都接通了，但输出 Y001 和 Y002 都未得电，即程序未被执行。因此，一个指针标号只能用一次。

## 3.5.2　条件跳转指令应用

下面利用条件跳转指令 CJ 设计抢答器的跳转控制程序。

参考程序如图 3-5-5 所示。在 PLC 的第一个扫描周期，当某位选手按下抢答按钮时，用 SET 指令将其对应的指示灯置位；PLC 进入第二个扫描周期，定时器 T0 开始计时，同时执行 CJ 指令，跳转到指针 P0 所指的程序（即最后一行），所以其他选手再按抢答按钮则无效；PLC 在 T0 完成 3 s 计时前，将按照第二个扫描周期的运行模式对程序持续进行周期性扫描，直到 T0 计时到 3 s，其常开触点闭合，ZRST 指令将任一指示灯复位。

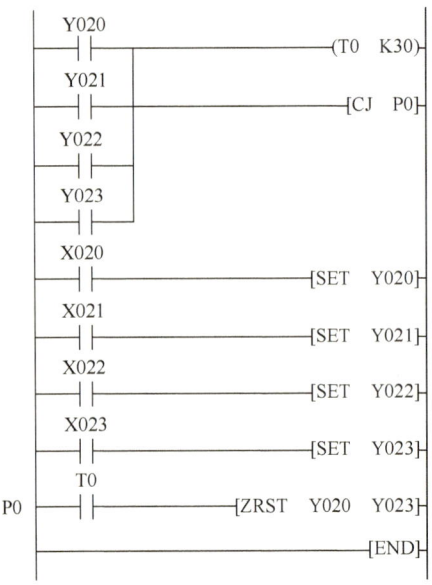

图 3-5-5 抢答器的跳转控制参考程序

## 复习与提高

### 一、判断题

1. 条件跳转指令可用来执行指定的程序段，跳过暂时不需要执行的程序段。（　　）
2. 一个指针标号能用多次。（　　）
3. 多个条件跳转指令可以使用同一标号。（　　）

### 二、单项选择题

如图 3-5-6 所示，当 X000 接通后，X001、X002 同时接通时，图 3-5-6 所示程序中 Y000、Y001 的接通情况为（　　）。

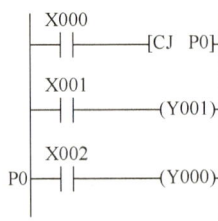

图 3-5-6 选择题的图

A. Y000 = 0　Y001 = 0　　　　　　B. Y000 = 1　Y001 = 0
C. Y000 = 0　Y001 = 1　　　　　　D. Y000 = 1　Y001 = 1

## 3.6 电动机的择一控制——子程序调用指令（CALL-SRET）

[学习目标]
- 能用子程序调用指令设计电动机运行的控制程序。

[重点与难点]
- 子程序调用指令的应用。
- 子程序调用指令的嵌套。

[素养目标]
- 具有问题解决能力：将复杂的控制逻辑分解为可管理的子任务，并使用子程序来实现这些任务。

[课前准备]
- 复习跳转指令 CJ。

3.6 电动机的择一控制

### 3.6.1 子程序调用指令说明

**1. 引入任务**

子程序调用指令的控制要求如下：

1）某电动机要求有连续运行和手动调整两种工作方式。

2）当开关置于"连续运行"档时，按下起动按钮 SB1，此电动机连续运行；按下停止按钮 SB2，此电动机停止运行。

3）当开关置于"手动调整"档时，按下起动按钮 SB1，此电动机点动运行。

**2. 编程并观察程序运行效果**

在仿真软件 D3 画面中编辑程序，如图 3-6-1 所示。

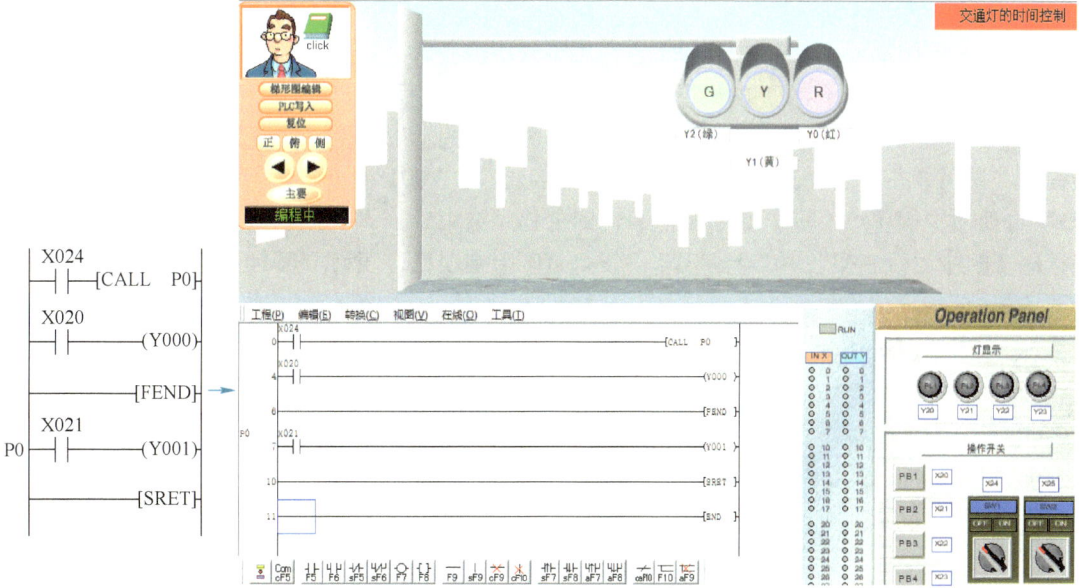

图 3-6-1　仿真软件 D3 画面编辑程序

接通 X024，先后按下 PB1、PB2，观察程序运行效果（即交通灯 Y0、Y1 的变化）。

在仿真过程中可以观察到，红灯 Y0、黄灯 Y1 都被点亮。

接着断开 X024，先后按下 PB1、PB2，观察程序运行效果（即交通灯 Y0、Y1 的变化）。结果红灯 Y0 被点亮，黄灯 Y1 不亮。

为什么子程序调用指令会有以上的控制效果呢？下面就一起来学习子程序调用指令 CALL-SRET。

### 3. 子程序调用指令说明

在程序编制中，经常会遇到一些逻辑功能相同的程序段需要反复被运行。为了优化程序结构，提高编程效果，可以将逻辑功能相同的程序段编写成子程序，即子程序是为一些特定控制目的而编制的相对独立的模块，主程序中用到该程序段时可以反复调用。

CALL-SRET 指令说明见表 3-6-1。

表 3-6-1　CALL-SRET 指令说明

| 名　称 | 符　号 | 梯形图与操作元件 | 功　能 |
|---|---|---|---|
| 子程序调用 | CALL | ─┤├─[CALL　[Pn]] | 调用子程序 |
| 子程序返回 | SRET | 无对象软元件 | 子程序返回 |
| 主程序结束 | FEND | | 主程序结束 |

子程序调用指令包括子程序调用指令 CALL 和返回指令 SRET。CALL 指令操作数有 1 个，Pn 是操作数（指针），对于不同系列的 PLC，数字 n 的范围不同，见表 3-5-2。

为了区别于主程序，规定在程序编排时，将主程序放在前边（CALL 指令一般安排在主程序中），以主程序结束指令 FEND 结束，而将子程序排在 FEND 后边。

子程序开始端有 PX 指针号，最后有 SRET 返回主程序 CALL-SRET 指令解读。

### 4. 解读子程序调用指令

在图 3-6-1 所示的程序中，X024 为调用子程序的条件，当 X024 为 ON 时，执行 CALL P0 指令，调用 P0-SRET 子程序并执行。需要注意的是，子程序 P0 的调用采用脉冲执行方式，所以在 X024 由 OFF 变为 ON 时，仅执行一次。根据指针 P0 所指，程序跳转到以 P0 为入口的子程序（即第 4 行）开始执行，当按钮 X021 接通时，Y001 得电，黄灯被点亮，PLC 扫描到 SRET 再返回主程序第 4 步，继续扫描，直到主程序结束。当 X024 为 OFF 时，不调用子程序，主程序按顺序运行。接通 X020、X021，红灯 Y000 被点亮，黄灯 Y001 不亮，CALL-SRET 指令解读如图 3-6-2 所示。

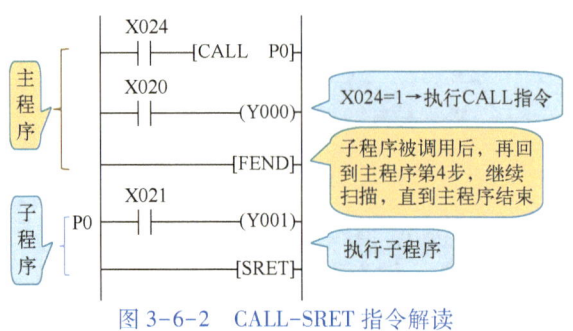

图 3-6-2　CALL-SRET 指令解读

### 5. 子程序嵌套

子程序可以调用下一级子程序，称为子程序嵌套，如图 3-6-3 所示。子程序嵌套最多为 5 级。

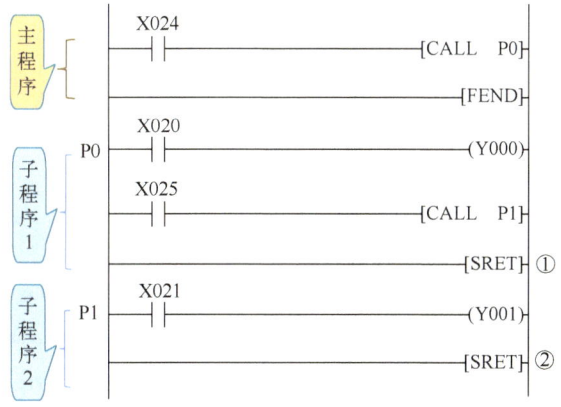

图 3-6-3　子程序嵌套

在图 3-6-3 所示的程序中，当 X024 接通时，调用 P0 子程序。P0 子程序执行时，若 X025=1，又要调用 P1 子程序执行，当 P1 子程序执行完毕，又返回到 P0 原来断点处执行 P0 子程序，当执行到 SRET①处时，返回主程序。

在 D3 画面中编写图 3-6-3 所示的程序，分别接通 X024、X025，先后接通 X020、X021，观察程序运行效果（即交通灯 Y000、Y001 的变化）。结果仍是红灯 Y000 和黄灯 Y001 都被点亮。这与程序分析一致。

## 3.6.2　子程序调用指令应用

下面利用子程序调用指令 CALL-SRET 设计某电动机的择一控制程序。

### 1. 分配 I/O 地址

端子分配前，先分析本任务的硬件设备：PLC 型号为 $FX_{3U}-16MR$，是继电器输出。控制要求中由开关控制工作方式，因此需要转换开关 SA；"电动机的点动与连续运行"由交流接触器来控制。因此，PLC 输出接交流接触器 KM 的线圈。

I/O 地址分配见表 3-6-2。

表 3-6-2　I/O 地址分配表

| 输入 | | | 输出 | | |
|---|---|---|---|---|---|
| 输入点 | 输入元件 | 作用 | 输出点 | 输出元件 | 作用 |
| X0 | SA | 切换工作方式 | Y0 | KM | 电动机运行 |
| X1 | SB1 | 起动 | | | |
| X2 | SB2 | 停止 | | | |

### 2. 绘制 I/O 接线图

根据 I/O 地址分配绘制接线图，如图 3-6-4 所示。

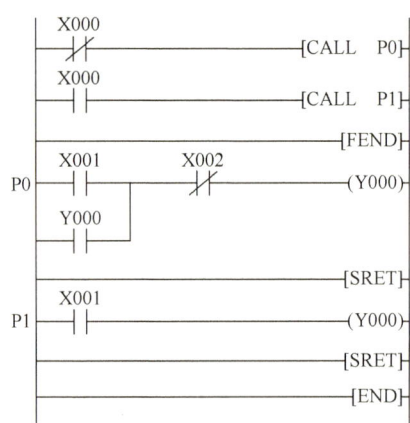

图 3-6-4　I/O 接线图

备注：对于 FX₃ᵤ-16MR 型号的 PLC，由于其特定的设计，输出端并未明确标注 COM。例如，对于两个 Y0 输出点，它们触点的两端没有区别，可以颠倒使用，因此都标注为相同的 Y0，而没有额外的 COM 标注。其他输出端口标注方式与 Y0 相同。

### 3. 编写程序

参考程序如图 3-6-5 所示。当工作方式切换开关 SA 常闭触点接通，即常开触点断开时，运行标号为 P0 的子程序，此时电动机为连续运行状态。在连续运行状态下，按下起动按钮 SB1，线圈 Y000 持续得电，电动机连续运行；按下停止按钮 SB2，线圈 Y000 失电，电动机停转。当 X000 常开触点接通时，运行标号为 P1 的子程序，此时电动机为手动调整，即点动运行状态。在手动调整状态下，按下起动按钮 SB1，线圈 Y000 得电，松开 SB1，线圈 Y000 失电。

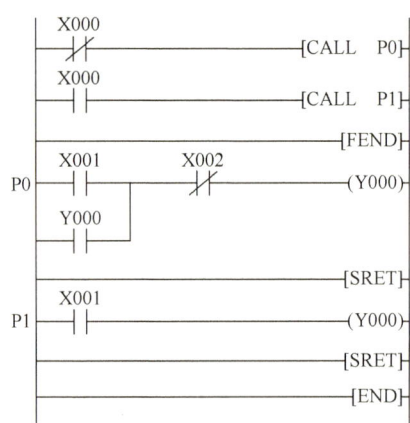

图 3-6-5　电动机的择一控制参考程序

### 4. 运行调试

按照 I/O 接线图接好外部各线，输入控制程序进行调试，观察结果。

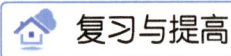

## 一、判断题

1. 子程序开始端有 PX 指针号，最后有 SRET 返回主程序。（　　）

2. PLC 中的子程序是为一些特定控制目的而编制的相对独立的模块，供主程序调用。
（  ）

二、单项选择题

子程序可以嵌套，嵌套深度最多为（  ）级。
A. 5　　　　B. 6　　　　C. 7　　　　D. 8

三、填空题

END 指令表示整个程序的结束，而 FEND 指令表示（  ）的结束。

## 3.7　四则运算器的设计——加减乘除指令

［学习目标］
- 能用加减乘除指令设计四则运算器的控制程序。

［重点与难点］
- 加减乘除指令的应用。
- 除法指令运算结果的数据存放。

［素养目标］
- 具有逻辑思维能力：清晰地理解并执行复杂的逻辑运算。

［课前准备］
- 复习位组合元件。

3.7　四则运算器的设计

### 3.7.1　加减乘除指令说明

**1. 引入任务**

加减乘除指令的控制要求如下：

设计一个电子四则运算器，完成 Y=20X÷35-8 的计算，当结果 Y=0 时，点亮红灯，否则点亮绿灯。

**2. 分析任务**

运算式中的 X 和 Y 是两位数（变量）。X 是自变量，可选用 KnX 输入；Y 是因变量，由 KnY 输出。从表达式看出，因变量 Y 与自变量 X 成比例。X 的变化范围（位数）决定了 Y 的变化范围（位数）。注意：KnX 与 KnY 表示的都是二进制数。

本任务需要用到 PLC 的四则运算指令。

**3. 加法指令 ADD**

（1）编程并观察程序运行效果

1）在仿真软件 D3 画面中编辑程序 1，如图 3-7-1 所示。

按下 PB1，观察 D0 中数据的变化。

在仿真过程中可以观察到，D0 右下角的数字由 0 变成了 4。

2）在仿真软件 D3 画面中编辑程序 2，如图 3-7-2 所示。

按下 PB1，观察 Y0~Y7 得电的情况。

在仿真过程中可以观察到，绿灯点亮，即 Y2 得电。

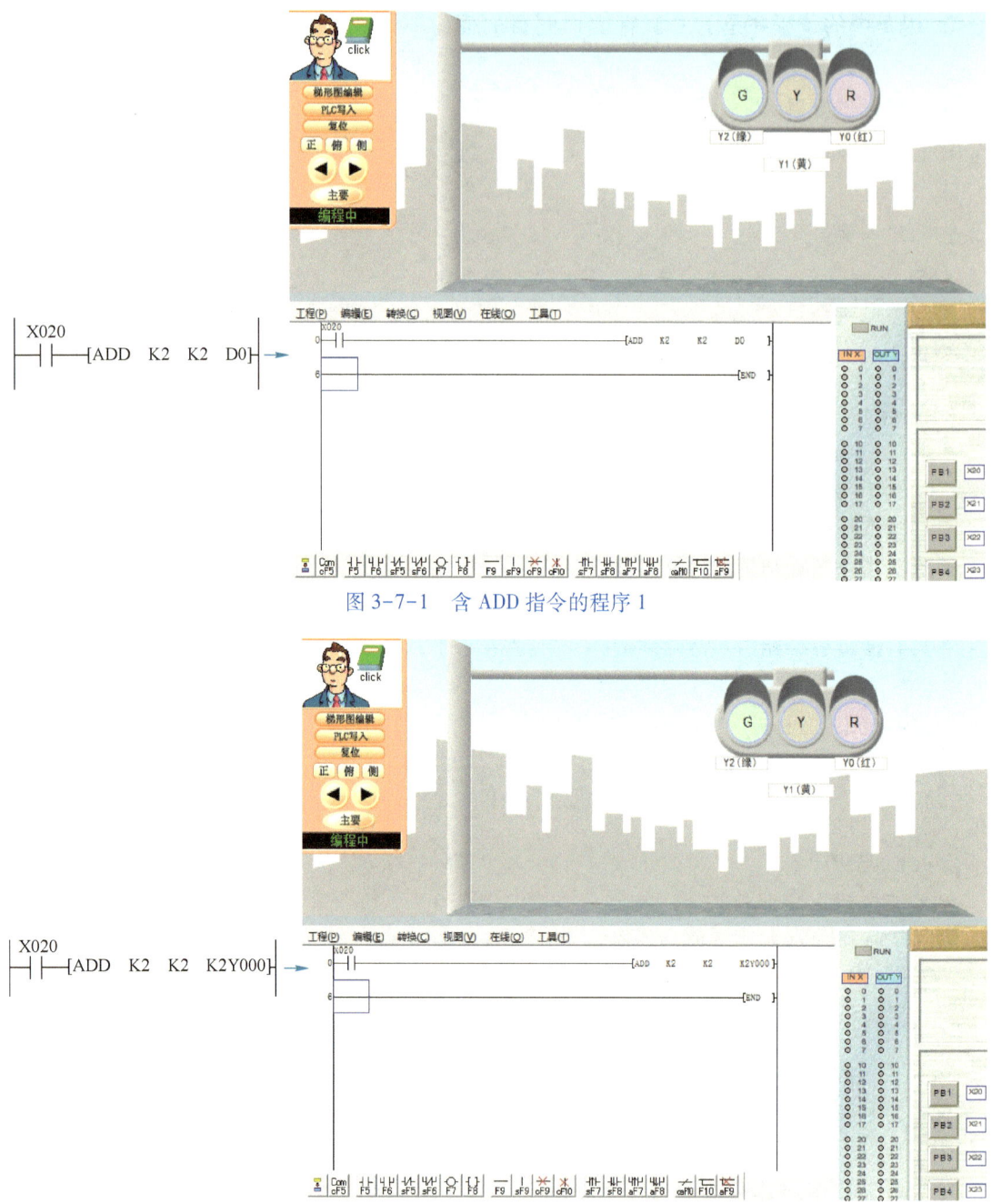

图 3-7-1　含 ADD 指令的程序 1

图 3-7-2　含 ADD 指令的程序 2

为什么加法指令会有以上的控制效果呢？下面就一起来学习加法指令 ADD。

(2) ADD 指令说明

ADD 指令说明见表 3-7-1。

表 3-7-1　ADD 指令说明

| 名　　称 | 符　　号 | 梯形图与操作元件 | 功　　能 |
|---|---|---|---|
| 加法 | ADD | ⊢⊢─[ ADD [S1] [S2] [D] ] | 将源操作数中的二进制数相加，结果送到目标元件中去 |

ADD 指令操作数有 3 个，其中，S1、S2 都是源操作数，D 是目标操作数，D=S1+S2。

ADD 指令有 32 位操作方式，使用前缀"D"。32 位指令（DADD）目标元件 [D] 编号为其低 16 位，其后连续编号的软元件 [D+1] 则为高 16 位。为了编号不重复，建议指定软元件为偶数编号。在图 3-7-3a 所示的程序中，当 X020 接通时，将数据寄存器（D1、D0）加上 K5 后，运算结果存入数据寄存器（D1、D0）中。

```
   X020
   ─┤├──────────────[DADD  D0  K5  D0]
           a)

   X020
   ─┤├──────────────[DADDP  D0  K5  D0]
           b)
```

图 3-7-3　含 ADD 指令的程序 3

为防止累加的和溢出而出错，可用脉冲执行形式 ADDP，只有在驱动条件由 OFF→ON 时进行一次运算，如图 3-7-3b 所示；无"P"为连续执行形式，如图 3-7-3a 所示。

源操作数 S1、S2 支持所有的数据形式，即字元件，包括 K、H、KnX、KnY、KnM、KnS、T、C、D、V、Z。

目标操作数 D 的数据形式是部分字元件，包括 KnY、KnM、KnS、T、C、D、V、Z。

**练习**

分析图 3-7-4 中的 2 个程序，若 X020 接通，分析 Y0~Y7 的得电情况。

```
   X020
   ─┤├──────────[ADD  K4  K2  K2Y000]
           a)

   X020
   ─┤├──────────[ADD  K4  K2  K2Y002]
           b)
```

图 3-7-4　含 ADD 指令的程序 4

**（3）加减法指令相关标志位**

1）零标志 M8020：如果运算结果为 0，则零标志 M8020 置 1。

2）借位标志 M8021：如果运算结果小于-32767（16 位运算）或-2147483647（32 位运算），则借位标志 M8021 置 1。

3）进位标志 M8022：如果运算结果超过 32767（16 位运算）或 2147483647（32 位运算），则进位标志 M8022 置 1。

**（4）ADD 指令的应用——利用 ADD 指令设计单按键启停的控制程序**

控制要求：

在仿真软件 D3 画面中，利用 ADD 和 CMP 指令设计单按键启停的控制程序，按下 PB1 时灯 Y0 亮，再次按下 PB1 时灯 Y0 灭。

参考程序如图 3-7-5 所示。接通 X020，D0=1，M1=ON，Y000 得电。再接通 X020，第 1 周期中，第 1 行 D0=2，第 2 行 M0=ON，第 3 行 D0=0，第 4 行 Y000=0；第 2 周期中，第 1 行 D0=0，第 2 行 M2=ON。

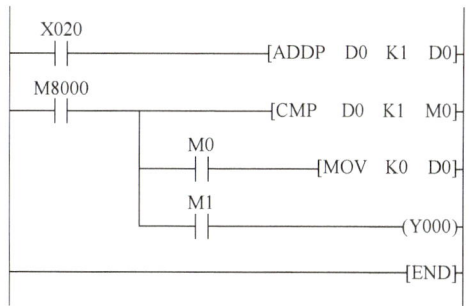

图 3-7-5　单按键启停的控制参考程序

## 4. 减法指令 SUB

（1）编程并观察程序运行效果

1）在仿真软件 D3 画面中编辑程序 1，如图 3-7-6 所示。

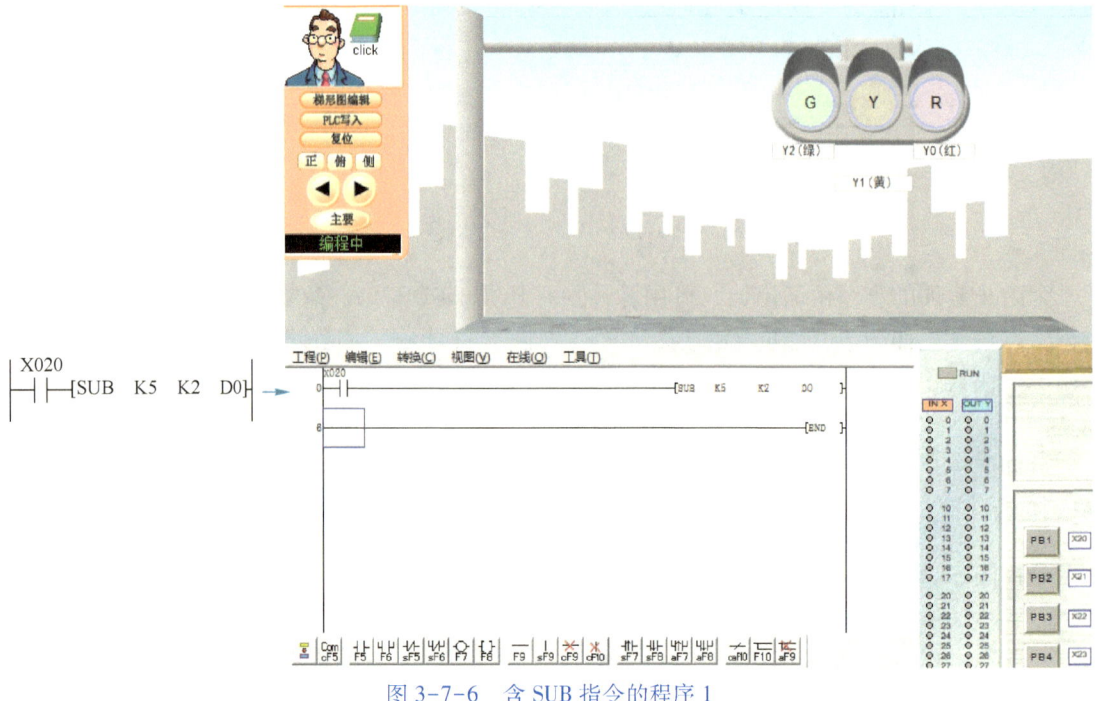

图 3-7-6　含 SUB 指令的程序 1

按下 PB1，观察 D0 中数据的变化。

在仿真过程中可以观察到，D0 右下角的数字由 0 变成了 3。

2）在仿真软件 D3 画面中编辑程序 2，如图 3-7-7 所示。

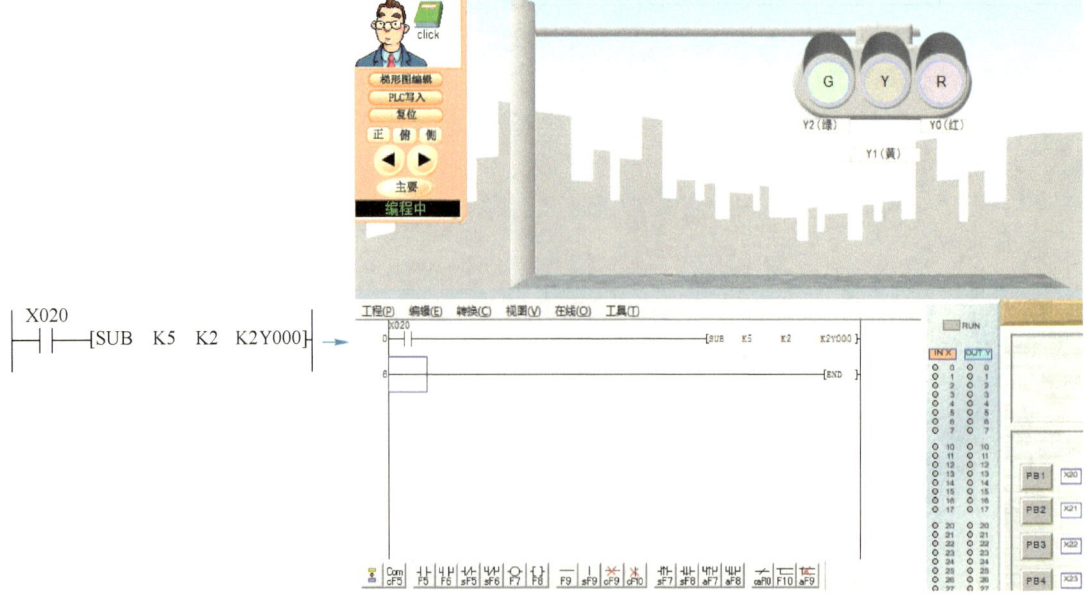

图 3-7-7　含 SUB 指令的程序 2

按下 PB1，观察 Y0~Y7 得电的情况。

在仿真过程中可以观察到，红灯、黄灯都点亮，即 Y0=1、Y1=1。

为什么减法指令会有以上的控制效果呢？下面就一起来学习减法指令 SUB。

（2）SUB 指令说明

SUB 指令说明见表 3-7-2。

表 3-7-2　SUB 指令说明

| 名　称 | 符　号 | 梯形图与操作元件 | 功　能 |
| --- | --- | --- | --- |
| 减法 | SUB | ⊢⊢─[SUB　[S1]　[S2]　[D]] | 将源操作数中的二进制数相减，结果送到目标元件中去 |

SUB 指令操作数有 3 个，其中，S1、S2 都是源操作数，D 是目标操作数，D=S1-S2。

SUB 指令有 32 位操作方式，使用前缀 "D"。

SUB 也可以有脉冲执行形式，使用后缀 "P"，只有在驱动条件由 OFF→ON 时才进行一次运算。

源操作数 S1、S2 及目标操作数 D 的数据形式同 ADD 指令。

✎ 练习

分析图 3-7-8 中的 2 个程序，若 X020 接通，分析 Y000~Y007 的得电情况。

图 3-7-8　含 SUB 指令的程序 3

（3）相关标志位

SUB 指令的操作对标志位元件的影响与 ADD 指令相同。

**5. 乘法指令 MUL**

（1）编程并观察程序运行效果

1）在仿真软件 D3 画面中编辑程序 1，如图 3-7-9 所示。

按下 PB1，观察 D0 中数据的变化。

在仿真过程中可以观察到，D0 右下角的数字由 0 变成了 10。

2）在仿真软件 D3 画面中编辑程序 2，如图 3-7-10 所示。

按下 PB1，观察 Y0~Y7 得电的情况。

在仿真过程中可以观察到，Y1=1、Y3=1。

为什么乘法指令会有以上的控制效果呢？下面就一起来学习乘法指令 MUL。

（2）MUL 指令说明

MUL 指令说明见表 3-7-3。

表 3-7-3　MUL 指令说明

| 名　称 | 符　号 | 梯形图与操作元件 | 功　能 |
| --- | --- | --- | --- |
| 乘法 | MUL | ⊢⊢─[MUL　[S1]　[S2]　[D]] | 将源操作数中的二进制数相乘，结果送到目标元件中去 |

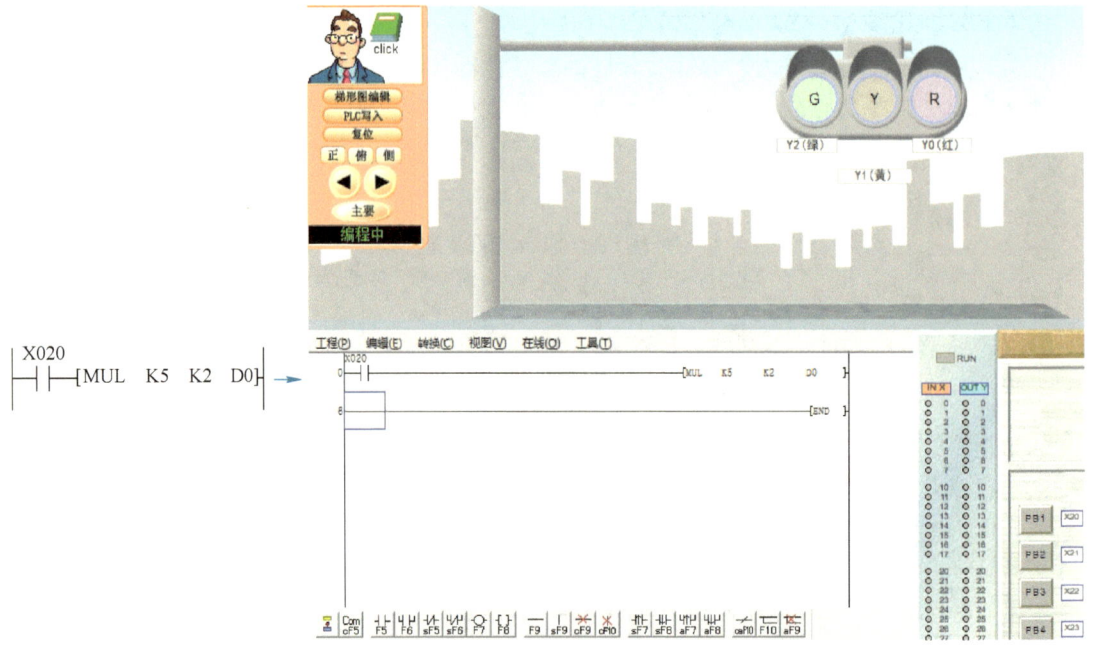

图 3-7-9 含 MUL 指令的程序 1

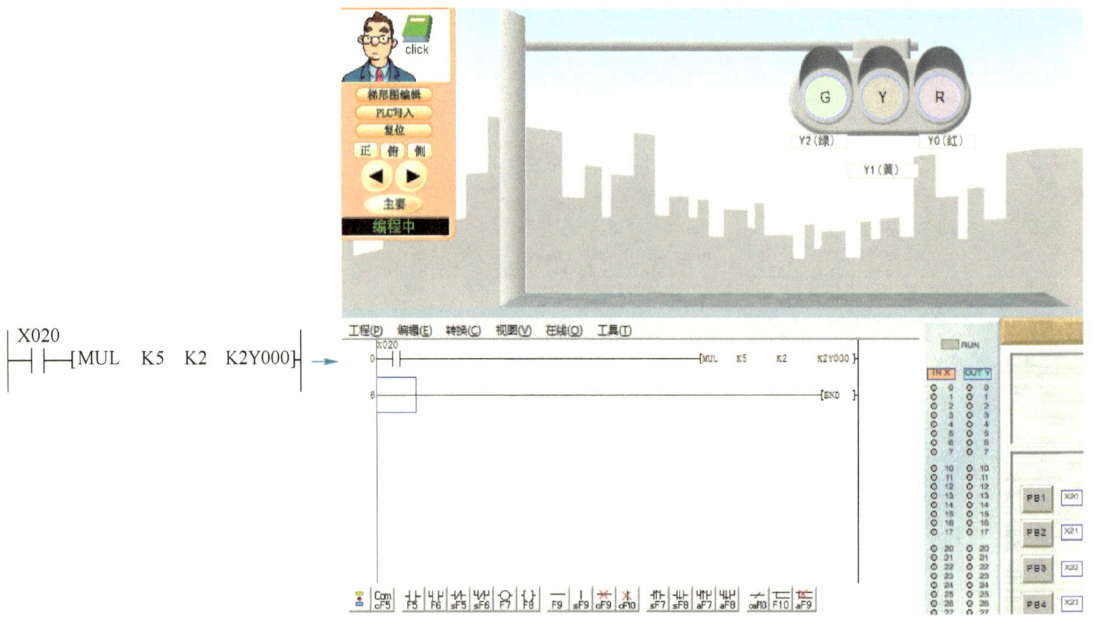

图 3-7-10 含 MUL 指令的程序 2

MUL 指令操作数有 3 个，其中，S1、S2 都是源操作数，D 是目标操作数，D = S1×S2（D 是 32 位双字，如 D0，则运算结果占 D1、D0）。

MUL 指令有 32 位操作方式，使用前缀"D"。

MUL 也可以有脉冲执行形式，使用后缀"P"，只有在驱动条件由 OFF→ON 时才进行一次运算。

源操作数 S1、S2 的数据形式同 ADD 指令。

目标操作数 D 的数据形式：KnY、KnM、KnS、T、C、D、Z（16 位）。

> 特别说明：V 和 Z 中，只有 Z 可用于 16 位乘法的操作元件，其他情况都不能用 V、Z 来指定。

练习

分析图 3-7-11 中的 2 个程序，若 X020 接通，则分析线圈 Y 的得电情况。

```
     X020
a)   ─┤├──[MUL  K6  K2  K2Y000]─

     X020
b)   ─┤├──[MUL  K6  K2  K2Y002]─
```

图 3-7-11　含 MUL 指令的程序 3

（3）乘法指令相关标志位

零标志 M8304：如果运算结果为 0，则零标志 M8304 置 1。

### 6. 除法指令 DIV

（1）编程并观察程序运行效果

1）在仿真软件 D3 画面中编辑程序 1，如图 3-7-12 所示。

按下 PB1，观察 D0 中数据的变化。

在仿真过程中可以观察到，D0 右下角的数字由 0 变成了 2。

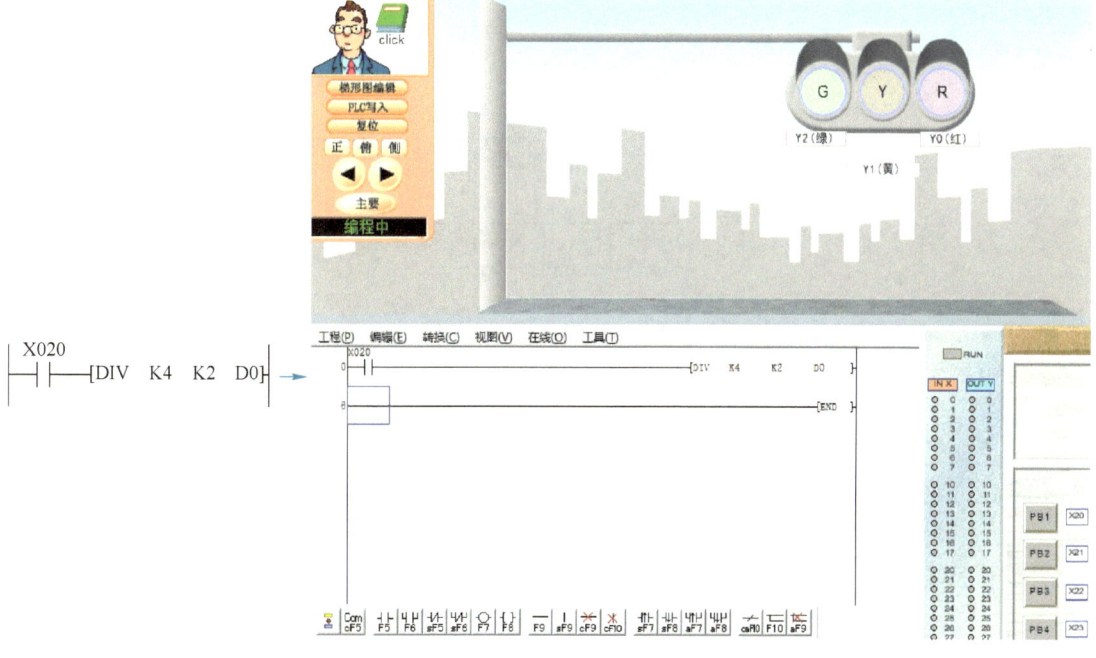

图 3-7-12　含 DIV 指令的程序 1

2）在仿真软件 D3 画面中编辑程序 2，如图 3-7-13 所示。

按下 PB1，观察 D0~D2 中数据的变化。

在仿真过程中可以观察到，D0=1、D1=2、D2=2。

为什么除法指令会有以上的控制效果呢？下面就一起来学习除法指令 DIV。

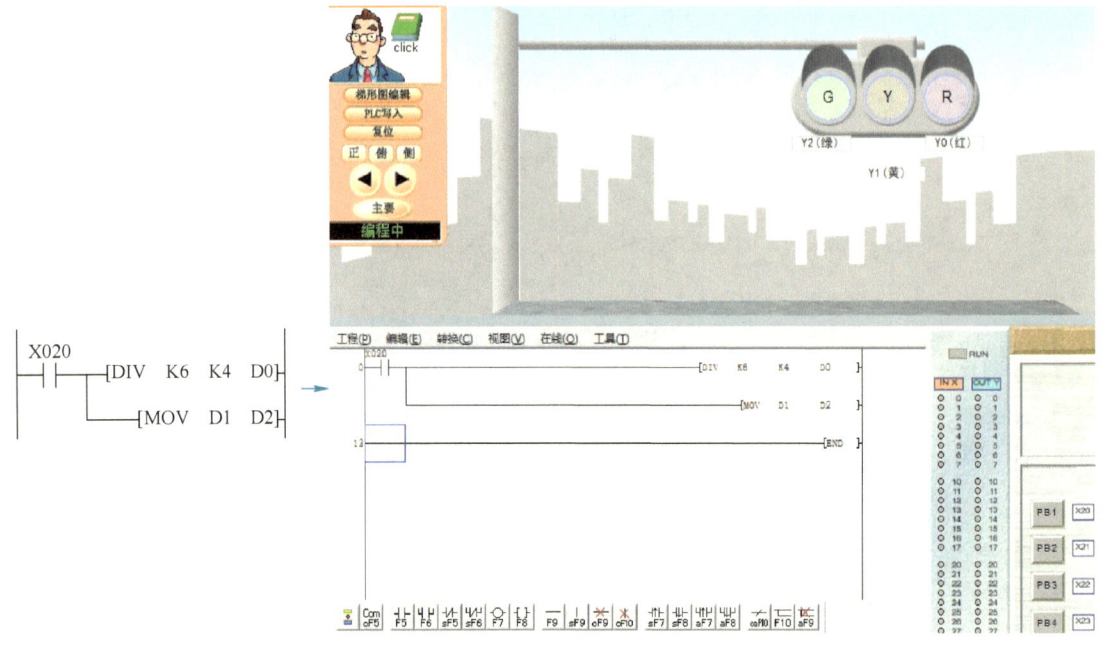

图 3-7-13　含 DIV 指令的程序 2

（2）DIV 指令说明

DIV 指令说明见表 3-7-4。

表 3-7-4　DIV 指令说明

| 名　　称 | 符　　号 | 梯形图与操作元件 | 功　　能 |
|---|---|---|---|
| 除法 | DIV | ─┤├─ DIV [S1] [S2] [D] | 将源操作数中的二进制数相除，[S1] 为被除数、[S2] 为除数，商送到目标操作数 [D] 中，余数送到 [D] 的下一个目标操作数 [D+1] 中 |

DIV 指令操作数有 3 个，其中，S1、S2 都是源操作数，D 是目标操作数，商存入寄存器 D 中，余数存入下一位寄存器 D+1 中，即 S1/S2→［D］（商）…［D+1］（余）。

DIV 指令有 32 位操作方式，使用前缀"D"。

DIV 也可以有脉冲执行形式，使用后缀"P"，只有在驱动条件由 OFF→ON 时才进行一次运算。

源操作数 S1、S2 及目标操作数 D 的数据形式同 MUL 指令。

📝 练习

1. 分析图 3-7-14 中的 2 个程序，若 X020 接通，则分析 D0、D1 中的数值为多少。

图 3-7-14 含 DIV 指令的程序 3

2. 利用加减乘除指令计算算式(120-80)÷2+7×35。

参考程序如图 3-7-15 所示。编程时先进行括号中的减法运算，将数值存入寄存器 D0 中，再把 D0 中的值与 2 进行除法运算，将商存入寄存器 D2 中，然后进行 7×35 乘法的运算，将数值存入 D4 中，最后把 D2 与 D4 中的数值相加，存入 D6 中。D6 中得到的便是最终的运算值。需要注意的是，为了使寄存器的编号不重复，这里使用的均为偶数编号。

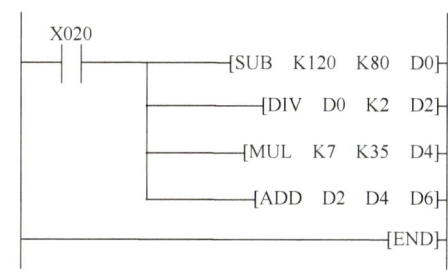

图 3-7-15 四则运算控制参考程序

（3）除法指令相关标志位

1）零标志 M8304：如果运算结果为 0，则零标志 M8304 置 1。

2）进位标志 M8306：如果运算结果超过 32767（16 位运算）或 2147483647（32 位运算），则进位标志 M8306 置 1。

### 3.7.2 加减乘除指令应用

下面利用加减乘除指令设计四则运算器的控制程序。

**1. 分配 I/O 地址**

根据前述任务分析，选定 K2X0 作为自变量输入，选定 K2Y0 作为因变量结果输出。本任务的 PLC 型号为 $FX_{3U}-32MR$。

I/O 地址分配见表 3-7-5。

表 3-7-5 I/O 地址分配表

| 输入 | | | 输出 | | |
| --- | --- | --- | --- | --- | --- |
| 输入点 | 输入元件 | 作用 | 输出点 | 输出元件 | 作用 |
| X0~X7 | — | 二进制输入 | Y0~Y7 | — | 二进制输出 |
| X10 | SB | 启动 | Y10 | HG | 绿灯指示 |
| | | | Y11 | HR | 红灯指示 |

**2. 绘制 I/O 接线图**

根据 I/O 地址分配绘制接线图，如图 3-7-16 所示。

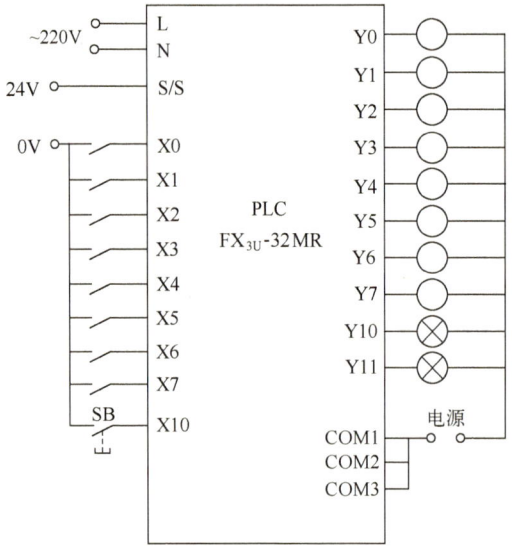

图 3-7-16　I/O 接线图

**3. 编写程序**

参考程序如图 3-7-17 所示。当 X010 = 1 时，从 K2X000 输入的变量存入 D0 中，与十进制常数 20 相乘以后存入 D2；再除以 35 后减去 8，结果送入 K2Y000 输出。当输出结果等于 0 时，零标志位 M8020 自动置 1，其常开触点闭合，常闭触点断开，点亮红灯 Y011，否则点亮绿灯 Y010。

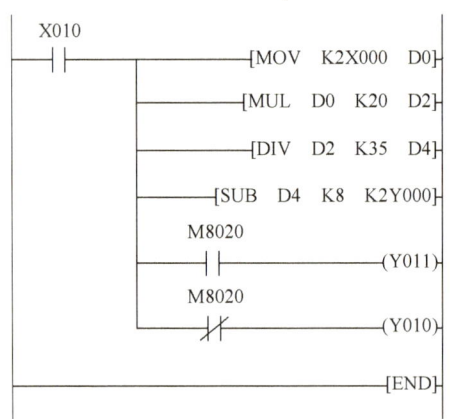

图 3-7-17　四则运算控制参考程序

**4. 运行调试**

按照 I/O 接线图接好外部各线，输入控制程序进行调试，观察结果。

### 3.7.3　知识拓展：加 1 指令 INC

**1. 编程并观察程序运行效果**

1）在仿真软件 D3 画面中编辑程序，如图 3-7-18 所示。

按下 PB1，观察 D0 中数据的变化。

图 3-7-18 含 INC 指令的程序 1

在仿真过程中可以观察到，当 X20 持续接通时，D0 右下角的数字由 0 变成 1 并持续递增。

2）在仿真软件 D3 画面中改进程序，如图 3-7-19 所示。

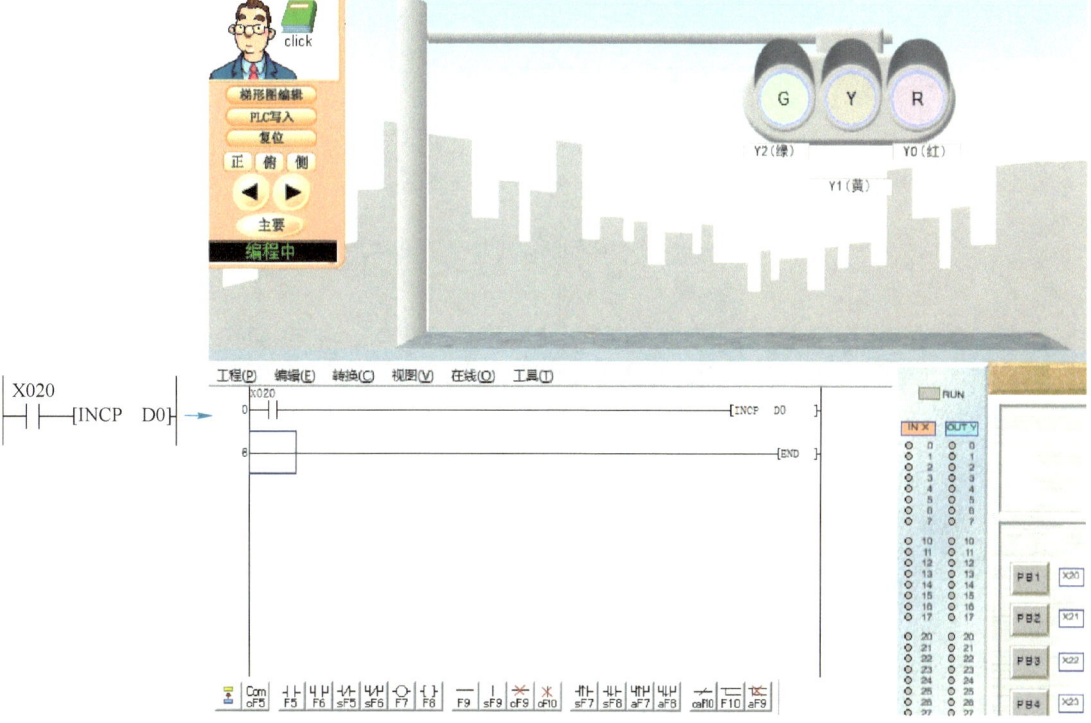

图 3-7-19 含 INC 指令的程序 2

按下 PB1，观察 D0 中数据的变化。

在仿真过程中可以观察到，当 X20 持续接通时，D0 右下角的数字由 0 变为 1。

为什么加 1 指令会有以上的控制效果呢？下面就一起来学习加 1 指令。

**2. INC 指令说明**

INC 指令说明见表 3-7-6。

表 3-7-6　INC 指令说明

| 名　称 | 符　号 | 梯形图与操作元件 | 功　能 |
|---|---|---|---|
| 加 1 | INC | ─┤├──[INC [D]] | 将目标操作数中的内容"加 1"运算后，送到目标操作数中 |

INC 指令操作数有一个，D 是目标操作数。

INC 指令有 32 位操作方式，使用前缀"D"。

为防止累加的和溢出而出错，可用脉冲执行形式 INCP，只有在驱动条件由 OFF→ON 时才进行一次运算，如图 3-7-19 中的程序所示。

目标操作数 D 的数据形式是部分字元件，包括 KnY、KnM、KnS、T、C、D、V、Z。

**3. 应用 INC 指令——利用 INC 指令设计单按键启停的控制程序**

控制要求：

在仿真软件 D3 画面中，按下按钮、红灯亮，再次按下按钮、红灯灭，如此循环。

参考程序如图 3-7-20 所示。接通 X020，K1M0 = K1，即 M0 得电，常开触点 M0 = ON，Y000 得电。再接通 X020，K1M0 = K2，即 M1 得电，常开触点 M0 = OFF，Y000 失电。

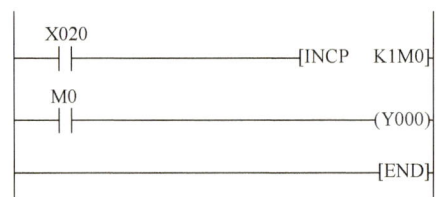

图 3-7-20　单按键启停的控制参考程序

## 3.7.4　知识拓展：减 1 指令 DEC

**1. 编程并观察程序运行效果**

1）在仿真软件 D3 画面中编辑程序，如图 3-7-21 所示。

按下 PB1，观察 D0 中数据的变化。

在仿真过程中可以观察到，当 X20 持续接通时，D0 右下角的数字由 0 变为 -1 并持续递减。

2）在仿真软件 D3 画面中改进程序，如图 3-7-22 所示。

按下 PB1，观察 D0 中数据的变化。

在仿真过程中可以观察到，当 X20 持续接通时，D0 右下角的数字由 0 变为 -1。

图 3-7-21　含 DEC 指令的程序 1

图 3-7-22　含 DEC 指令的程序 2

为什么减 1 指令会有以上的控制效果呢？下面就一起来学习减 1 指令。

### 2. DEC 指令说明

DEC 指令说明见表 3-7-7。

表 3-7-7　DEC 指令说明

| 名　称 | 符　号 | 梯形图与操作元件 | 功　能 |
| --- | --- | --- | --- |
| 减 1 | DEC | DEC [D] | 将目标操作数中的内容“减 1”运算后，送到目标操作数中 |

DEC 指令操作数有一个，D 是目标操作数。

DEC 指令有 32 位操作方式，使用前缀“D”。

为防止累加的和溢出而出错，可用脉冲执行形式 DECP，只有在驱动条件由 OFF→ON 时才进行一次运算，如图 3-7-22 所示。

目标操作数 D 的数据形式是部分字元件，包括 KnY、KnM、KnS、T、C、D、V、Z。

## 复习与提高

### 填空题

1. 如图 3-7-23 所示，若 X000 接通，则 D0 中的数值为（　　）。

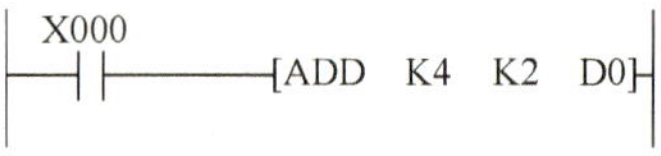
X000
ADD K4 K2 D0

图 3-7-23　填空题 1 的图

2. 如图 3-7-24 所示，若 X000 接通，则 D0 中的数值为（　　）。

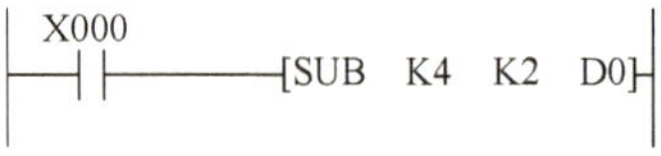
X000
SUB K4 K2 D0

图 3-7-24　填空题 2 的图

3. 如图 3-7-25 所示，若 X000 接通，则（　　）得电。

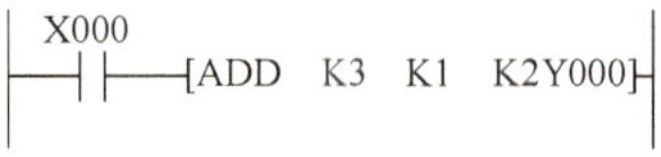
X000
ADD K3 K1 K2Y000

图 3-7-25　填空题 3 的图

4. 如图 3-7-26 所示，若 X000 接通，则（　　）得电。

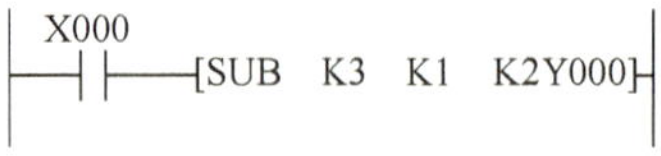
X000
SUB K3 K1 K2Y000

图 3-7-26　填空题 4 的图

5. 如图 3-7-27 所示,若 X000 接通,则 D1、D2 中的数值分别是（     ）和（     ）。

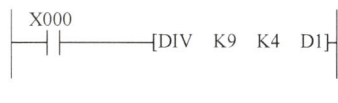

图 3-7-27　填空题 5 的图

6. 在三菱 PLC 中,乘法指令用（     ）表示。

## 3.8　计件包装系统控制——BCD 码变换指令（BCD）/七段译码指令（SEGD）

[学习目标]
- 能用 BCD/SEGD 指令设计计件包装系统控制程序。

[重点与难点]
- BCD/SEGD 指令的应用。
- BCD 码的转换。

[素养目标]
- 具有逻辑思维与问题分析能力:理解和分析计件包装系统的控制逻辑,从而确定需要使用的 PLC 指令和编程策略。

[课前准备]
- 复习七段数码管的工作原理、二进制与十进制的相互转换。

### 3.8.1　BCD 码变换指令说明

#### 1. 引入任务

BCD 码变换指令的控制要求如下:

包装传送带如图 3-8-1 所示,为了实时获取工件数量信息,在传送带旁安装光电传感器来检测工件数量。每经过一个工件计件一次,并把数量信息显示在数码管上。

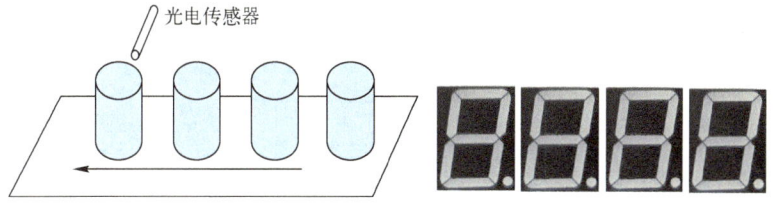

图 3-8-1　包装传送带

备注:本任务实施只进行软件设计,硬件设计部分不做介绍。

#### 2. 编程并观察 BCD 码变换指令程序运行效果

在功能指令仿真软件 A6 画面中编辑程序,如图 3-8-2 所示。

依次按下 PB1、PB2、PB3,观察程序运行效果(即 D0 数据显示以及输出指示灯 Y30～Y47 的变化)。

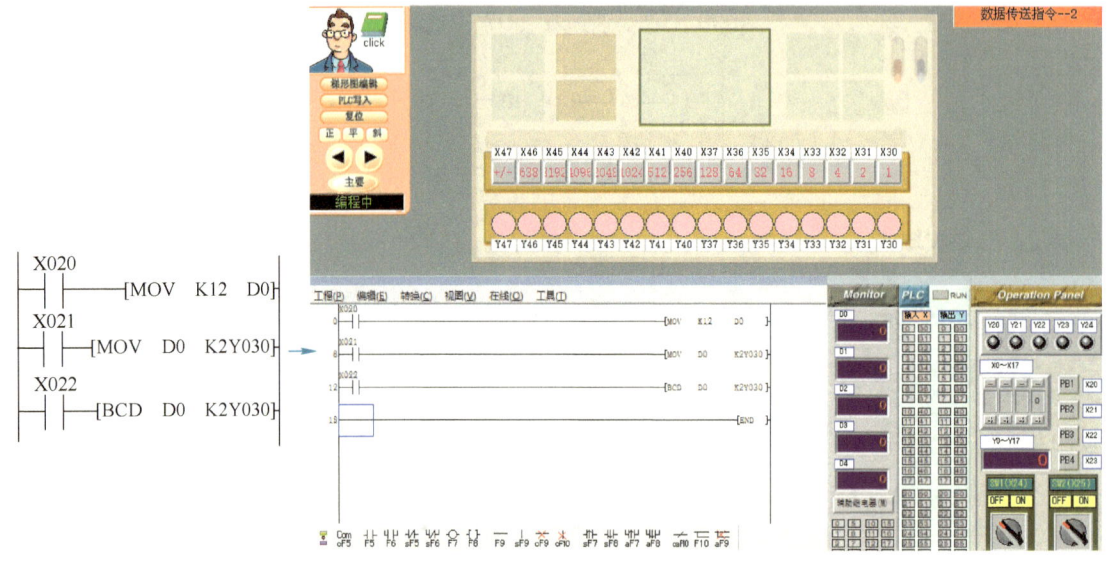

图 3-8-2 功能指令仿真软件 A6 画面编辑程序

在仿真过程中可以观察到以下现象。

1) 按下 PB1,执行 MOV K12 D0 指令,将十进制数字 12 输入数据寄存器 D0 中,D0 显示 12,灯 Y30~Y37 不亮。

2) 按下 PB2,执行 MOV D0 K2Y030 指令,将数据寄存器 D0 中的数字 12 通过位元件组 K2Y030(即 K2Y30)显示,灯 Y32、Y33 亮,即输出为 00001100,等于十进制数 12。

3) 按下 PB3,执行 BCD D0 K2Y030 指令,将数据寄存器中的数字转换为 BCD 码,通过位元件组 K2Y30 显示,灯 Y31、Y34 亮,即输出为 00010010。

为什么 BCD 码变换指令与 MOV 指令的控制效果不一样呢?下面就一起来学习 BCD 码变换指令。

### 3. BCD 码变换指令说明

BCD 码变换指令说明见表 3-8-1。

表 3-8-1 BCD 码变换指令说明

| 名 称 | 符 号 | 梯形图与操作元件 | 功 能 |
|---|---|---|---|
| BCD 码变换 | BCD | ─┤├─ BCD [S] [D] | 将源操作数中的二进制数据转换成 BCD 码送到目标操作数中,常用于驱动七段数码管 |

操作元件有两个,分别是 S、D。其中,S 是源操作数;D 是目标操作数。

源操作数 S 支持部分字元件,包括 KnX、KnY、KnM、KnS、T、C、D、V、Z。

目标操作数 D 也支持部分字元件,包括 KnY、KnM、KnS、T、C、D、V、Z。

### 4. 解读 BCD 指令

BCD(Binary-Coded Decimal)码是用 4 位二进制数来表示 1 位十进制数中的 0~9 这 10 个数码,是一种二进制的数字编码形式,是用二进制编码的十进制代码。

如十进制数 7 转换成二进制数是 111,转换成 BCD 码是 0111;十进制数 17 转换成二进制数是 1001,转换成 BCD 码则是 00010111。

再来看两个例子。十进制转换成 BCD 码的要点之一是：4 位二进制数为一组，表示 1 位十进制数，如十进制数 3 转换成 BCD 码不是 11 或 011，而是 0011；十进制数转换成 BCD 码的要点之二是：组之间按十进制进位，如十进制数 23 转换成 BCD 码是 0010 0011。

根据以上特点来分析图 3-8-2 中的程序。X020 接通，把十进制的 12 传送到 D0 中，D0＝12；X021 接通，把 D0 中的值 12 传送到 K2Y030，则 K2Y030＝12，即 Y33＝1、Y32＝1；X022 接通，十进制数 12 转换成 BCD 码，十位 1 为 0001，个位 2 为 0010，综合起来为 00010010，所以 Y34＝1、Y31＝1。

> **特别说明**：①BCD 码变换指令可直接用于带译码器的七段数码管显示。②当 BCD 码变换指令结果超过 0~9999（16 位运算）或 0~99999999（32 位运算）时，则出错。

## 3.8.2 七段译码指令说明

### 1. 编程并观察 SEGD 指令程序运行效果

在 GX Works2 编程软件中编辑程序，如图 3-8-3 所示。

依次接通 X0、X1，观察程序运行效果（即 D0 数据显示以及输出指示灯 Y0~Y7 的变化）。

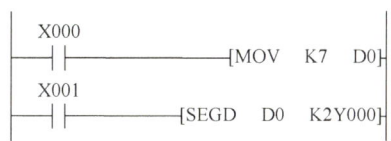

图 3-8-3　SEGD 指令程序

程序运行时可以观察到：接通 X0，D0 中的数据为 7；接通 X1，Y0、Y1、Y2、Y5 得电。为什么 SEGD 指令会有以上的控制效果呢？下面就一起来学习 SEGD 指令。

### 2. SEGD 指令说明

SEGD 指令说明见表 3-8-2。

表 3-8-2　SEGD 指令说明

| 名　称 | 符　号 | 梯形图与操作元件 | 功　能 |
|---|---|---|---|
| 七段译码 | SEGD | ─┤├──[ SEGD [S] [D] ]─ | 将源操作数 S 中的低 4 位确定的十六进制数（0~F）译成七段码显示的数据存于 D 中，用于启动七段数码管，D 中高 8 位不变 |

操作元件有两个，分别是 S、D。其中，S 是源操作数；D 是目标操作数。

源操作数 S 支持所有的数据形式，即字元件，包括 K、H、KnX、KnY、KnM、KnS、T、C、D、V、Z。

目标操作数 D 支持部分字元件，包括 KnY、KnM、KnS、T、C、D、V、Z。

### 3. 解读 SEGD 指令

在图 3-8-3 所示的程序仿真中，X001 接通，将 D0 中的"7"译码输出至 Y0~Y7，即 Y0/Y1/Y2/Y5＝1，若 Y0~Y7 分别控制数码管的 a~g 段，则数码管对应显示 7。

七段解码表见表 3-8-3。B0 表示位元件的首位或字元件的最低位。

表 3-8-3 七段解码表

| [S] | | 7 段码构成 | [D] | | | | | | | | 显示数据 |
|---|---|---|---|---|---|---|---|---|---|---|---|
| 十六进制 | 二进制 | | B7 | B6 | B5 | B4 | B3 | B2 | B1 | B0 | |
| 0 | 0000 | | 0 | 0 | 1 | 1 | 1 | 1 | 1 | 1 | 0 |
| 1 | 0001 | | 0 | 0 | 0 | 0 | 0 | 1 | 1 | 0 | 1 |
| 2 | 0010 | | 0 | 1 | 0 | 1 | 1 | 0 | 1 | 1 | 2 |
| 3 | 0011 | | 0 | 1 | 0 | 0 | 1 | 1 | 1 | 1 | 3 |
| 4 | 0100 | | 0 | 1 | 1 | 0 | 0 | 1 | 1 | 0 | 4 |
| 5 | 0101 | | 0 | 1 | 1 | 0 | 1 | 1 | 0 | 1 | 5 |
| 6 | 0110 | | 0 | 1 | 1 | 1 | 1 | 1 | 0 | 1 | 6 |
| 7 | 0111 | | 0 | 0 | 0 | 0 | 0 | 1 | 1 | 1 | 7 |
| 8 | 1000 | | 0 | 1 | 1 | 1 | 1 | 1 | 1 | 1 | 8 |
| 9 | 1001 | | 0 | 1 | 1 | 0 | 1 | 1 | 1 | 1 | 9 |
| A | 1010 | | 0 | 1 | 1 | 1 | 0 | 1 | 1 | 1 | A |
| B | 1011 | | 0 | 1 | 1 | 1 | 1 | 1 | 0 | 0 | b |
| C | 1100 | | 0 | 0 | 1 | 1 | 1 | 0 | 0 | 1 | C |
| D | 1101 | | 0 | 1 | 0 | 1 | 1 | 1 | 1 | 0 | d |
| E | 1110 | | 0 | 1 | 1 | 1 | 1 | 0 | 0 | 1 | E |
| F | 1111 | | 0 | 1 | 1 | 1 | 0 | 0 | 0 | 1 | F |

### 3.8.3 BCD 码变换指令/七段译码指令应用

下面利用 BCD/SEGD 指令设计计件包装系统的控制程序。

**1. 分配 I/O 地址**

根据控制要求，进行 I/O 地址分配，分配表见表 3-8-4。

表 3-8-4 I/O 地址分配表

| 输入 | | | 输出 | | |
|---|---|---|---|---|---|
| 输入点 | 输入元件 | 作用 | 输出点 | 输出元件 | 作用 |
| X0 | SB1 | 启动 | Y0~Y7 | 数码管 | 个位数显示 |
| X1 | 光电传感器 | 计数 | Y10~Y17 | 数码管 | 十位数显示 |
| X2 | SB2 | 停止 | Y20~Y27 | 数码管 | 百位数显示 |
| | | | Y30~Y37 | 数码管 | 千位数显示 |

**2. 编写程序**

参考程序如图 3-8-4 所示。由于 SB1 是复位按钮，因此用 X000 常开触点启动 M0 线圈并自锁，用 M0 常开触点串联连接计数传感器的 X001 常开触点，输出加 1 指令，即每计 1 个数，D0 就加 1。用 M8000 启动 BCD 码变换指令，将 D0 中的数据转换成 BCD 码，存于 M0~M15

中；接着用七段译码指令分别将 M0~M3、M4~M7、M8~M11、M12~M15 中的数译成七段码显示的数据并存于 K2Y000、K2Y010、K2Y020、K2Y030 中。按下停止按钮 SB2 即接通 X002，分别将 M0~M15 和 Y000~Y037 区间复位，同时将 0 传送给 D0，使 D0 清零。

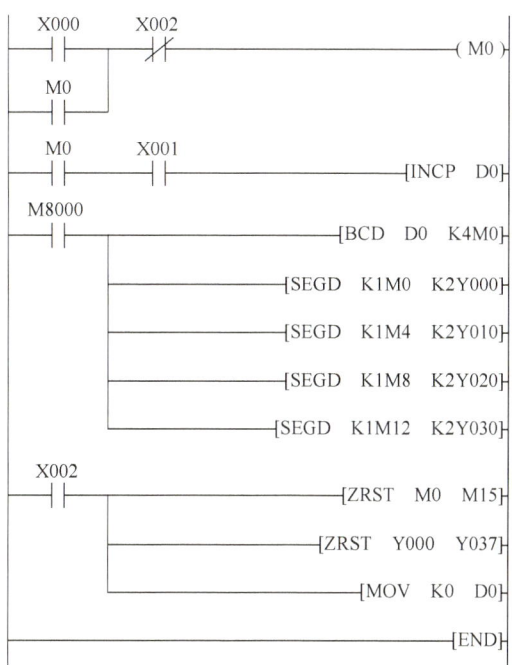

图 3-8-4　计件包装系统控制参考程序

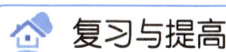

### 一、判断题

1. BCD 用于将（S）中的 BCD 数传送到（D）中。（　　）
2. 用 SEGD 功能指令直接译码要占用 8 位继电器，而数码显示器只用 7 位，为了使不用的一位能得到使用，可将不用的位放在 SEGD 指令的后面进行编程。（　　）

### 二、单项选择题

1. 1001100111BCD 码表示的十进制数是（　　）。
   A. 615　　　　　　B. 993　　　　　　C. 267　　　　　　D. 137
2. 将 BCD 码转换成二进制数使用（　　）。
   A. MOV　　　　　B. BCD　　　　　C. BIN　　　　　D. XCH
3. 33 的 BCD 码是（　　）。
   A. 00100001　　　B. 10100001　　　C. 00110011　　　D. 10110011

### 三、填空题

七段译码指令的功能是对源操作数中的低（　　）所对应的（　　）进行译码，结果存于目标操作数指定元件的低 8 位，以驱动（　　）。

## 3.9 霓虹灯的闪烁控制——循环指令（ROL/ROR）

[学习目标]
- 能用循环指令设计霓虹灯的闪烁控制程序。

[重点与难点]
- 循环指令的应用。
- 循环指令的移动方式。

[素养目标]
- 具有创新能力：发挥创新思维，尝试不同的闪烁模式和效果。

[课前准备]
- 复习字元件与位元件、传送指令。

3.9 霓虹灯的闪烁控制

### 3.9.1 左循环指令说明

**1. 引入任务**

左循环指令的控制要求如下：
1）按下启动按钮 SB1，8 个彩灯 H1~H8 每隔 1 s 轮流点亮，当 H8 点亮后，停 3 s。
2）反向每隔 1 s 轮流点亮，当 H1 点亮后，停 2 s。
3）重复以上过程。
4）当按下停止按钮 SB2 时，所有彩灯都熄灭。

备注：本任务实施只进行软件设计，硬件设计部分不做介绍。可用仿真软件 D3 画面进行编程、仿真。

**2. 编程并观察 ROL 指令程序运行效果**

在仿真软件 D3 画面中编辑程序，如图 3-9-1 所示。

先按下 PB1，再多次按下 PB2，观察程序运行效果（即输出映像表上指示灯 Y0~Y17 的变化）。

在仿真过程中可以观察到：按下 PB1，指示灯 Y0 得电；多次按下 PB2，指示灯 Y0~Y17 依次循环点亮。

为什么循环指令会有以上的控制效果呢？下面就一起来学习循环左移指令。

**3. ROL 指令说明**

ROL 指令说明见表 3-9-1。

表 3-9-1 ROL 指令说明

| 名称 | 符号 | 梯形图与操作元件 | 功能 |
|---|---|---|---|
| 循环左移 | ROL | ─┤├── ROL [D] [n] | 将 16 位或 32 位数据向左循环移动 n 位 |

操作元件有两个，分别是 D、n，其中，D 是目标操作数；n 是其他操作数，是向左移动的位数。

目标操作数 D 支持部分字元件，包括 $K_nY$、$K_nM$、$K_nS$、T、C、D、V、Z。

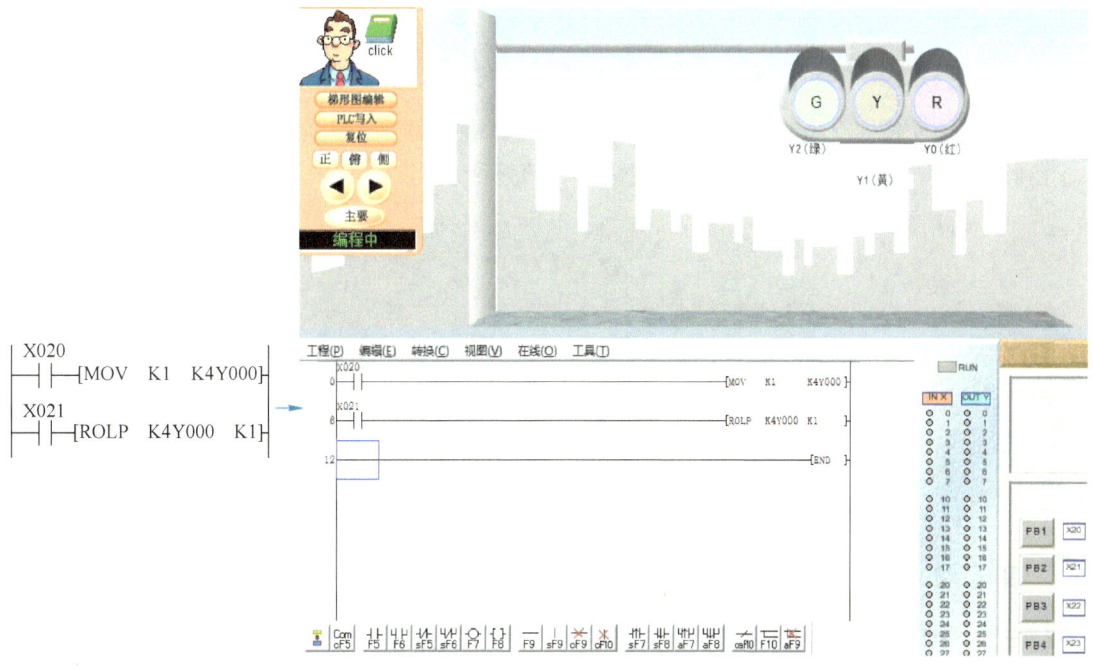

图 3-9-1　仿真软件 D3 画面编辑 ROL 指令程序

其他操作数是常数，包括 K、H。

### 4. 解读 ROL 指令

在图 3-9-2 所示的程序中，当 X000 接通时，D0 内的数据向左循环移动 1 位，最高位分别移到最低位和进位标志 M8022 中。若这个 D0 里的最高位为 1，则左移循环一次之后最低位和 M8022 都为 1。若 X000 持续接通，则不断向左循环移位，如图 3-9-2 所示。

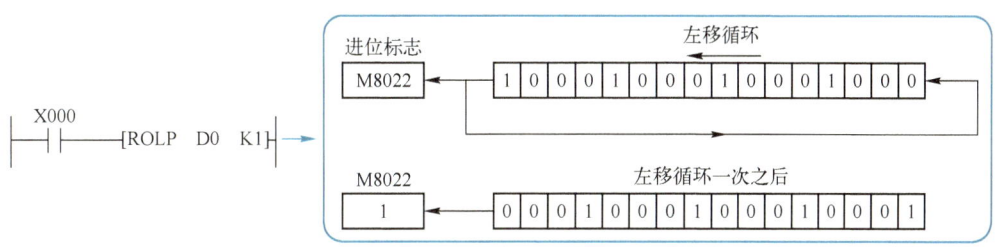

图 3-9-2　ROL 指令解读

下面分析图 3-9-1 所示的程序。第 1 行，X020 接通，K4Y000 = 1，即 Y000 = 1，所以 Y000 得电；第 2 行，ROLP 中的 P 代表脉冲执行型。X021 第 1 次接通，K4Y000 向左移动 1 位，这时 Y001 = 1，Y001 得电；X021 第 2 次接通，K4Y000 再向左移动 1 位，此时 Y002 = 1，Y002 得电；依次进行循环……

**特别说明**：①执行左循环指令时，如果目标操作数为位组合元件，则只有 K4 或 K8 有效。②为避免重复移位，推荐使用脉冲执行型或边沿触发。

## 3.9.2 右循环指令说明

**1. 编程并观察 ROR 指令程序运行效果**

在仿真软件 D3 画面中编辑程序，如图 3-9-3 所示。

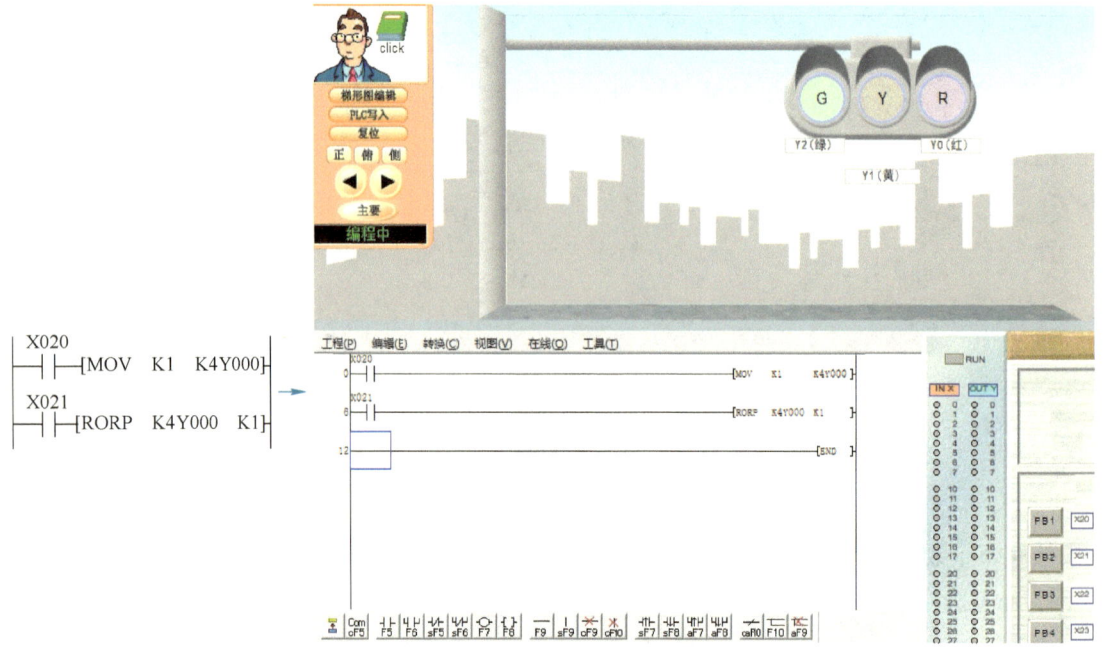

图 3-9-3　仿真软件 D3 画面编辑 ROR 指令程序

先按下 PB1，再多次按下 PB2，观察程序运行效果（即输出映像表上指示灯 Y0~Y17 的变化）。

在仿真过程中可以观察到：按下 PB1，指示灯 Y0 得电；多次按下 PB2，指示灯 Y17~Y0 依次循环被点亮。

**2. ROR 指令说明**

ROR 指令说明见表 3-9-2。

表 3-9-2　ROR 指令说明

| 名称 | 符号 | 梯形图与操作元件 | 功　能 |
| --- | --- | --- | --- |
| 循环右移 | ROR | ─┤├─ ROR [D] [n] | 将 16 位或 32 位数据向右循环移动 n 位 |

操作元件有两个，分别是 D、n。其中，D 是目标操作数；n 是其他操作数，是向右移动的位数。

目标操作数 D 支持部分字元件，包括 $K_nY$、$K_nM$、$K_nS$、T、C、D、V、Z。

其他操作数是常数，包括 K、H。

**3. 解读 ROR 指令**

在图 3-9-4 所示的程序中，当 X000 接通时，D0 内的数据向右循环移动 1 位，最低位分别移到最高位和进位标志 M8022 中。若这个 D0 里的最低位为 1，则右移循环一次之后的最高位和 M8022 都为 1。若 X000 持续接通，则不断向右循环移位。

下面分析图 3-9-3 中的程序。第 1 行，X020 接通，K4Y000 = 1，即 Y000 = 1，所以 Y000 得电；第 2 行，RORP 中的 P 代表脉冲执行型。X021 第 1 次接通，K4Y000 向右移动 1 位，这时 Y017 = 1，Y017 得电；X021 第 2 次接通，K4Y000 再向右移动 1 位，此时 Y016 = 1，Y016 得电；依次进行循环……

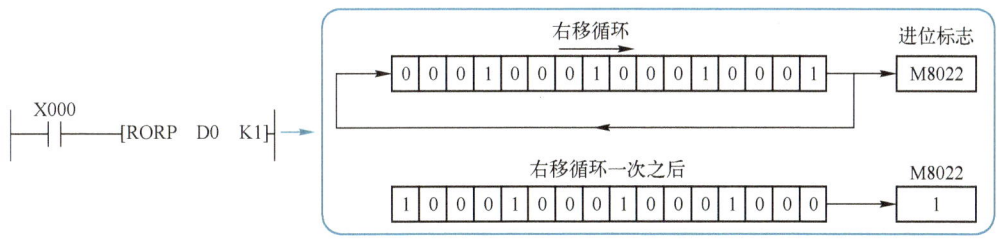

图 3-9-4　ROR 指令解读

**特别说明**：①执行右循环指令时，如果目标操作数为位组合元件，则只有 K4 或 K8 有效。②为避免重复移位，推荐使用脉冲执行型或边沿触发。

## 3.9.3　循环指令应用

**1. 应用 ROL 指令——利用循环左移指令 ROL 设计霓虹灯单向闪烁控制程序**

霓虹灯单向闪烁控制为 3.9.1 小节中控制要求 1) 和 4) 对应的内容：1) 按下启动按钮 SB1，8 个彩灯 H1~H8 每隔 1s 轮流点亮，当 H8 点亮后，停 3s；2) 当按下停止按钮 SB2 时，所有彩灯都熄灭。

（1）分配地址

根据控制要求 1)，利用仿真软件 D3 画面进行 I/O 地址分配，输入点为 2 个，分别是用于启动的输入点 X20、用于停止的输入点 X21；输出点为 Y0~Y7，共 8 个，连接 8 盏灯。I/O 地址分配表见表 3-9-3。

表 3-9-3　I/O 地址分配表

| 输入 | | | 输出 | | |
| --- | --- | --- | --- | --- | --- |
| 输入点 | 输入元件 | 作用 | 输出点 | 输出元件 | 作用 |
| X20 | SB1 | 启动 | Y0 | H1 | 控制灯 1 |
| X21 | SB2 | 停止 | Y1 | H2 | 控制灯 2 |
| | | | Y2 | H3 | 控制灯 3 |
| | | | Y3 | H4 | 控制灯 4 |
| | | | Y4 | H5 | 控制灯 5 |
| | | | Y5 | H6 | 控制灯 6 |
| | | | Y6 | H7 | 控制灯 7 |
| | | | Y7 | H8 | 控制灯 8 |

（2）编写程序

参考程序如图 3-9-5 所示。由于 SB1 是启动按钮，因此用 X020 常开触点启动 M0 线圈并自锁，同时给位组合元件 K4Y000 赋值 1，使第一个输出 Y000 得电。用 M0 常开触点串联 M8013，启动循环左移指令，M8013 每接通一次就左移一位，当 Y007 得电即 H8 点亮后，启动 T0 定时器停 3 s，同时用 Y007 常闭触点使 M0 线圈失电，不再进行循环左移。按下停止按钮 SB2，给位组合元件 K4Y000 赋值 0，使所有输出都失电。

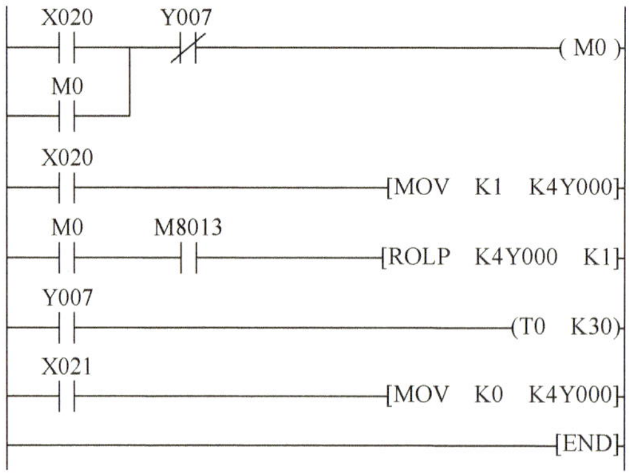

```
X020    Y007
─┤├─────┤/├─────────────────────────( M0 )
 M0
─┤├─

X020
─┤├────────────────────────[MOV  K1   K4Y000]

 M0    M8013
─┤├─────┤├─────────────────[ROLP  K4Y000  K1]

Y007
─┤├──────────────────────────────(T0   K30)

X021
─┤├────────────────────────[MOV  K0   K4Y000]

                                          [END]
```

图 3-9-5　霓虹灯单向闪烁控制参考程序

**2. 应用 ROR 指令——利用循环右移指令 ROR 设计霓虹灯闪烁控制程序**

根据 3.9.1 小节中的控制要求 2）、3）的内容，编写程序。参考程序如图 3-9-6 所示。循环左移指令运行结束后，由 T0 常开触点将 M1 置 1，用 M1 常开触点串联 M8013，启动循环右移指令，M8013 每接通一次就右移一位，当 Y0 得电，即 H1 点亮后，启动 T1 定时器停 2 s，同时将 M1 复位，使其不再进行循环右移，2 s 时间到后，用 T1 常开触点启动第 2 个循环周期。

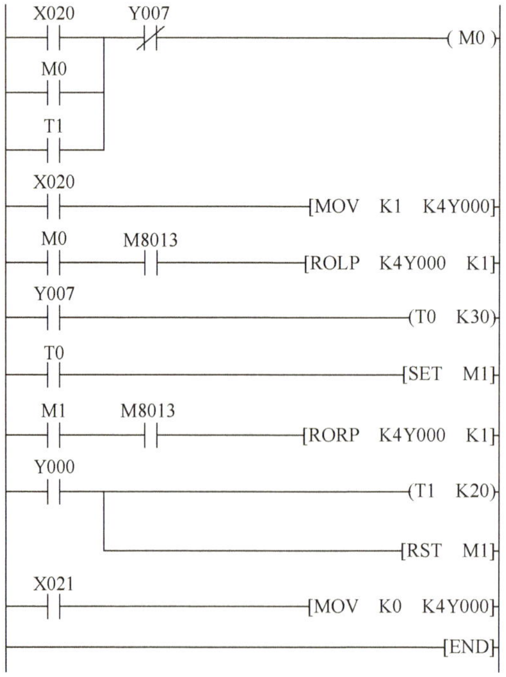

```
X020    Y007
─┤├─────┤/├─────────────────────────( M0 )
 M0
─┤├─
 T1
─┤├─

X020
─┤├────────────────────────[MOV  K1   K4Y000]

 M0    M8013
─┤├─────┤├─────────────────[ROLP  K4Y000  K1]

Y007
─┤├──────────────────────────────(T0   K30)

 T0
─┤├──────────────────────────────[SET  M1]

 M1    M8013
─┤├─────┤├─────────────────[RORP  K4Y000  K1]

Y000
─┤├──────────────────────────────(T1   K20)
                              ────[RST  M1]

X021
─┤├────────────────────────[MOV  K0   K4Y000]

                                          [END]
```

图 3-9-6　霓虹灯闪烁控制参考程序

## 复习与提高

### 一、填空题

1. 循环左移指令 ROL 是将（D）中的数值从（  ）向（  ）移动 n 位，最（  ）边的 n 位回转到（  ）。

2. 循环右移指令 ROR 是将（D）中的数值从（  ）向（  ）移动 n 位，最（  ）边的 n 位回转到（  ）。

### 二、简答题

功能指令和基本指令的区别是什么？

## 素养小栏目

### 学以致用、服务社会：PLC 编程的实践与贡献

PLC 编程不仅是技术层面的挑战，更是对实际应用和社会价值的追求。将所学知识运用到实践中，服务于社会，是每位 PLC 编程者应当秉持的理念。

#### 1. 巧妙运用 PLC 功能指令

PLC 的功能指令集是其核心竞争力的体现，它们为复杂的控制逻辑提供了可能。为了达到事半功倍的控制效果，需要深入理解和巧妙运用这些指令。

#### 2. 编写 PLC 复杂程序

面对日益复杂的工业自动化需求，编写高效的 PLC 程序成为关键。通过优化编程方法和提高编程效率，可以实现更为出色的控制效果。

#### 3. 培养受益终身的好方法、好习惯

在 PLC 编程的实践中，养成良好的编程方法和习惯至关重要。这些方法和习惯将伴随 PLC 编程者的职业生涯，成为不断进步的基石。

#### 4. 增强社会服务动力

作为 PLC 编程者，有责任为社会做出贡献。提高编程效率和控制效果，可以为工业自动化、智能制造等领域的发展做出自己的贡献，为社会带来更多的价值和效益。

总之，"学以致用、服务社会"是 PLC 编程者的核心价值所在。通过巧妙运用 PLC 功能指令、编写复杂程序、培养好习惯和方法，并不断增强社会服务动力，可以实现个人价值与社会价值的双重提升。

# 模块4 顺序功能图的应用

用梯形图编程，已广为电气技术人员接受，但对于一些复杂的控制系统，尤其是顺序控制程序，由于其内部的联锁、互动关系极其复杂，因此其梯形图往往长达数百行，通常需要熟练的电气工程师才能编制出这样的程序。同时，如果在梯形图上不加注释，则这种程序的可读性也会大大降低。

三菱可编程控制器的编程语言除了有梯形图，还有顺序功能图，它可以解决以上问题。本模块将学习顺序功能图设计及编程方法。

## 4.1 广告灯的控制——单流程 SFC

[学习目标]
- 能用单流程顺序控制功能图（SFC）设计广告灯控制程序。

4.1 广告灯的控制

[重点与难点]
- 单流程 SFC 的应用。
- 单流程 SFC 的编程。

[素养目标]
- 具有逻辑思维与分析能力：分析广告灯控制系统的需求，理解各个步骤之间的逻辑关系并清晰地展示系统的控制流程。

[课前准备]
- 复习特殊辅助继电器 M8002。

### 4.1.1 两盏广告灯的控制

**1. 引入任务**

两盏广告灯的控制要求如下：
1) 接通启动开关 SA。
2) 广告灯"欢"亮 1 s，之后熄灭。
3) 广告灯"迎"亮 1 s，之后熄灭。
4) 不断重复步骤 2) 和 3)。

**2. 分配 I/O 地址**

端子分配前，先分析本任务的硬件设备：PLC 型号为 $FX_{3U}$-16MR，广告灯额定工作电压为直流 24 V。因此，PLC 输出端可直接连接广告灯。I/O 地址分配见表 4-1-1。

表 4-1-1 输入/输出（I/O）地址分配表

| 输入 | | | 输出 | | |
|---|---|---|---|---|---|
| 输入点 | 输入元件 | 作用 | 输出点 | 输出元件 | 作用 |
| X0 | SA | 启动 | Y0 | 显示"欢"字的灯 H1 | 显示 |
| | | | Y1 | 显示"迎"字的灯 H2 | 显示 |

**3. 绘制 I/O 接线图**

根据 I/O 地址分配绘制接线图，如图 4-1-1 所示。

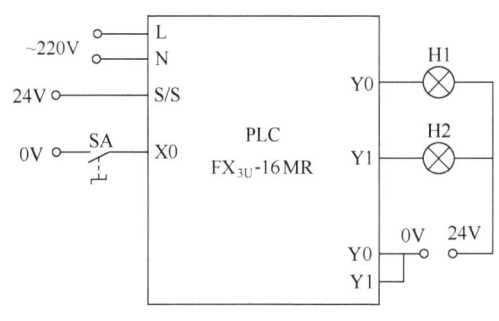

图 4-1-1 I/O 接线图

**4. 编写程序**

本任务用顺序控制功能图（SFC）进行编程。

知识链接——顺序功能图

（1）定义

顺序功能图（Sequential Function Chart，SFC）又称状态转移图或功能表图，是描述控制系统的控制过程、功能和特性的一种图形，也是设计 PLC 的顺序控制程序的有力工具。

（2）主要组成

一个完整的 SFC 程序如图 4-1-2a 所示，SFC 主要由步（状态）、动作（命令）、有向连线、转换、转换条件等组成。

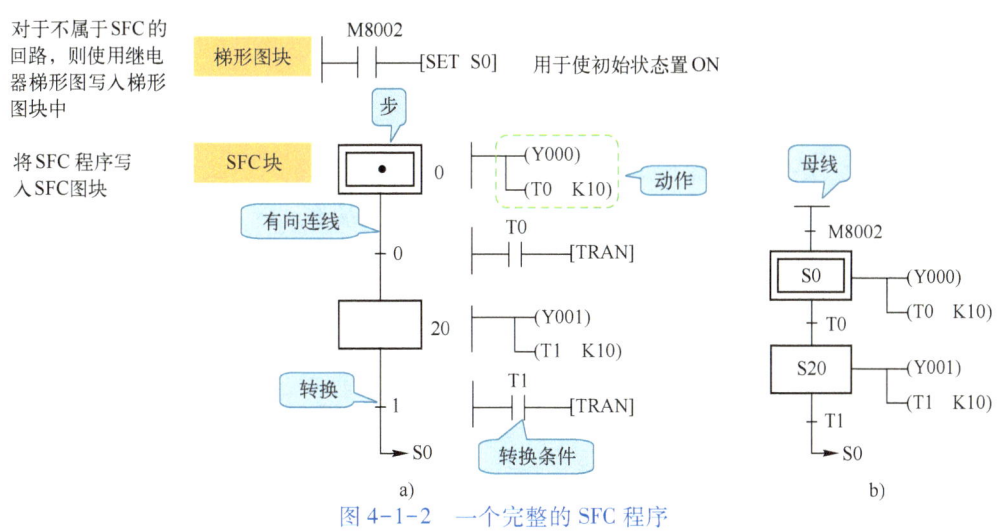

图 4-1-2 一个完整的 SFC 程序

注：图 4-1-2a 有时也可以转化成图 4-1-2b。

1）步（状态）：控制系统的一个工作周期可以分为若干个顺序相连的工序，这些工序称为状态或步。状态继电器（S）是构成顺序功能图的基本要素，也是对工序步进顺序控制进行简易编程的重要软元件。它有触点和线圈，按十进制编号。其类别、地址编号、点数、用途及特点见表 4-1-2。

表 4-1-2 FX$_{3U}$ 的状态继电器 S

| 类别 | 地址编号 | 点数 | 用途及特点 |
| --- | --- | --- | --- |
| 初始状态（步） | S0~S9 | 10 | 用于 SFC 的初始状态 |
| 回零状态（步） | S10~S19 | 10 | 用于返回原点的状态 |
| 通用状态（步） | S20~S499 | 480 | 用于 SFC 的中间状态 |
| 停电保持状态（步） | S500~S899 | 400 | 具有停电保持功能，用于停电恢复后继续执行停电前状态的场合 |
| 信号报警状态（步） | S900~S999 | 100 | 用作报警元件 |
| 停电保持专用状态 | S1000~S4095 | 3096 | 具有停电保持功能，不能通过参数设定来改变其停电保持的范围 |

状态继电器（S）若不用于顺序功能图或步进顺序控制，则可作为一般的辅助继电器（M）使用。

占据 SFC 程序的起始位置的状态称为初始步（状态），初始步一般是控制系统等待启动命令的相对静止的状态。一个控制系统至少有一个初始步，用双线方框表示。

步又分为活动步和静止步。活动步是指正在运行的步。静止步是没有运行的步。

2）动作（命令）：每一步所完成的工作称为动作或命令。它的特点是步处于活动状态时，相应的动作被执行；处于静止状态时，相应的非保持型动作被停止执行，而保持型工作则继续执行。

3）有向连线：表示步与步之间进展的路线和方向，也表示各步之间的连接顺序关系。在画顺序功能图时，将代表各步的方框按先后顺序排列，并用有向连线将它们连接起来。表示从上到下或从左到右这两个方向的有向连线的箭头可以省略。

SFC 最上面的一条粗横线称为"母线"，如图 4-1-2b 所示。

4）转换：是与有向连线相交的短线，它将相邻两步分隔开。

转换表示从一个状态到另一个状态的变化，即从一步到另一步的转移。

转换实现的条件：该转换的前级步是活动步，且相应的转换条件得到满足。

转换实现后的结果：使该转换的后续步变为活动步，前级步变为静止步。

5）转换条件：指使系统由上一步进入下一步的信号。

转换条件的特点是，当触点接通 PLC 时，就执行下一步。转换条件中有一个特殊的条件，称为初始条件，它是顺序功能图的首个转换条件，为脉冲信号，一般使用 M8002，能将初始步置为 1。

（3）分类

根据生产工艺和系统复杂程序的不同，SFC 的基本结构可分为单流程、选择分支和并行分支 3 种。

单流程：是一维顺序结构，步（状态）转移只有一种流向。其结构示意图如图 4-1-3 所示。

工序转移的基本类型为单流程形式的控制。

选择分支和并行分支将分别在 4.2 和 4.3 节中进行详述。

（4）在 GX Works2 中编写 SFC 程序

如图 4-1-2a 所示，一个完整的 SFC 程序一般包含两个程序块。

一个是梯形图程序块，用于使初始状态置位为 ON。这个程序块必须有且必须编写于 SFC 程序块前，使用特殊辅助继电器 M8002，它在 PLC 从 STOP 切换到 RUN 时瞬间动作在这个程序块中也可加入一些处理通用功能的梯形图程序。

另一个是 SFC 程序块，在 SFC 编程界面，依据流程图搭建 SFC 状态转移图。

下面以图 4-1-2a 中的程序为例，介绍 GX Works2 中单流程 SFC 的编写步骤。上述 SFC 是自动闪烁程序，控制效果为 PLC 上电后，Y0、Y1 以 1 s 为周期交替闪烁。

1）新建工程。启动 GX Works2 编程软件，选择"工程"→"新建"命令或单击"新建工程"按钮 ，如图 4-1-4 所示。弹出"新建"对话框，如图 4-1-5 所示。在"系列"下拉列表框中选择"FXCPU"，在"机型"下拉列表框中选择"FX3U/FX3UC"，在"工程类型"下拉列表框中选择"简单工程"，在"程序语言"下拉列表框中选择"SFC"，单击"确定"按钮。

图 4-1-3　单流程 SFC　　　　图 4-1-4　GX Works2 编程软件窗口

2）设置梯形图块信息。执行完步骤 1）后弹出"块信息设置"对话框，如图 4-1-6 所示，0 号块一般作为初始程序块，即初始步。

在"标题"文本框中可以填入相应的块标题（也可以不填），在"块类型"下拉列表框中选择"梯形图块"。选择"梯形图块"的原因是，在 SFC 程序中初始步必须是激活的，而激活的方法是利用一段梯形图程序，而且这一段梯形图程序必须是放在 SFC 程序的开头部分，单击"执行"按钮弹出"梯形图输入"对话框，如图 4-1-7 所示。

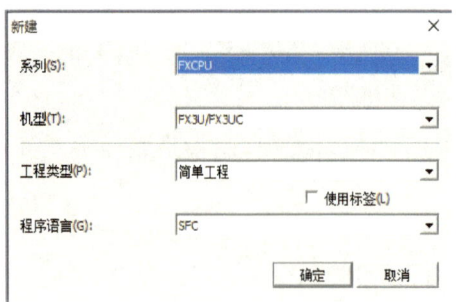
图 4-1-5 "新建"对话框

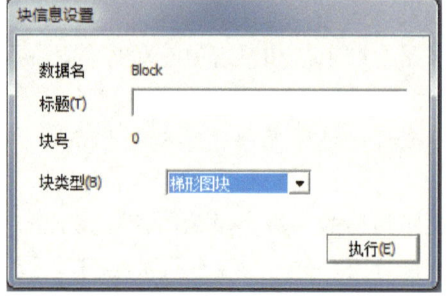
图 4-1-6 "块信息设置"对话框

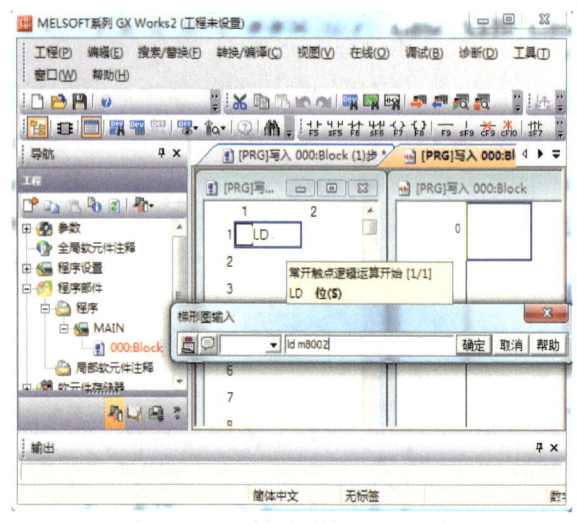
图 4-1-7 "梯形图输入"对话框

3) 编写梯形图块的程序。在图 4-1-7 所示的"梯形图输入"对话框中输入启动初始步的梯形图，本例中利用 PLC 的一个辅助继电器 M8002 的上电脉冲使初始步生效。初始化梯形图如图 4-1-8 所示，输入完成后选择"转换/编译"→"转换+编译"命令或按键盘上的<F4>快捷键，完成梯形图的转换。

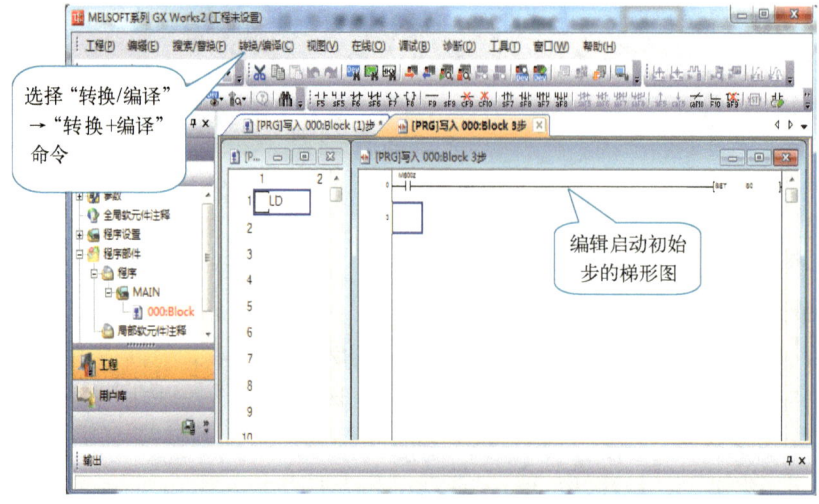
图 4-1-8 初始化梯形图

如果想使用其他方式启动初始步,则只需要改动图 4-1-8 中的启动脉冲 M8002 即可。如果有多种方式启动初始化,则把触点并联即可。需要说明的是,在每一个 SFC 程序中至少有一个初始步,且初始步必须在 SFC 程序的最前面。在 SFC 程序的编写过程中每一个步中的梯形图编写完成后必须进行转换,才能进行下一步工作,否则弹出出错信息对话框,如图 4-1-9 所示。

4)添加块。编辑好 0 号块的初始梯形图程序后,编辑 1 号块 SFC 程序。在左侧导航栏中右击"工程部件"→"程序"→"MAIN",在弹出的快捷菜单中选择"新建数据"命令,弹出"新建数据"对话框,如图 4-1-10 所示。

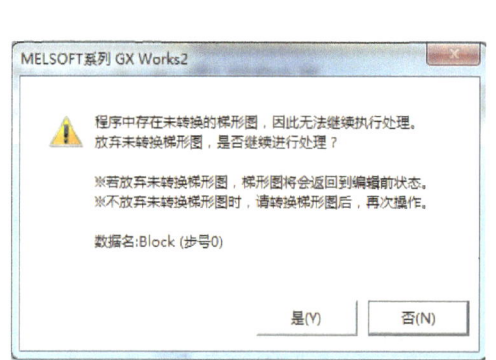
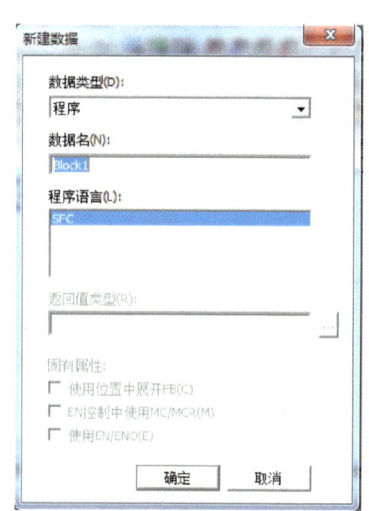

图 4-1-9　出错信息对话框　　　　图 4-1-10　"新建数据"对话框

单击"确定"按钮,弹出 1 号"块信息设置"对话框,如图 4-1-11 所示,在"块类型"下拉列表框中选择"SFC 块"。

图 4-1-11　"块信息设置"对话框

5)编写 SFC 程序块的程序。在"块信息设置"对话框中单击"执行"按钮,进入 1 号块 SFC 编程窗口,如图 4-1-12 所示。

将光标移动到对应的步或转换条件处,即可在右边的窗口中编写程序。在 SFC 程序中,每一个步或转换条件都是以 SFC 符号的形式出现在程序中的,每一种 SFC 符号都有对应的图标和图标号。

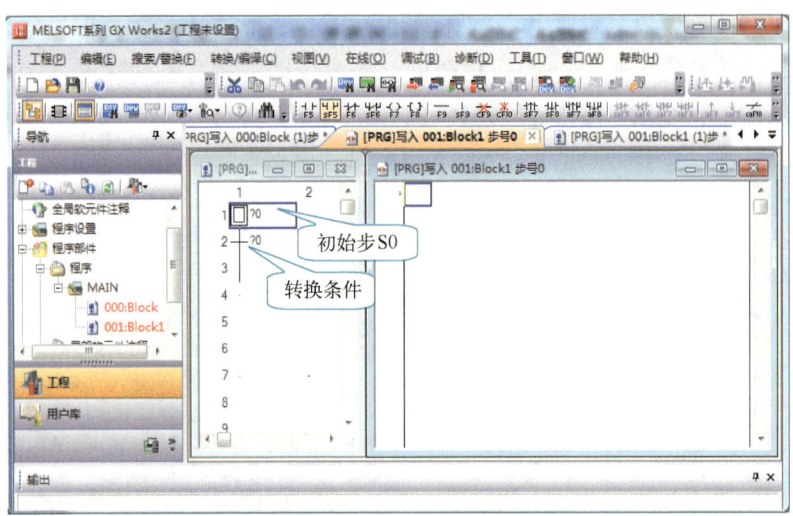

图 4-1-12　SFC 编程窗口

本例中要求"步 0"驱动输出线圈 Y0 以及 T0 线圈。

下面输入使"步"发生转移的条件，在 SFC 程序编辑窗口中将光标移到第一个转换条件符号处，如图 4-1-13 所示。在右侧的"梯形图输入"对话框中输入使步转移的梯形图，T0 触点驱动的不是线圈，而是 TRAN 符号，表示转移（Transfer）。在 SFC 程序中，所有的转移都用 TRAN 表示，不可以用置位指令表示，这一点请注意。编辑完一个条件后进行转换，转换后的梯形图由原来的灰色变成亮白色，此时 SFC 程序编辑窗口中"0"前面的"?"不见了。

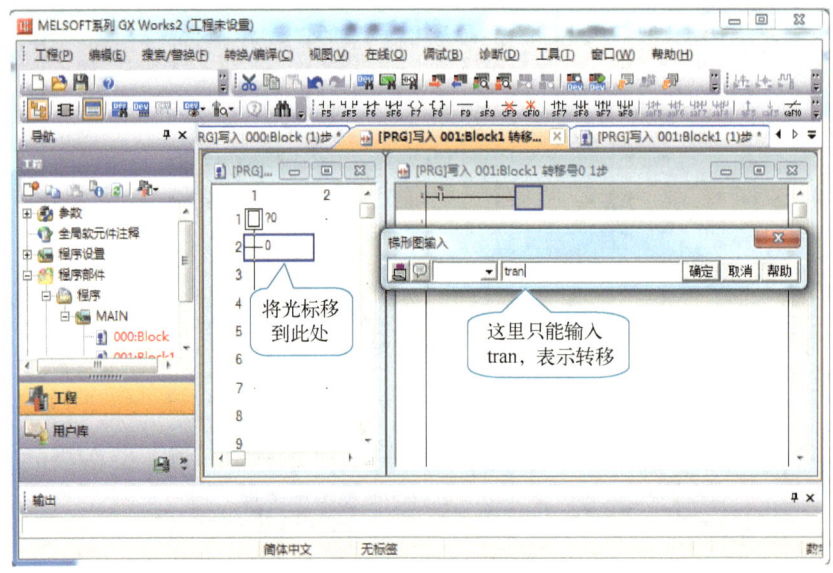

图 4-1-13　通过 SFC 编程编写步转移条件窗口

下面输入下一个"步"。在图 4-1-13 所示的 SFC 程序编辑窗口中把光标下移到方向线底端，单击工具栏中的工具按钮 F5 或按键盘上的<F5>快捷键，弹出"SFC 符号输入"对话框，在"图形符号"下拉列表框中选择"STEP"(即"步"),在右边的文本框中输入"步"序号即可,如图4-1-14所示,单击"确定"按钮。

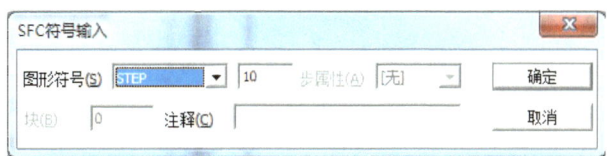

图4-1-14 在"SFC符号输入"对话框中选择图形符号并输入"步"序号

接着输入下一个"转换条件"。再次单击工具栏中的工具按钮 ![] 或按键盘上的<F5>快捷键,弹出"SFC符号输入"对话框,在"图形符号"下拉列表框中选择"TR"(即"转换条件"),在右边的文本框中输入"转换条件"序号即可,如图4-1-15所示,单击"确定"按钮。

图4-1-15 "SFC符号输入"对话框中选择图形符号并输入"转换条件"序号

这时光标将自动向下移动,此时看到"步"和"转换条件"的序号前面都有一个"?",这表示对此"步"和此"转换条件"还没有写梯形图程序,如图4-1-16所示。

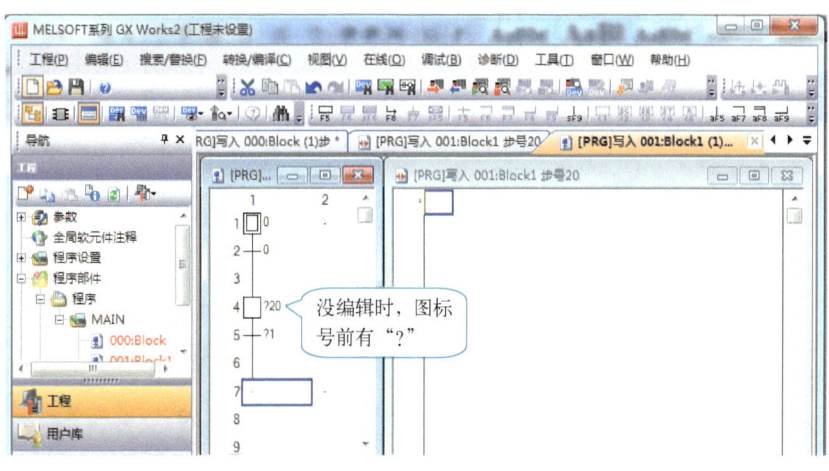

图4-1-16 有"?"表示没编辑

下面对"步"进行梯形图编程,将光标移到步符号处,即单击"20"处,此时右边的窗口变成可编辑状态。在右侧的"梯形图输入"对话框中输入梯形图,此处的梯形图是指程序运行到此步时要驱动哪些输出线圈,本例中要求"步20"驱动输出线圈Y1及T1,"转换条件1"是T1常开触点。

控制系统的一个周期程序编辑完后,要求系统能进行周期性的工作,所以在SFC程序中要有返回原点的符号。在SFC程序中用 ![] (JUMP)加目标号进行返回操作,如图4-1-17

所示。输入方法如下：把光标移到方向线的最下端→按键盘上的<F8>快捷键或者单击 按钮→在弹出的对话框中输入跳转的目的步号→单击"确定"按钮。

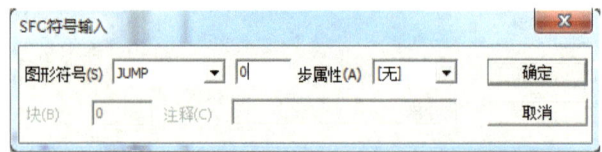

图 4-1-17 "SFC 符号输入"对话框中输入跳转符号

当输入完跳转符号后，在 SFC 编辑窗口中可以看到有的跳转返回的步的方框中多了一个小黑点儿，这说明此步是跳转返回的目标步，这也为阅读 SFC 程序提供了方便。编辑完的 SFC 程序如图 4-1-18 所示。

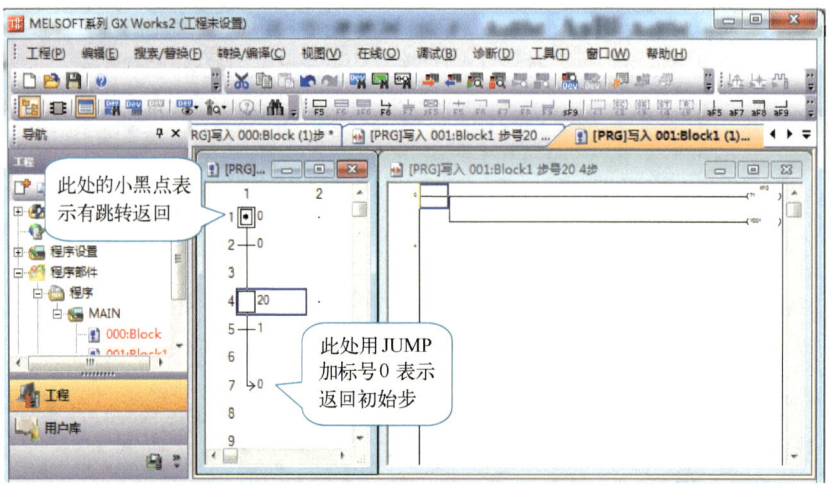

图 4-1-18 编辑完的 SFC 程序

6）转换全部程序。编写好完整的 SFC 程序后，先进行全部程序的转换，可以选择"转换/编译"→"转换（所有程序）"命令或用快捷键<Shift+Alt+F4>，只有转换全部程序后才可下载调试程序。程序转换如图 4-1-19 所示。

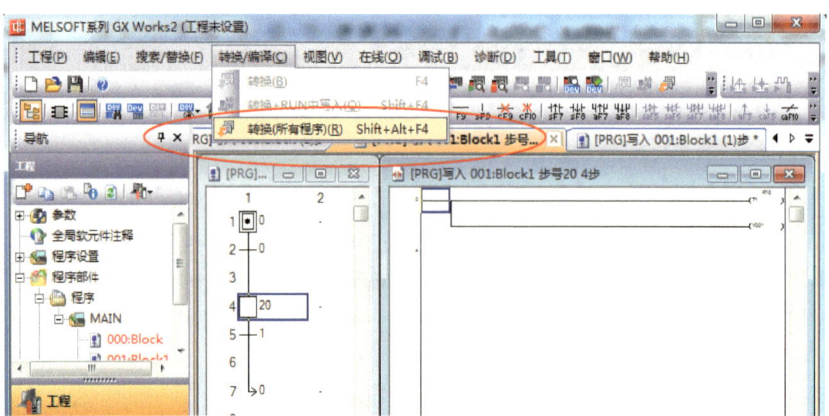

图 4-1-19 程序转换

编写好的程序可以在线调试，也可以离线仿真调试，选择"调试"菜单进行选择，可以观察编程功能是否实现，如图 4-1-20 所示。

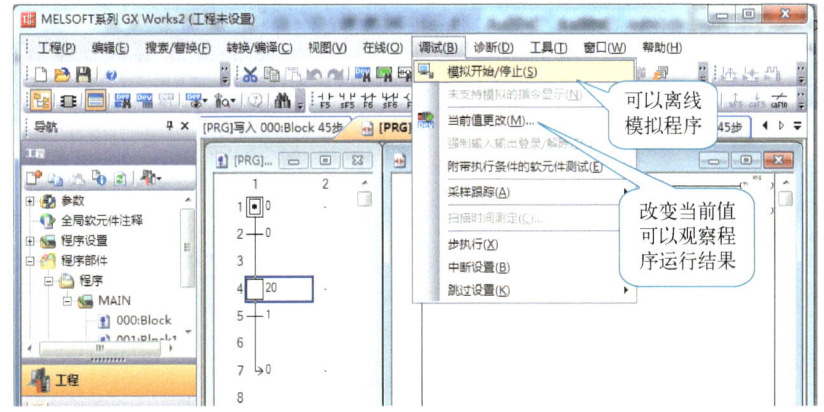

4.1.1 SFC 程序的仿真调试

图 4-1-20　程序"调试"菜单

在图 4-1-20 中，选择"调试"→"模拟开始/停止"命令后，会弹出"PLC 写入"对话框，并显示程序写入进程，如图 4-1-21 所示。程序调试监控状态如图 4-1-22 所示。

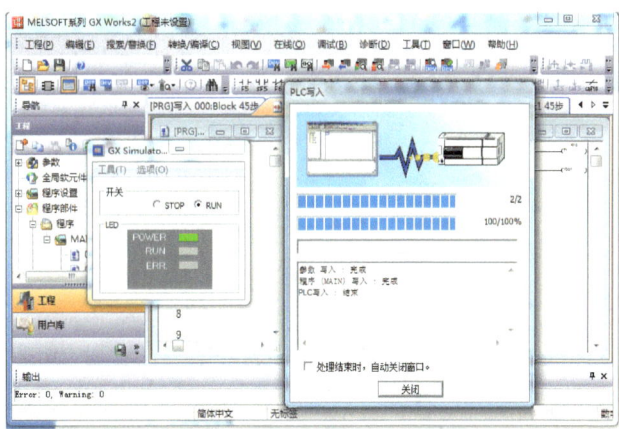

图 4-1-21　"PLC 写入"对话框

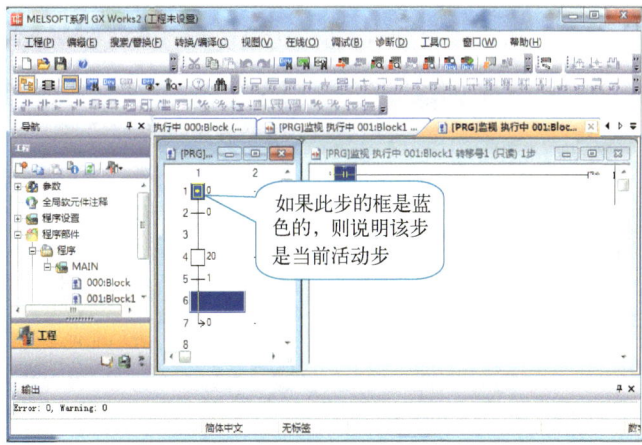

图 4-1-22　程序调试监控状态

按照 SFC 程序编写的方法编写两盏广告灯的控制程序，如图 4-1-23a 所示。先编写梯形图块的初始程序，初始条件 M8002 使初始步 S0 置 1。初始步 S0 没有驱动负载；当 X0 接通时，步 S20 被激活，使线圈 Y0 得电 1s，"欢"字亮 1s。1s 时间到后，定时器 T0 常开触点接通，步 S21 被激活，使线圈 Y1 得电 1s，"迎"字亮 1s。1s 时间到后，定时器 T1 常开触点接通，一个周期结束，开始下一个周期。上述程序也可以写为图 4-1-23b。

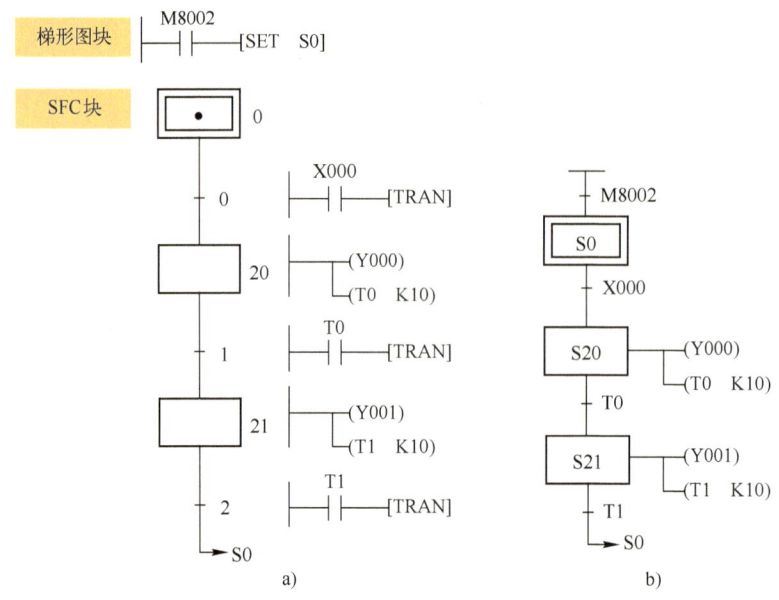

图 4-1-23 两盏广告灯的控制程序

### 5. 运行调试

按照 I/O 接线图接好外部各线，输入控制程序运行调试，观察结果。

## 4.1.2 四盏广告灯的控制

四盏广告灯的控制要求如下：
1）接通启动开关 SA。
2）广告灯"欢"亮 1s，之后熄灭。
3）广告灯"迎"亮 1s，之后熄灭。
4）广告灯"光"亮 1s，之后熄灭。
5）广告灯"临"亮 1s，之后熄灭。
6）广告灯"欢""迎""光""临"同时亮 1s。
7）广告灯"欢""迎""光""临"同时灭 1s。
8）不断重复步骤 2）~7）。

### 1. 分配 I/O 地址

I/O 地址分配见表 4-1-3。

表 4-1-3 输入/输出（I/O）地址分配表

| 输入 | | | 输出 | | |
|---|---|---|---|---|---|
| 输入点 | 输入元件 | 作用 | 输出点 | 输出元件 | 作用 |
| X0 | SA | 启动 | Y0 | 显示"欢"字的灯 H1 | 显示 |
| | | | Y1 | 显示"迎"字的灯 H2 | 显示 |
| | | | Y2 | 显示"光"字的灯 H3 | 显示 |
| | | | Y3 | 显示"临"字的灯 H4 | 显示 |

**2. 绘制 I/O 接线图**

根据 I/O 地址分配绘制接线图，如图 4-1-24 所示。

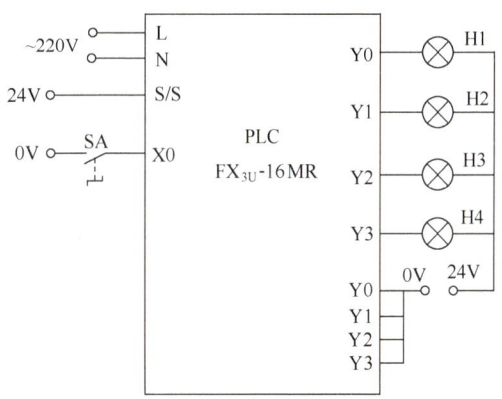

图 4-1-24 I/O 接线图

**3. 编写程序**

本任务的 SFC 控制程序如图 4-1-25 所示。

程序的前一部分（即 S24 步之前）与前一个任务的思路相同，这里重点来分析步 S24、S25。步 S24 被激活，Y0、Y1、Y2、Y3 同时得电 1 s，即"欢""迎""光""临"同时亮 1 s，当 1 s 时间到后，定时器 T4 常开触点接通，步 S25 被激活，定时器 T5 计时 1 s，即"欢""迎""光""临"同时灭 1 s。当 1 s 时间到后，定时器 T5 常开触点接通，一个周期结束，开始下一个周期。

**4. 运行调试**

按照 I/O 接线图接好外部各线，输入控制程序进行调试，观察结果。

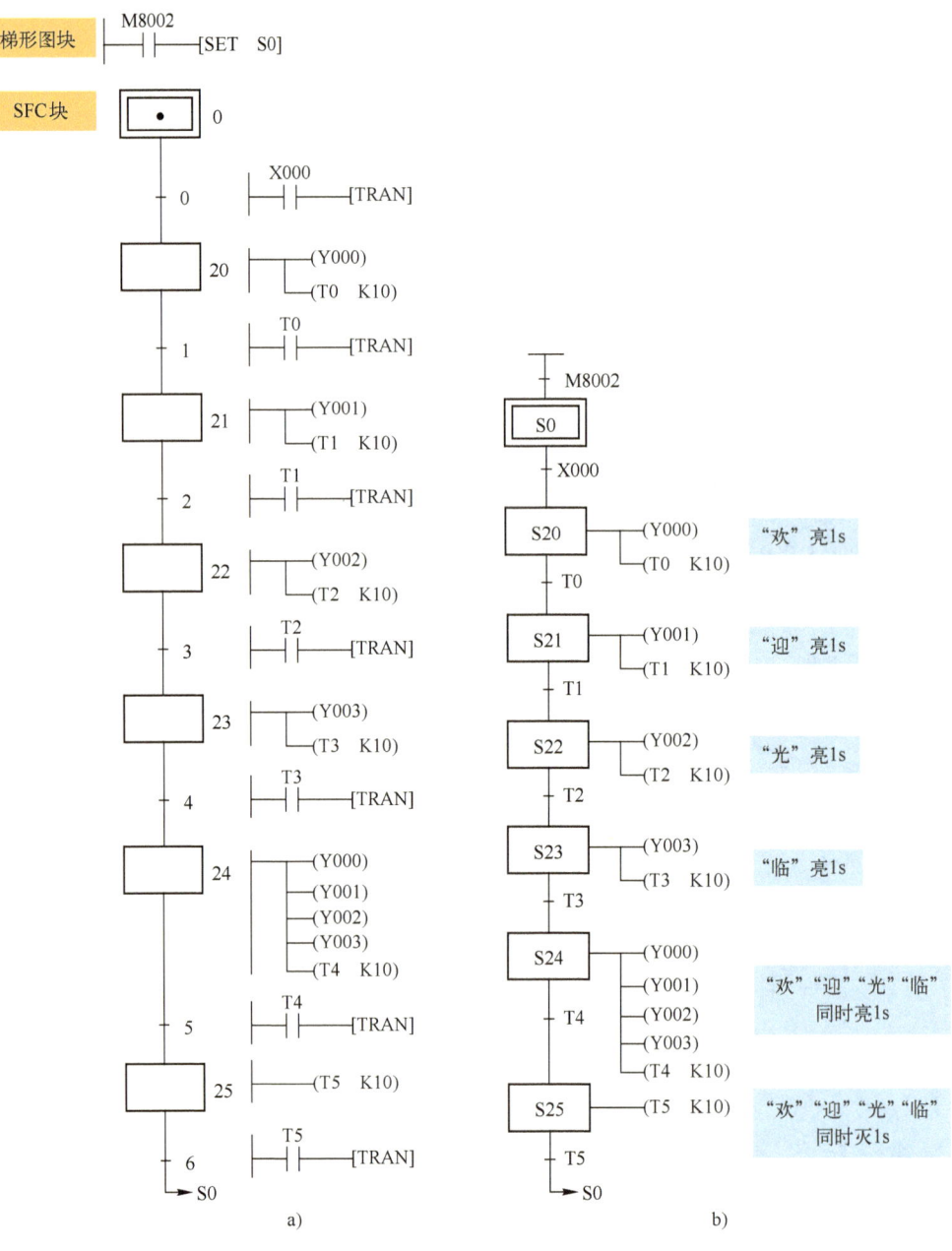

图 4-1-25 四盏广告灯的 SFC 控制程序

## 复习与提高

### 一、判断题

1. 绘制顺序功能图时，两个步绝对不能直接相连，必须用一个转换条件将它们隔开。（　）
2. SFC 程序中，同一个定时器可以在相邻的状态中使用。（　）
3. SFC 中，当某步所有的前级步均为活动步且转换条件满足时，该步才有可能成为活动步。（　）

4. SFC 图将一个控制程序分成若干状态步，每个状态步都用一个状态继电器 S 表示，由每个状态步驱动对应的负载，完成对应的动作。（　　）

5. 按照正常顺序编写 SFC 时，有向连线必须加箭头。（　　）

### 二、单项选择题

1. SFC 顺序功能图中，S0~S9 的功能是（　　）。
   A. 初始化　　　　B. 回原点　　　　C. 基本动作　　　　D. 通用型
2. SFC 程序中使用的状态元件为（　　）。
   A. X　　　　　　B. M　　　　　　C. Y　　　　　　　D. S
3. 在状态转移图中，控制过程的初始状态用（　　）来表示。
   A. 单线框　　　　B. 双线框　　　　C. 菱形框　　　　　D. 椭圆形
4. 在状态转移图中，为了使停电后再来电时能够保持原来的工作状态，应使用（　　）。
   A. S20~S499　　B. S0~S899　　　C. S900~S999　　　D. S500~S899
5. （　　）由一系列相继被激活的步组成，每一步的后面仅接一个转换，且一个转换的后面只有一个步。
   A. 单流程　　　　B. 重复　　　　　C. 选择分支　　　　D. 跳转

### 三、填空题

1. 若不用于顺序功能图或步进顺序控制，那么（　　）可作为一般的辅助继电器使用。
2. 在 SFC 中，用 M8002 作为（　　）脉冲。
3. 在 PLC 的顺序功能图中，使系统由当前步进入下一步的信号称为（　　）。

## 4.2　多路抢答器的控制——选择分支 SFC

[学习目标]
- 能用选择分支 SFC 设计多路抢答器控制程序。

[重点与难点]
- 选择分支 SFC 的应用。
- 选择分支 SFC 的编程。

4.2　多路抢答器的控制

[素养目标]
- 具有决策能力：理解不同条件下程序流程的选择与决策机制。

[课前准备]
- 复习单流程 SFC。

### 4.2.1　两路抢答器的控制

两路抢答器的控制要求如下：

1) 主持人按下"开始"按钮，1 s 后，选手可以抢答。
2) 共有两位选手，每位选手都有一个抢答按钮，某位选手按下抢答按钮时，该选手对应的指示灯亮，其他选手的抢答按钮失效。
3) 点亮的指示灯显示 3 s 后自动熄灭。
4) 印有"结束"字样的指示灯点亮 1 s。
5) 下一轮抢答重复步骤 1)~4)。

## 1. 分配 I/O 地址

端子分配前，先分析本任务的硬件设备：PLC 型号为 $FX_{3U}-16MR$，指示灯额定工作电压为直流 24 V。因此，PLC 输出端可直接连接指示灯。I/O 地址分配见表 4-2-1。

表 4-2-1 输入/输出 (I/O) 地址分配表

| 输入 | | | 输出 | | |
| --- | --- | --- | --- | --- | --- |
| 输 入 点 | 输入元件 | 作　用 | 输 出 点 | 输出元件 | 作　用 |
| X0 | SB0 | 启动 | Y0 | 指示灯 H1 | 1 号选手指示灯 |
| X1 | SB1 | 1 号抢答按钮 | Y1 | 指示灯 H2 | 2 号选手指示灯 |
| X2 | SB2 | 2 号抢答按钮 | Y2 | 指示灯 H3 | "结束"字样的指示灯 |

## 2. 绘制 I/O 接线图

根据 I/O 地址分配绘制接线图，如图 4-2-1 所示。

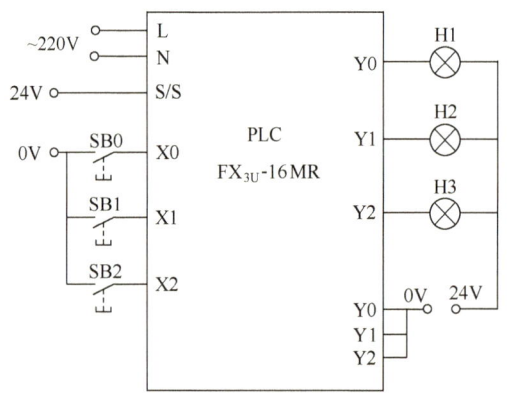

图 4-2-1 I/O 接线图

## 3. 编写程序

### 知识链接——选择分支 SFC

4.2.1 选择分支 SFC 程序的编写

对于单纯动作的顺序控制，只需单流程就足够了，但是当介入各种输入条件和操作者操作时，可以通过组合使用选择分支和并行分支流程，简单地处理复杂的条件。

选择分支 SFC：根据条件对多个工序执行选择处理用的分支。其特点为任一条件满足就转移，且只能转移一条，结尾任一条件满足合并，即从多个分支流程中选择执行某一个单支流程。

选择分支 SFC 结构示意图如图 4-2-2 所示。步 0 下面有两条分支，这两条分支只能选一条，即各分支相互排斥，任何两个分支都不会同时执行，也就是俗话说的"鱼和熊掌不可兼得"，但是不管选哪条分支，最后都"殊途同归"。

这里涉及两个专业术语。

1）分支：选择分支的开始。转换只能标在选择分支"开始"的水平线之下。每一个分支点最多允许 8 个回路。

2）合并（汇合）：选择分支的结束。转换只能标在"结束"水平线的上方。

需要注意的是，选择分支 SFC 从分支到合并有多条分支，为了避免步序号的重复，每条分支第一个步的地址编号的十位数都不同，如第 1 条分支从 21 开始编号，第 2 条分支从 31 开始编号，第 3 条分支则从 41 开始编号……以此类推。

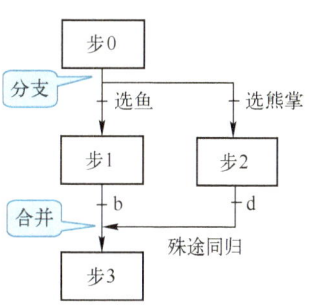

图 4-2-2 选择分支 SFC 结构示意图

按照选择分支 SFC 编程法编写两路抢答器的控制程序，如图 4-2-3a 所示。当主持人按下启动按钮后，X000 接通，激活步 S20，定时器 T0 开始计时，1s 后，T0 常开触点闭合，允许抢答。当任何一位选手抢答时，对应的抢答按钮接通，转换条件满足，PLC 就执行该条分支。以 1 号选手为例，当 X001 接通时，步 S21 被激活，使线圈 Y0 得电 3s。3s 时间到后，T1 常开触点闭合，激活步 S40，线圈 Y2 得电，即印有"结束"字样的指示灯显示 1s。当 T3 常开触点接通时，一个周期结束，开始下一个周期。上述程序也可以写为图 4-2-3b。

### 4. 运行调试

按照 I/O 接线图接好外部各线，输入控制程序进行调试，观察结果。

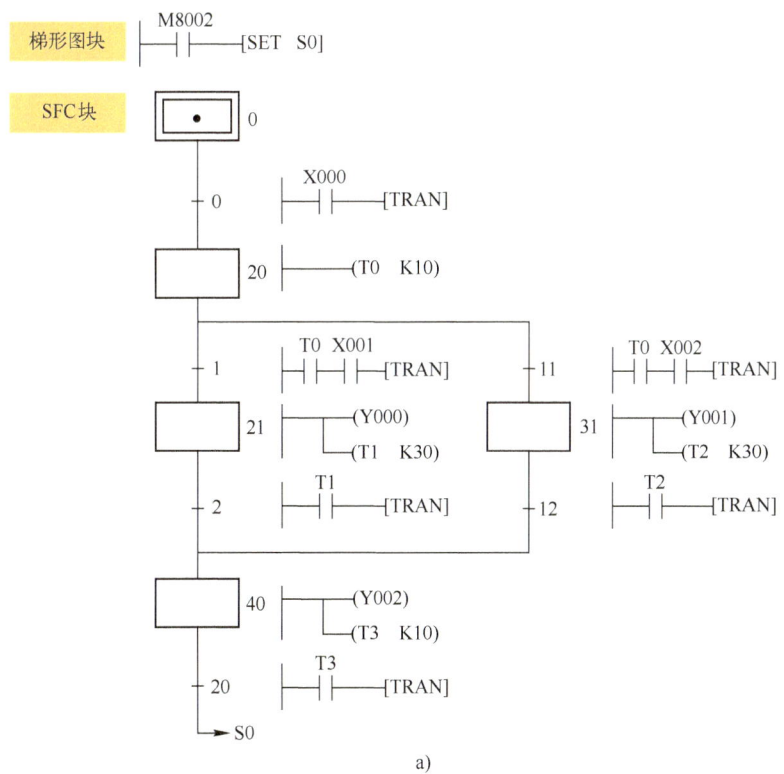

a)

图 4-2-3 两路抢答器的控制程序

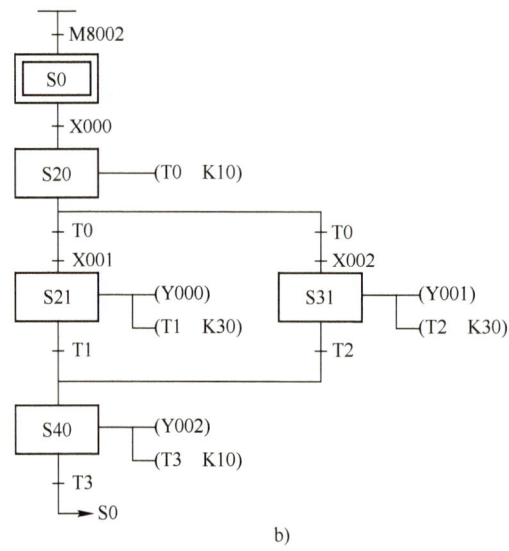

b)

图 4-2-3 两路抢答器的控制程序（续）

### 4.2.2 四路抢答器的控制

四路抢答器的控制要求如下：

1）主持人按下"开始"按钮后进入 5 s 倒计时，时间到后选手答题才有效。

2）共有 4 位选手，每位选手都有一个抢答按钮，某位选手按下抢答按钮时，该选手对应的指示灯亮，其他选手的抢答按钮失效。

3）点亮的指示灯显示 3 s 后自动熄灭。

4）印有"结束"字样的指示灯点亮 1 s。

5）下一轮抢答重复步骤 1）~4）。

**1. 分配 I/O 地址**

与 4.2.1 小节中的方法一致，I/O 地址分配见表 4-2-2。

表 4-2-2 输入/输出（I/O）地址分配表

| 输入 | | | 输出 | | |
|---|---|---|---|---|---|
| 输入点 | 输入元件 | 作用 | 输出点 | 输出元件 | 作用 |
| X0 | SB0 | 启动 | Y0 | 指示灯 H1 | 1 号选手指示灯 |
| X1 | SB1 | 1 号抢答按钮 | Y1 | 指示灯 H2 | 2 号选手指示灯 |
| X2 | SB2 | 2 号抢答按钮 | Y2 | 指示灯 H3 | 3 号选手指示灯 |
| X3 | SB3 | 3 号抢答按钮 | Y3 | 指示灯 H4 | 4 号选手指示灯 |
| X4 | SB4 | 4 号抢答按钮 | Y4 | 指示灯 H5 | "结束"字样的指示灯 |

**2. 绘制 I/O 接线图**

根据 I/O 地址分配绘制接线图，如图 4-2-4 所示。

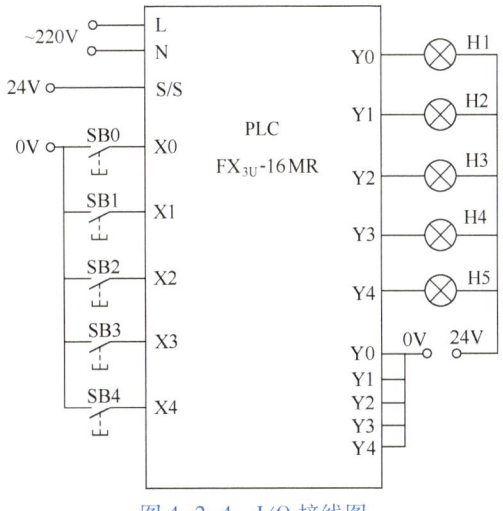

图 4-2-4 I/O 接线图

### 3. 编写程序

本任务的 SFC 控制程序如图 4-2-5 所示。

当主持人按下启动按钮后，X000 接通，激活步 S20。定时器 T0 开始倒计时，5 s 后，T0 常开触点闭合，允许抢答。当任何一位选手抢答时，对应的抢答按钮接通，转换条件满足，PLC 就执行该条分支。以 2 号选手为例，当 X002 接通时，步 S31 被激活，使线圈 Y001 得电 3 s。3 s 时间到后，T2 常开触点闭合，激活步 S60，线圈 Y004 得电，即印有"结束"字样的指示灯显示 1 s。当 T5 常开触点接通时，一个周期结束，开始下一个周期。

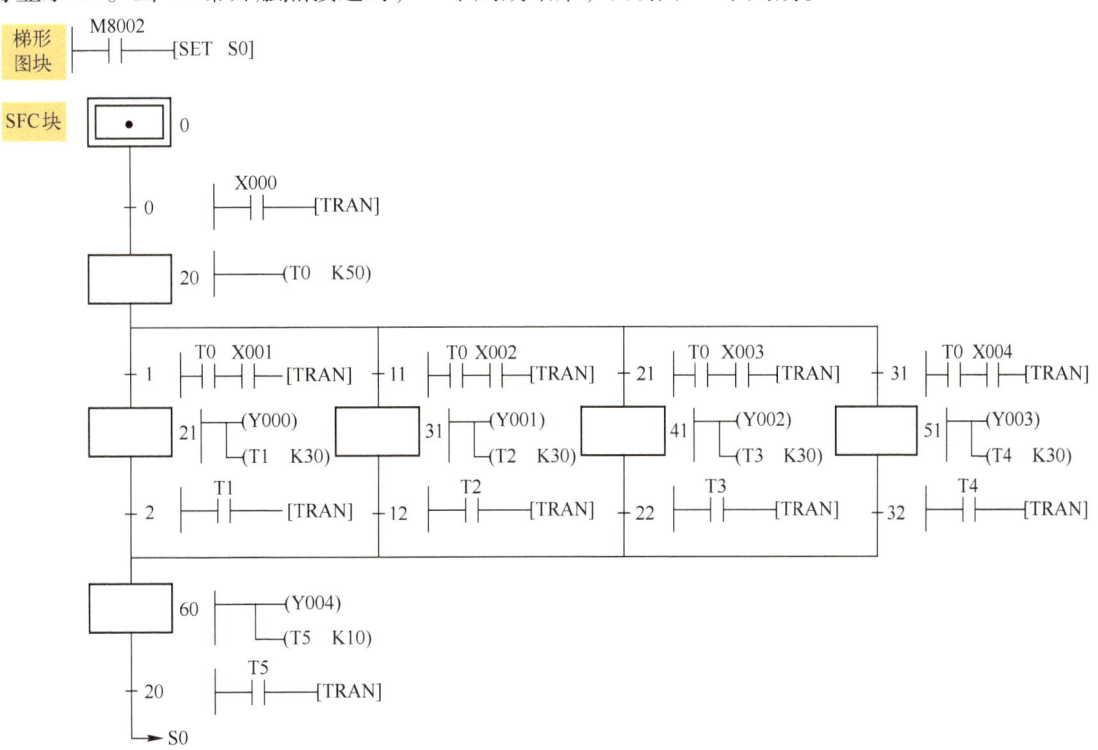

a)

图 4-2-5 四路抢答器的 SFC 控制程序

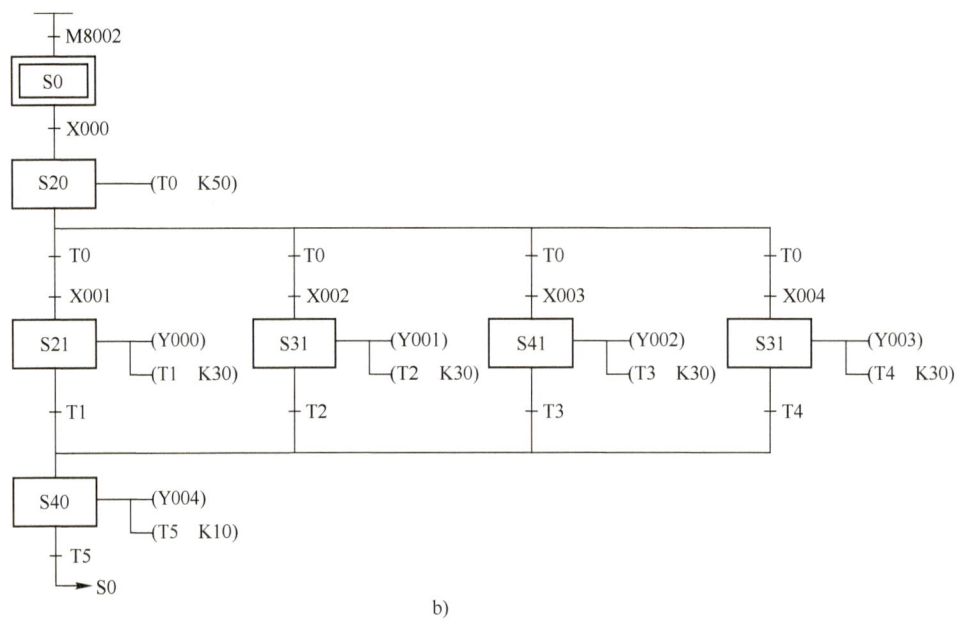

b)

图 4-2-5 四路抢答器的 SFC 控制程序（续）

**4. 运行调试**

按照 I/O 接线图接好外部各线，输入控制程序进行调试，观察结果。

## 复习与提高

### 一、判断题

1. PLC 中的选择分支是指多个流程分支可同时执行的分支流程。（　　）
2. 在选择分支 SFC 中，转移到各分支的转换条件必须是各分支之间互相排斥。（　　）

### 二、单项选择题

1. 关于顺序功能图选择分支说法错误的是（　　）。
   A. 选择分支可用于抢答器控制程序中
   B. 选择分支指在一步后有若干个单一支路等待选择，而一次仅能选择一条支路
   C. 选择分支的转换条件应标注在双水平线以内
   D. 选择分支的转换条件应标注在单水平线以内
2. 选择分支的每个分支点最多允许（　　）个回路。
   A. 2　　　　B. 4　　　　C. 8　　　　D. 16

## 4.3　十字路口交通灯的控制——并行分支 SFC

[学习目标]
- 能用并行分支 SFC 设计十字路口交通灯控制程序。

[重点与难点]
- 并行分支 SFC 的应用。
- 并行分支 SFC 的编程。

[素养目标]
- 具有实践能力：将设计的并行分支 SFC 图转换为具体的 PLC 控制程序。

4.3　十字路口交通灯的控制

[课前准备]
- 复习选择分支 SFC。

## 4.3.1 十字路口红绿交通灯的控制

十字路口红绿交通灯的控制要求如下：

十字路口红绿交通灯如图 4-3-1 所示。接通"开始"按钮，交通灯按表 4-3-1 所示的方式运行，并周而复始地循环动作。

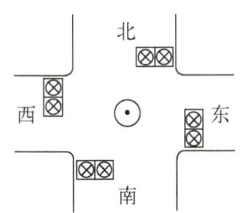

图 4-3-1 十字路口红绿交通灯

表 4-3-1 十字路口红绿交通灯运行方式

| | 信号 | 绿灯亮 | 红灯亮 |
|---|---|---|---|
| 东西 | 时间 | 5 s | 3 s |
| 南北 | 信号 | 红灯亮 | 绿灯亮 |
| | 时间 | 3 s | 5 s |

### 1. 分配 I/O 地址

端子分配前，先分析本任务的硬件设备：PLC 型号为 $FX_{3U}-16MR$，交通灯额定工作电压为直流 24 V。因此，PLC 输出端可直接连接交通灯。I/O 地址分配见表 4-3-2。

表 4-3-2 输入/输出（I/O）地址分配表

| 输入 | | | 输出 | | |
|---|---|---|---|---|---|
| 输入点 | 输入元件 | 作用 | 输出点 | 输出元件 | 作用 |
| X0 | SA | 启动 | Y0 | HG1/HG2 | 东西绿灯 |
| | | | Y1 | HR1/HR2 | 东西红灯 |
| | | | Y2 | HR3/HR4 | 南北红灯 |
| | | | Y3 | HG3/HG4 | 南北绿灯 |

### 2. 绘制 I/O 接线图

根据 I/O 地址分配绘制接线图，如图 4-3-2 所示。

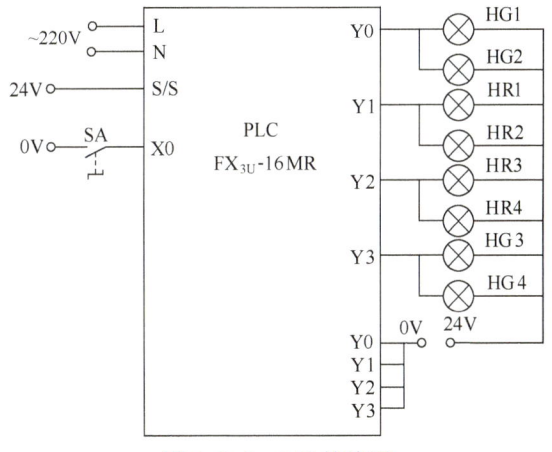

图 4-3-2 I/O 接线图

特别说明：如果信号灯的功率较大，那么一个输出继电器不能带动两盏信号灯，可以采用一个输出点驱动一盏信号灯，也可以采用输出继电器先带动中间继电器，再由中间继电器驱动信号灯。

### 3. 编写程序

4.3.1 并行分支 SFC 程序的编写

#### 知识链接——并行分支 SFC

并行分支 SFC 是同时处理多个工序用的分支。其特点为一个条件满足后，几条分支同时进行转移，结尾处各分支都满足条件才合并。

并行分支 SFC 的结构示意图如图 4-3-3 所示。步 0 下面的转换条件满足，就“兵分两路”，即这两条分支同时运行，最后“兵合一处”，满足转换条件，步 5 就被激活。“兵合一处”是步和步一起合并，不是条件进行合并。

图 4-3-3 并行分支 SFC 的结构示意图

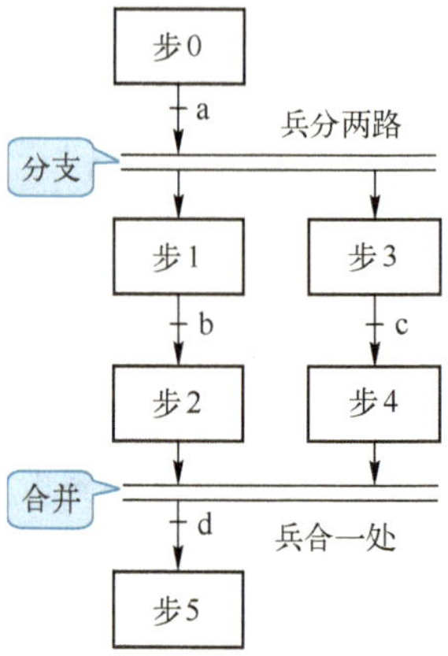

与选择分支类似，这里也涉及两个专业术语。

1）分支：并行分支的开始。转换只能标在表示开始同步实现的水平双线上方。有多个并行分支和选择分支时，从整体而言，每个初始状态中最多 16 个回路，如图 4-3-4 所示。

2）合并（汇合）：并行分支的结束。转换只能标在表示同步实现的水平双线下方。

与选择性分支结构一样，为了避免步序号的重复，每条分支第一个步的序号的十位数都不同，第一条分支从 21 开始编号，第二条分支从 31 开始编号，第三条分支则从 41 开始编号……以此类推。

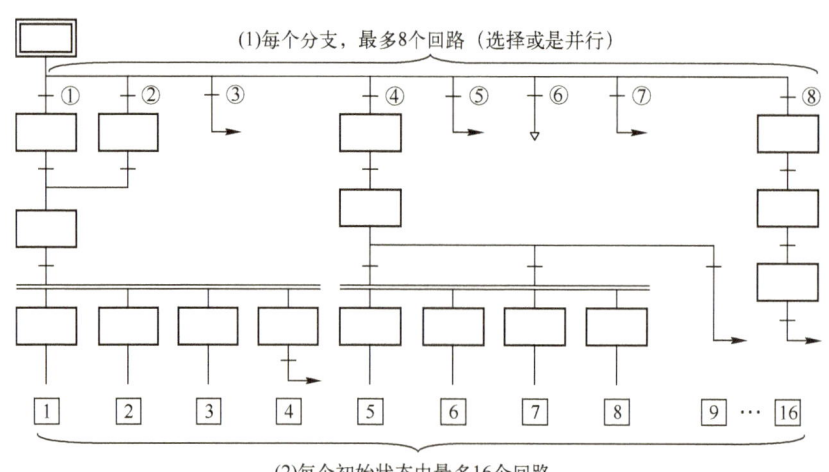

图 4-3-4 多个并行分支和选择分支

按照并行分支 SFC 程序的编写方法编写十字路口红绿交通灯的控制程序，如图 4-3-5a 或

b 所示。当 X000 接通，步 S20、S30 同时被激活，东西、南北方向的红绿灯同时运行，定时器 T1、T3 时间到后，其常开触点 T1、T3 都闭合，一个周期结束，开始下一个周期。

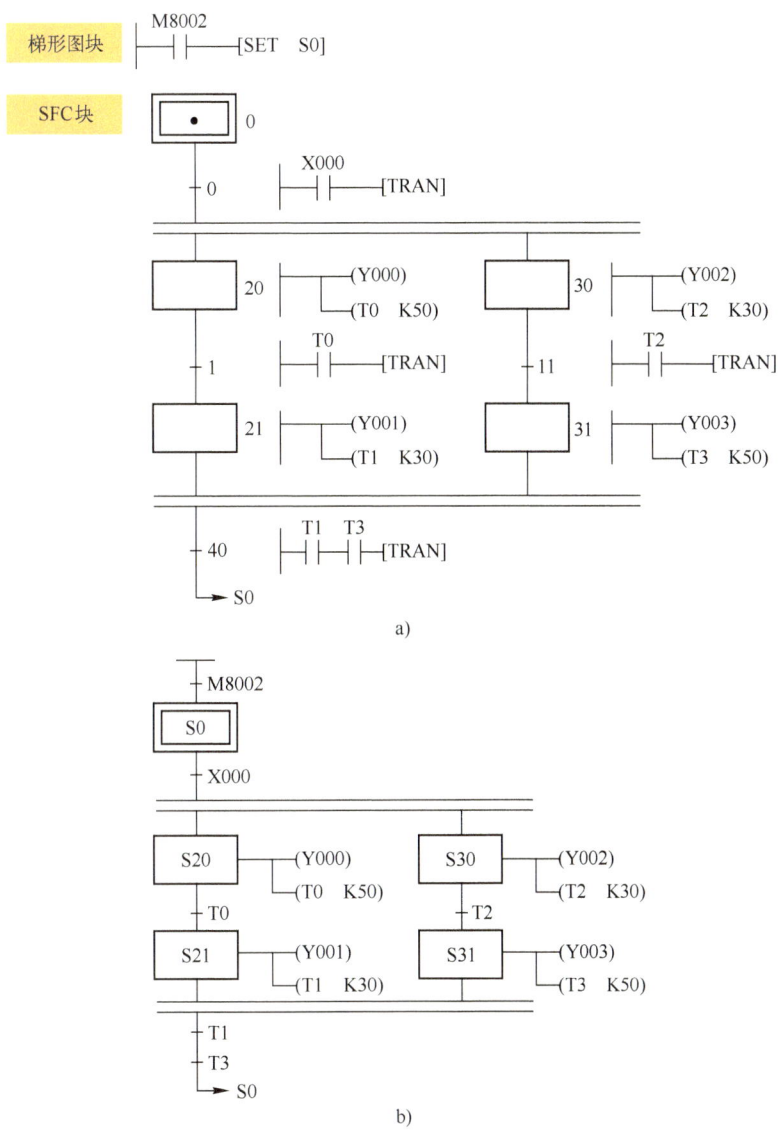

图 4-3-5 十字路口红绿交通灯的控制程序

### 4. 运行调试

按照 I/O 接线图接好外部各线，输入控制程序进行调试，观察结果。

## 4.3.2 十字路口红黄绿交通灯的控制

十字路口红黄绿交通灯如图 4-3-6 所示。接通"开始"按钮，交通灯按表 4-3-3 所示的方式运行，并周而复始地循环动作。

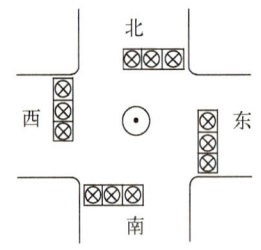

图 4-3-6 十字路口红黄绿交通灯

表 4-3-3 十字路口红黄绿交通灯运行方式

| 东西 | 信号 | 绿灯亮 | 黄灯亮 | 红灯亮 | |
|---|---|---|---|---|---|
| | 时间 | 3 s | 2 s | 5 s | |
| 南北 | 信号 | 红灯亮 | | 绿灯亮 | 黄灯亮 |
| | 时间 | 5 s | | 3 s | 2 s |

## 1. 分配 I/O 地址

端子分配前,先分析本任务的硬件设备:PLC 型号为 $FX_{3U}-16MR$,交通灯额定工作电压为直流 24 V。因此,PLC 输出端可直接连接交通灯。I/O 地址分配见表 4-3-4。

表 4-3-4 输入/输出(I/O)地址分配表

| 输入 | | | 输出 | | |
|---|---|---|---|---|---|
| 输入点 | 输入元件 | 作用 | 输出点 | 输出元件 | 作用 |
| X0 | SA | 启动 | Y0 | HG1/HG2 | 东西绿灯 |
| | | | Y1 | HY1/HY2 | 东西黄灯 |
| | | | Y2 | HR1/HR2 | 东西红灯 |
| | | | Y3 | HR3/HR4 | 南北红灯 |
| | | | Y4 | HG3/HG4 | 南北绿灯 |
| | | | Y5 | HY3/HY4 | 南北黄灯 |

## 2. 绘制 I/O 接线图

根据 I/O 地址分配绘制接线图,如图 4-3-7 所示。

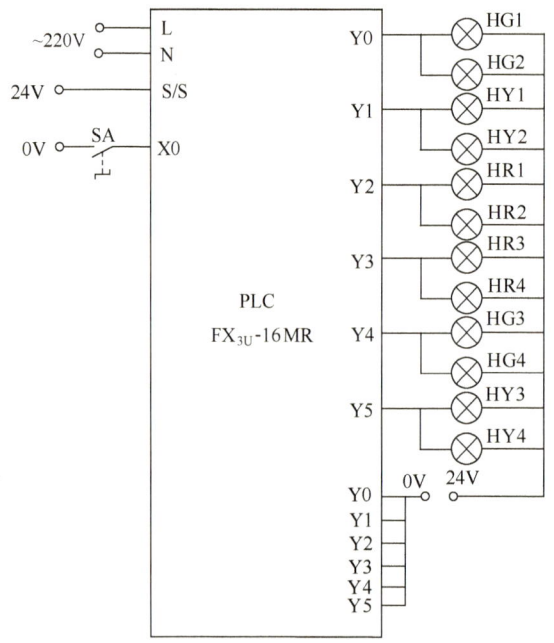

图 4-3-7 I/O 接线图

## 3. 编写程序

十字路口红黄绿交通灯的控制程序如图 4-3-8a 或 b 所示。当 X000 接通，步 S20、S30 同时被激活，东西、南北方向的红、绿、黄灯同时运行，定时器 T2、T5 时间到后，其常开触点 T2、T5 都闭合，一个周期结束，开始下一个周期。

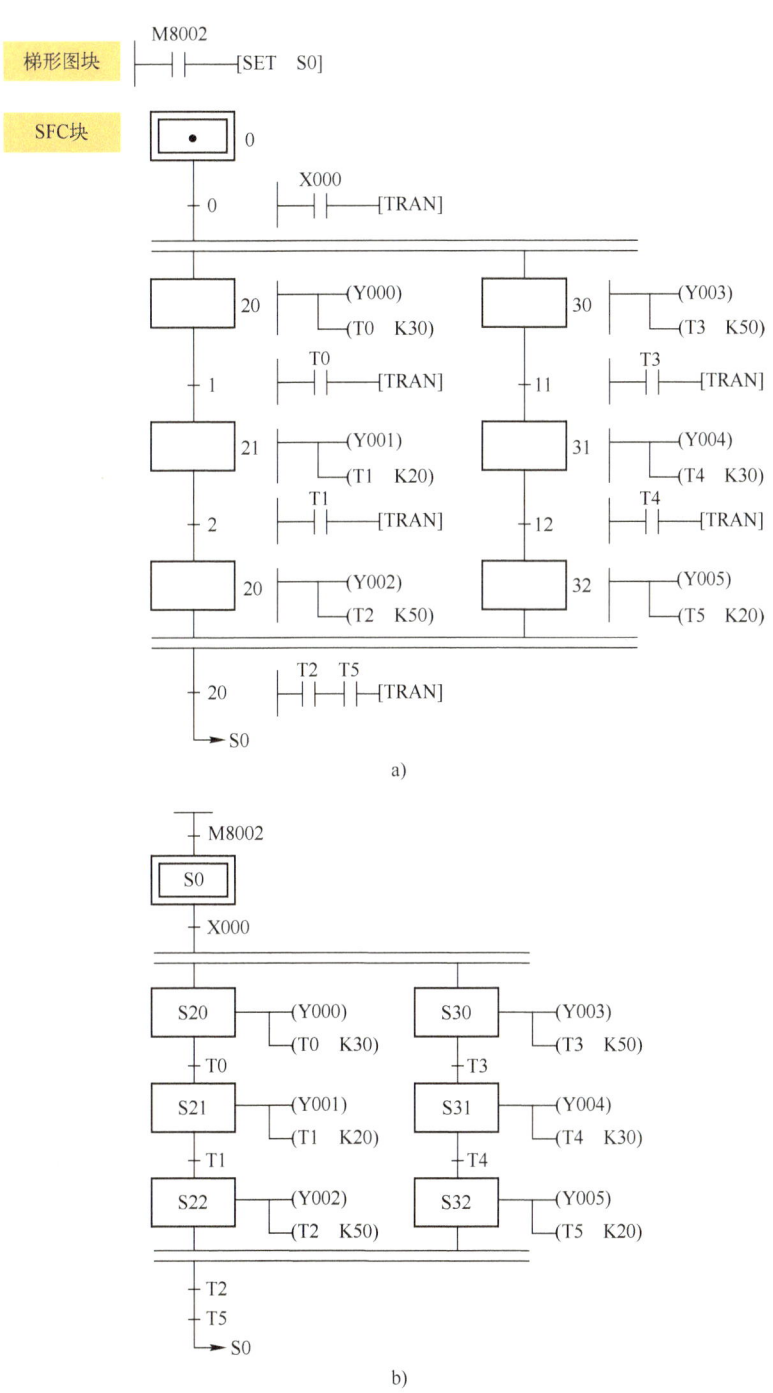

图 4-3-8 十字路口红黄绿交通灯的控制程序

**4. 运行调试**

按照 I/O 接线图接好外部各线,输入控制程序进行调试,观察结果。

 **编程练习 1:十字路口交通灯的闪烁控制**

控制要求:

十字路口交通灯如图 4-3-9 所示。接通"开始"按钮,交通灯按表 4-3-5 所示的方式运行,并周而复始地循环动作。

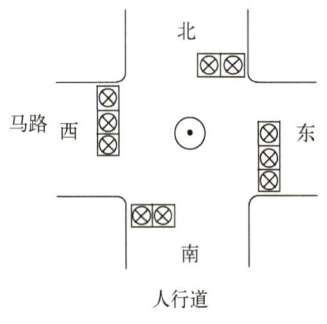

图 4-3-9 十字路口交通灯

表 4-3-5 十字路口交通灯闪烁运行方式

| 东西马路 | 信号 | 绿灯亮 | 黄灯亮 | 红灯亮 |
|---|---|---|---|---|
|  | 时间 | 5 s | 3 s | 8 s |
| 南北人行道 | 信号 | 红灯亮 | 绿灯亮 | 绿灯闪 |
|  | 时间 | 8 s | 5 s | 3 s |

 **编程练习 2:十字路口红黄绿交通灯的闪烁控制**

控制要求:

十字路口红黄绿交通灯如图 4-3-6 所示。接通"开始"按钮,交通灯按表 4-3-6 所示的方式运行,并周而复始地循环动作。

表 4-3-6 十字路口红黄绿交通灯闪烁运行方式

| 东西 | 信号 | 绿灯亮 | 绿灯闪 | 黄灯亮 | 红灯亮 | | |
|---|---|---|---|---|---|---|---|
|  | 时间 | 5 s | 3 s | 4 s | 12 s | | |
| 南北 | 信号 | 红灯亮 | | | 绿灯亮 | 绿灯闪 | 黄灯亮 |
|  | 时间 | 12 s | | | 5 s | 3 s | 4 s |

## 复习与提高

一、判断题

1. PLC 顺序功能图中的并行分支是指多个工序可同时执行的一种结构。( )
2. PLC 顺序功能图中的并行分支在编写转换条件前就可以进行转移。( )
3. 图 4-3-10a、b、c 所示的 3 个 SFC 程序分别是单流程、并行分支、选择分支。( )

二、单项选择题

( ) 是转换条件满足时,同时执行几个分支,当所有分支都执行结束后,若转换条件满足,则再转向汇合状态。

　　A. 选择分支　　　　B. 并行分支　　　　C. 跳转　　　　D. 循环

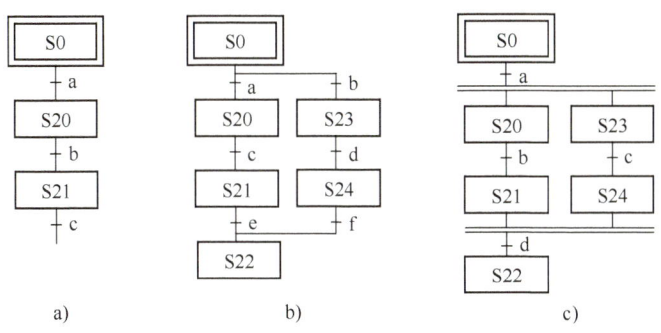

图 4-3-10 判断题 3 的图

## 素养小栏目

知行合一、德技并修：PLC 编程中的工匠精神与职业素养

在 PLC 程序编制的过程中，不仅追求技术的精湛，更注重职业素养的培养。知行合一、德技并修，是不懈追求的目标。

**1. 精益求精的工匠精神**

工匠精神是对技术精益求精、追求卓越的态度的体现。在 PLC 编程中，这种精神激励编程者不断优化程序结构，提高程序的稳定性和效率。在编程过程中，编程者要关注程序的每一个细节，以确保程序的正确性和可靠性，并且始终保持对程序的持续优化和改进，追求最佳的控制效果和性能。

**2. 严谨细致的职业素养**

职业素养是人们在职业生涯中必须具备的品质。在 PLC 编程中，严谨细致的职业素养对于确保程序的质量和稳定性至关重要。

应遵循 PLC 编程的规范和标准，以确保程序结构清晰、易于维护。在程序编制完成后，进行严格的测试和验证，以确保程序的正确性和稳定性。

**3. 知行合一、理论与实践相结合**

在 PLC 编程中，编程者应注重将程序设计的理论知识（如指令集、编程逻辑等）融入编程实践中。通过不断的实践，编程者能够加深对理论知识的理解，同时也能够将理论知识转化为实际的编程技能。

总之，"知行合一、德技并修"是 PLC 编程中必须秉持的理念。编程者应培养精益求精的工匠精神和严谨细致的职业素养，将理论知识与实践相结合，不断提高自己的编程水平，为社会贡献更多的价值。

# 模块5 PLC综合应用

在现代工业生产中，PLC已成为自动化控制系统的核心。PLC不仅具有高度的灵活性和可编程性，而且能够实现对各种工业设备和生产过程的精确控制。为了帮助读者全面掌握PLC的应用技能，本模块将围绕PLC综合应用展开介绍，通过一系列的任务和实践操作，将理论与实践相结合，为读者提供一个系统的学习平台。

## 5.1 自动门控制系统设计与装调

[学习目标]
- 能根据自动门实训装置及控制要求设计并绘制一套自动门控制系统原理图，根据原理图装接电路并通电试车。

5.1 自动门控制系统设计与装调

[重点与难点]
- 自动门控制系统原理图的设计。

[素养目标]
- 具有查阅资料的能力：根据自动门控制要求查阅相关元器件的特点及其使用方法。
- 具有团队协作与沟通能力：根据任务要求，合理分配任务并协作执行。

[课前准备]
- 复习PLC控制系统设计的基本步骤和方法。

### 1. 任务内容

目前，许多公共场合都采用了自动门，自动门在商业场所中的应用非常普遍，如商场、饭店、银行等。自动门可以提供无障碍的通行方式，方便顾客和员工进出，提高了工作效率。同时，它还可以根据人流量来自动调整开关速度，以提高通行效率。

基于以上应用场景，根据控制要求设计并绘制一套自动门控制系统原理图，根据原理图装接电路，编程调试。

### 2. 自动门控制系统实训装置

（1）自动门供电电源系统

自动门控制系统实训装置如图5-1-1所示，总电源采用220 V、50 Hz的交流电。总开关采用德力西断路器，控制设备总电源的通断。此外，实验装置采用了开关电源，将交流220 V转换为直流24 V，供系统中的中间继电器、指示灯等弱电电路使用。

（2）自动门驱动系统

本实训装置驱动系统框图如图5-1-2所示，由PLC、中间继电器、直流电动机、涡轮减速机和自动门组成。

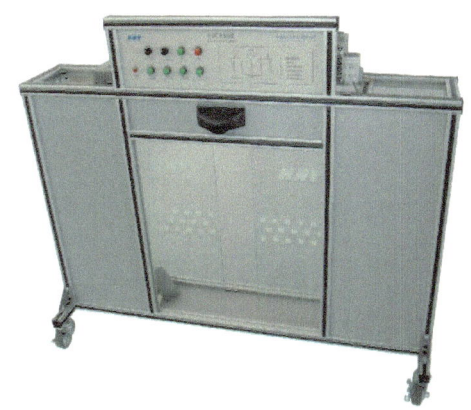

图 5-1-1　自动门控制系统实训装置

图 5-1-2　自动门控制驱动系统框图

本系统使用的 PLC 型号为三菱 $FX_{3U}$-32MR，具有 16 点输入、16 点继电器输出。

本系统使用 OMROM 型号为 MY4NJ/DC24V 的中间继电器，该中间继电器共有 14 个触头，用于增加外部开关量触点的数量及容量，能灵敏地对电压变化做出反应。该中间继电器接收 PLC 的信号，控制电动机的正反转。

本系统采用宁波中大直流电动机，如图 5-1-3 所示。该电动机的型号为 Z2D30-24A，额定功率为 30 W，工作电压为 24 V，额定转速为 2000 r/min。

涡轮减速机是一种动力传达机构，利用齿轮的速度转换器，将电动机的转速减速到所需的转速，并提高转矩的机构。本装置中，两台直流电动机分别驱动涡轮减速机，涡轮减速机带动皮带控制自动门的运动。

图 5-1-3　直流电动机

（3）主要传感器

自动门主要传感器如图 5-1-4 所示。

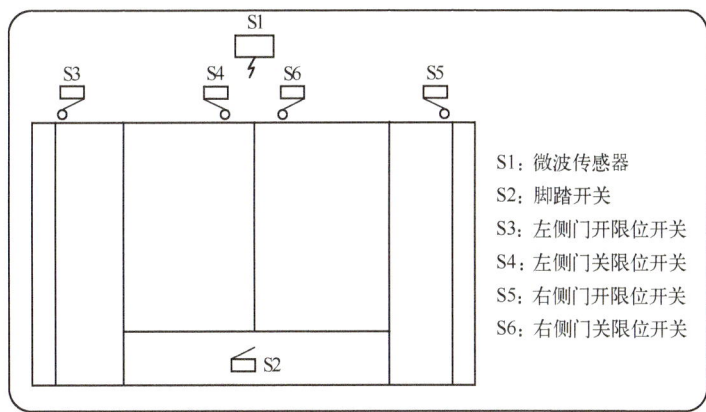

图 5-1-4　自动门主要传感器

1)微波传感器。微波传感器如图 5-1-5 所示,为图 5-1-4 中的 S1。微波传感器在工作时发射电磁波并接收反射回来的电磁波。当检测区域出现移动物体的时候,由于多普勒效应反射回来的电磁波变得杂乱,则输出一个信号。

微波传感器只能对物体的移动进行反应,因而反应速度快,适用于行走速度正常的人员通过的场所。一旦门附近的人员不想出门而静止不动,便不再反应,自动门就会关闭,有可能出现夹人现象。

微波传感器的输入/输出接线图如图 5-1-6 所示。其中,电源输入采用直流 24 V。

图 5-1-5　微波传感器

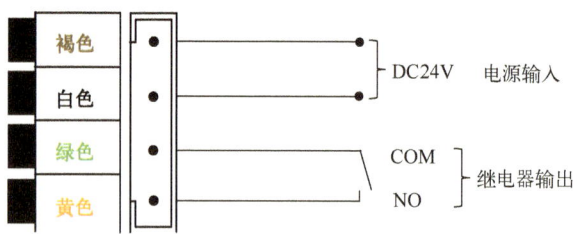
图 5-1-6　输入/输出接线图

2)脚踏开关。S2 为脚踏开关,如图 5-1-7 所示。脚踏开关是一种通过脚踩或脚踏来控制电路通断的开关,使用在双手不能触及的控制电路中以代替双手达到操作的目的。

在本实训装置中,脚踏开关作为自动门内的控制开关,对自动门进行控制。

3)接触式行程开关。本任务中,S3 为左侧门开限位开关,S4 为左侧门关限位开关,S5 为右侧门开限位开关,S6 为右侧门关限位开关。S3、S4、S5、S6 都是接触式行程开关,如图 5-1-8 所示。

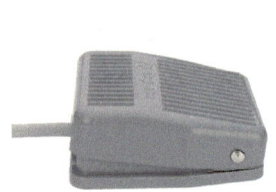
图 5-1-7　脚踏开关

图 5-1-8　接触式行程开关

接触式行程开关利用生产机械运动部件的碰撞使其触头动作来实现接通或分断控制电路,达到一定的控制目的。通常,这类开关被用来限制机械运动的位置或行程,使运动机械按一定位置或行程自动停止。

(4)控制面板。

控制面板有 1 个电源指示灯和 8 个开关,如图 5-1-9 所示。其开关特点如下。

① 手动/自动(MANUAL/AUTO):转换开关。

② 全开/半开(PULL/HALF):转换开关。

③ 起动(START):按钮。

④ 停止(STOP):按钮。

⑤ 左侧门开(LEFT OPEN):按钮。

⑥ 左侧门关(LEFT CLOSE):按钮。

⑦ 右侧门开（RIGHT OPEN）：按钮。
⑧ 右侧门关（RIGHT CLOSE）：按钮。

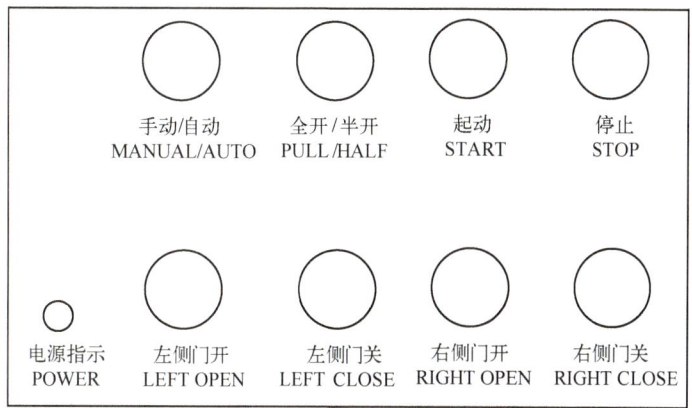

图 5-1-9　自动门实验设备控制面板

### 3. 控制要求

自动门控制分为手动、自动两种模式和半开、全开两种运行方式。具体控制要求如下。

（1）手动模式

将"手动/自动"选择开关拨到"手动"，进入手动模式。

当按下"左侧门开"按钮，左侧门自动打开；当左侧门开到位，立即停止。

当按下"左侧门关"按钮，左侧门自动关闭；当左侧门关到位，立即停止。

当按下"右侧门开"按钮，右侧门自动打开；当右侧门开到位，立即停止。

当按下"右侧门关"按钮，右侧门自动关闭；当右侧门关到位，立即停止。

（2）自动模式/全开方式运行

"手动/自动"模式选择开关拨到"自动"，"半开/全开"选择开关拨到"全开"，自动门系统进入自动模式，全开运行方式。

按下"启动"按钮，自动门闭合后，自动控制系统正式启动。左右门关闭，关门到位后计时 3 s。

在门内部踩下"脚踏开关"或门外有物体靠近时，两扇门会同时自动打开，保持 4 s 后，自动关闭。如果在 4 s 内再次踩下"脚踏开关"或门外有物体靠近，则重新计时，4 s 后关门。

关门时若踩下"脚踏开关"或门外有物体靠近，则门自动打开。打开后的动作与上同。

（3）停止

在任何情况下按下"停止"按钮，所有动作都会停止。

### 4. 技术条件

本任务的技术条件如下：

1）测试台提供 AC220 V 电源。

2）中间继电器、指示灯：$U_N$ = DC24 V。

3）PLC、开关电源：$U_N$ = AC220 V。

## 5. 评分标准

本任务评分明细见表 5-1-1。

表 5-1-1 任务评分明细

| 序号 | 主要内容 | 考核要求 | 评分标准 | 配分 | 考核要点 |
|---|---|---|---|---|---|
| 1 | 电路设计 | 1）根据提出的电气控制要求，正确绘出电路图<br>2）按所设计的电路图，提出主要材料单、线号统计表 | 1）电路设计出现 1 处错误，扣 5 分<br>2）电路绘制不符合标准，每处扣 1 分<br>3）主要材料单、工具单有误，每处扣 1 分 | 30 | 节能减排：在电路设计和装接过程中，注重节能减排，减少不必要的能耗，提高能源利用效率 |
| 2 | 元件安装 | 1）按图纸的要求，正确使用工具和仪表，熟练地安装电气元器件<br>2）元件在配电板上布置要合理，安装要准确紧固<br>3）按钮固定在板上 | 1）元件布置不整齐、不匀称、不合理，每处扣 1 分<br>2）元件安装不牢固、安装元件错误，每处扣 1 分<br>3）安装时漏装螺钉，每处扣 1 分<br>4）损坏元件或工具，每个扣 2 分 | 10 | |
| 3 | 布线工艺 | 1）要求美观、紧固、无毛刺、节能，导线要放进线槽<br>2）线标标注符合标准<br>3）电源和电动机配线、按钮接线要接到端子排上<br>4）强电回路和弱电回路进行区分 | 1）有导线未放进线槽，每处扣 0.5 分<br>2）线标标注不符合标准，每处扣 0.5 分<br>3）强电回路和弱电回路未进行区分，扣 2 分<br>4）接线不牢固，每处扣 0.5 分<br>5）接点松动、接头露铜过长、反圈、压绝缘层，每处扣 0.5 分<br>6）损伤导线绝缘或线芯，每根扣 0.5 分 | 25 | |
| 4 | 通电试验 | 在保证人身和设备安全的前提下，要求通电试验一次成功 | 1）信号灯运行正常，但未按电路图接线，扣 2 分<br>2）启动后出现电源短路或烧坏元器件，该项 0 分<br>3）一次试验不成功扣 10 分；二次试验不成功扣 20 分；三次试验不成功扣 30 分 | 30 | 安全生产：在试验过程中，严格按照操作规程进行，确保每一步操作都准确无误 |
| 5 | 工具使用/工位整理 | 能够按照电工作业标准正确使用工具与仪器，整理工位 | 使用不规范，根据情况酌情扣分<br>整理不规范，根据情况酌情扣分 | 5 | 规范操作、责任担当：正确使用 PLC 编程软件、装调工具；完成试验后，对工位进行整理和清洁，确保工作环境整洁有序 |
| 6 | 创新 | 可在系统功能、稳定性与可靠性方面对自动门控制系统进行创新，如是否具备自动开关、手动控制、安全感应等多种功能，并且这些功能是否新颖且实用；控制系统是否具备较强的抗干扰能力，能够在复杂环境中稳定运行；当系统出现故障时，是否具备自动诊断、报警和自恢复等功能，确保门的正常运行 | 每个创新点+5 分 | | 创新应用：探索 PLC 技术的创新应用，提出新颖的解决方案，实现技术创新和工程应用优化 |

（续）

| 序号 | 主要内容 | 考核要求 | 评分标准 | 配分 | 考核要点 |
|---|---|---|---|---|---|
| 7 | 安全文明 | | 发现有重大事故隐患时，要立即予以制止，并扣安全文明生产分10分；如未经老师允许擅自通电，扣30分；未经允许擅自通电产生安全事故，扣50分 | | |
| | | 合计 | | 100 | |

注：前6项每项最低分为0分，第6项对应附加分（附加分上限为10分），第7项为倒扣分。

**6. 任务实施**

**（1）分配 I/O 地址**

I/O 地址分配见表 5-1-2。

表 5-1-2 输入/输出（I/O）地址分配表

| 输入 | | | 输出 | | |
|---|---|---|---|---|---|
| 输入点 | 输入元件 | 作用 | 输出点 | 输出元件 | 作用 |
| X0 | SA1 | 手动/自动切换 | Y0 | H | 电源指示 |
| X1 | SA2 | 全开/半开切换 | Y1 | KA1 | 左侧门开 |
| X2 | SB1 | 起动 | Y2 | KA2 | 左侧门关 |
| X3 | SB2 | 停止 | Y3 | KA3 | 右侧门开 |
| X4 | SB3 | 脚踏开关 | Y4 | KA4 | 右侧门关 |
| X5 | SB4 | 左开 | | | |
| X6 | SB5 | 左关 | | | |
| X7 | SB6 | 右开 | | | |
| X10 | SB7 | 右关 | | | |
| X11 | M | 微波传感器 | | | |
| X12 | SQ1 | 左开到位 | | | |
| X13 | SQ2 | 左关到位 | | | |
| X14 | SQ3 | 右开到位 | | | |
| X15 | SQ4 | 右关到位 | | | |

**（2）设计电路原理图**

1）设计主电路。本任务的主电路为直流电动机正反转电路，电路原理图如图 5-1-10 所示。

2）设计电源电路。本任务的电源电路主要为系统中的 PLC 和开关电源提供工作电源，电路原理图如图 5-1-11 所示。

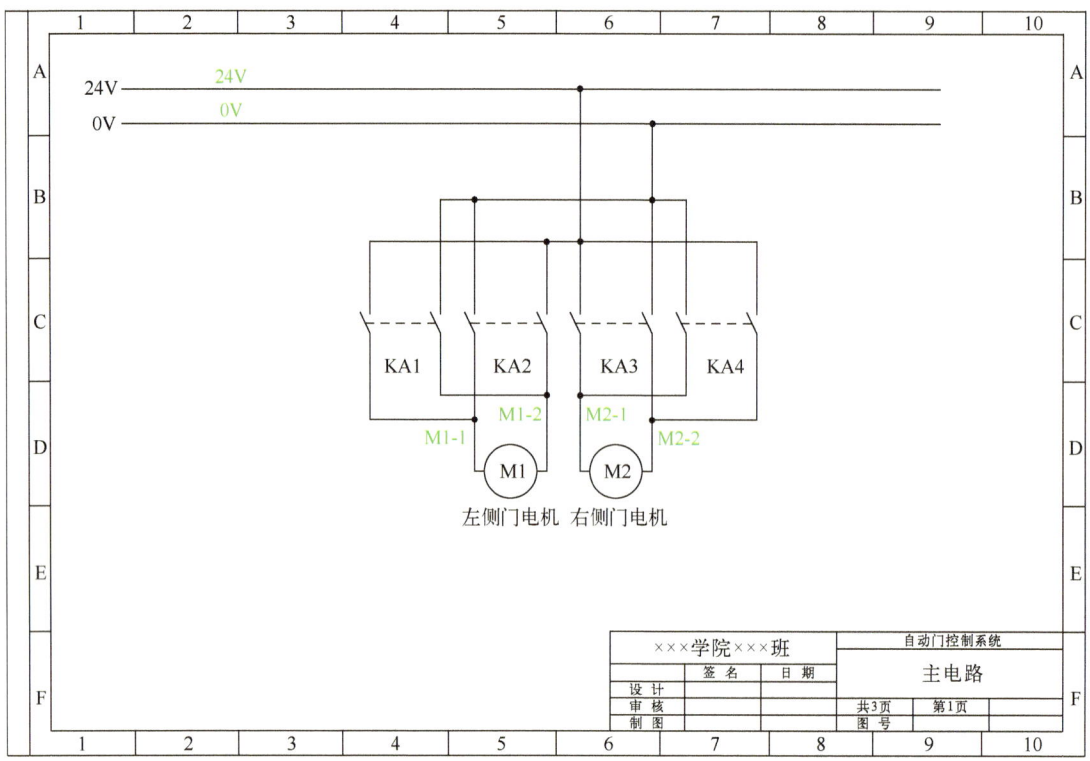

图 5-1-10　主电路原理图

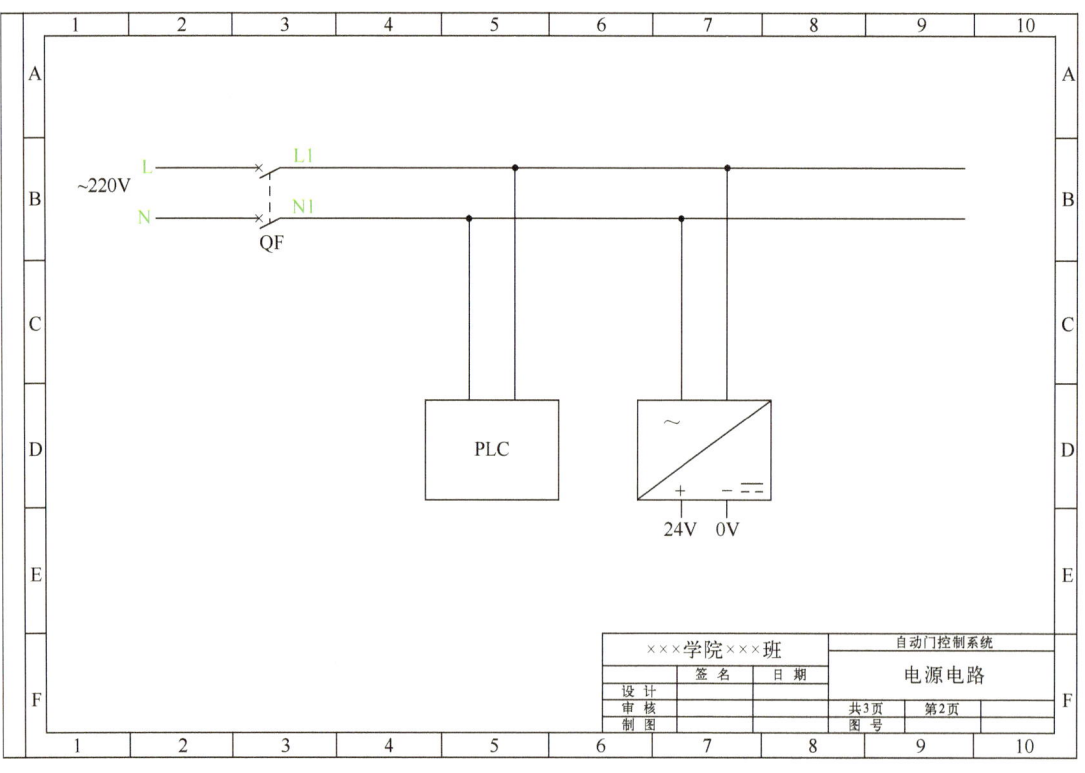

图 5-1-11　电源电路原理图

3）设计 PLC 输入/输出（I/O）电路。本任务选用的 PLC 为 FX₃ᵤ-32MR，其输入/输出（I/O）电路如图 5-1-12 所示。

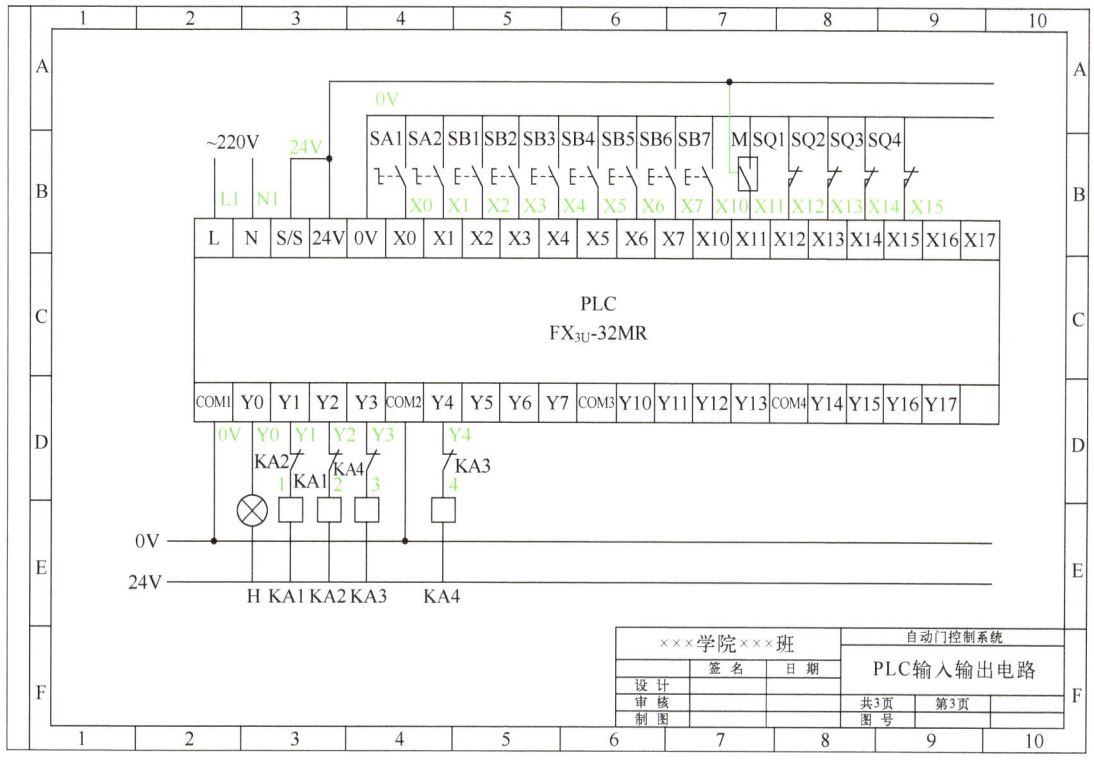

图 5-1-12　PLC 输入/输出（I/O）电路

（3）设计程序

本任务的参考程序如图 5-1-13 所示。

（4）统计元器件及线号

1）列出元器件清单。根据设计的电路原理图汇总任务所需元器件，见表 5-1-3。

表 5-1-3　元器件汇总表

| 序　号 | 元件名称 | 符　号 | 型　号 | 数　量 |
|---|---|---|---|---|
| 1 | 断路器 | QF | DZ47LE-1P+N | 1 |
| 2 | 直流电动机 | M | Z2D30-24A | 2 |
| 3 | 可编程控制器 | PLC | FX₃ᵤ-32MR | 1 |
| 4 | 开关电源 | U | EDR-120-24 | 1 |
| 5 | 转换开关 | SA | NP4-11X/21 | 2 |
| 6 | 按钮 | SB | LAY39B-11BN | 7 |
| 7 | 脚踏开关 | JT | EKW5AB | 1 |
| 8 | 微波传感器 | M | cumu204G | 1 |
| 9 | 行程开关 | SQ | LXW5-11G | 4 |
| 10 | 中间继电器 | KA | OMROM/MY4NJ | 4 |
| 11 | 指示灯 | H | ND16-22DS/2　36 V | 1 |

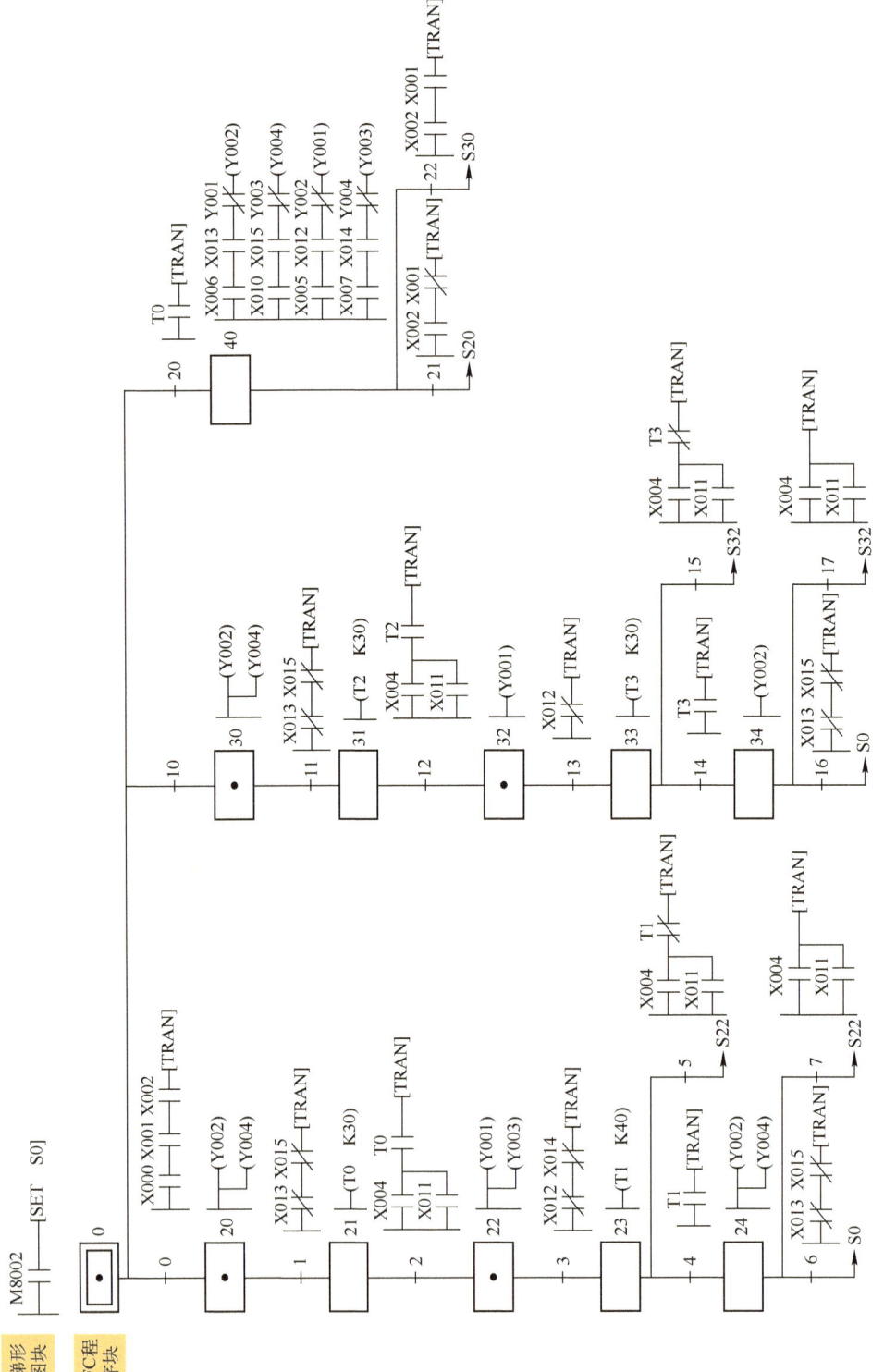

图 5-1-13 自动门控制参考程序

2）填写线号统计表。根据设计的电路原理图汇总电路导线的线号，见表 5-1-4。

表 5-1-4 线号统计表

| 序号 | 线号名称 | 数量 | 序号 | 线号名称 | 数量 | 序号 | 线号名称 | 数量 |
|---|---|---|---|---|---|---|---|---|
| 1 | 24 V | 22 | 12 | X1 | 2 | 23 | X14 | 2 |
| 2 | 0 V | 40 | 13 | X2 | 2 | 24 | X15 | 2 |
| 3 | M1-1 | 4 | 14 | X3 | 2 | 25 | Y0 | 2 |
| 4 | M1-2 | 4 | 15 | X4 | 2 | 26 | Y1 | 2 |
| 5 | M2-1 | 4 | 16 | X5 | 2 | 27 | Y2 | 2 |
| 6 | M2-2 | 4 | 17 | X6 | 2 | 28 | Y3 | 2 |
| 7 | L | 2 | 18 | X7 | 2 | 29 | Y4 | 2 |
| 8 | N | 2 | 19 | X10 | 2 | 30 | 1 | 2 |
| 9 | L1 | 4 | 20 | X11 | 2 | 31 | 2 | 2 |
| 10 | N1 | 4 | 21 | X12 | 2 | 32 | 3 | 2 |
| 11 | X0 | 2 | 22 | X13 | 2 | 33 | 4 | 2 |

（5）装调电路

1）检测元器件。用万用表检测项目所需的所有可检测的元器件。

2）布局元器件。将元器件固定于电路板的导轨上面，按照电气元件布局原则进行布局。

3）装接与调试。根据电路原理图，按照电源电路、主电路、PLC 输入/输出电路的顺序进行装接。前两部分电路每接完一部分后进行通电测试，PLC 输入/输出电路先装接，写入程序后进行通电测试。最后进行整机联调。

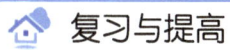 复习与提高

简答题

1. 简述微波传感器的工作原理。
2. 简述 PLC 控制系统设计步骤。
3. 简述 PLC 控制系统装调步骤。

## 5.2 双轴运料单元控制系统设计与装调

[学习目标]

- 能根据双轴运料单元实训装置及控制要求设计并绘制双轴运料单元控制系统原理图，根据原理图装接电路并通电试车。

5.2 双轴运料单元控制系统设计与装调

[重点与难点]

- 双轴运料单元控制系统原理图的设计。

[素养目标]

- 具有系统设计与调试能力：根据双轴运料单元控制系统的要求分组完成 PLC 系统的设计与调试。
- 具有职业素养与安全意识：增强安全意识，在操作中严格遵守操作规程和安全规范。

[课前准备]
- 复习传感器的工作原理及其与 PLC 的连接方式。

### 1. 任务内容

双轴运料设备广泛应用于各个领域,其主要作用是依靠双轴的旋转将物料从一个地方转运到另一个地方,对其实现一定的加工后,再由同一搬运机构运至另一处进行不同工序的加工,然后回到元件库,放置已被加工的元件,重新去毛坯进行相同的加工工序。这种设备精度高、灵活高效、稳定安全、扩展性好且节省空间。

在食品加工和包装过程中,双轴运料设备可快速精准地搬运和分拣食品,提升效率和确保质量。结合包装贴标设备,可实现食品的自动化包装和贴标,降低人工成本和操作难度。

基于以上应用场景,根据控制要求设计并绘制双轴运料单元控制系统原理图,根据原理图装接电路,编程调试。

### 2. 双轴运料单元控制系统实训装置

双轴运料单元控制系统实训装置如图 5-2-1 所示。

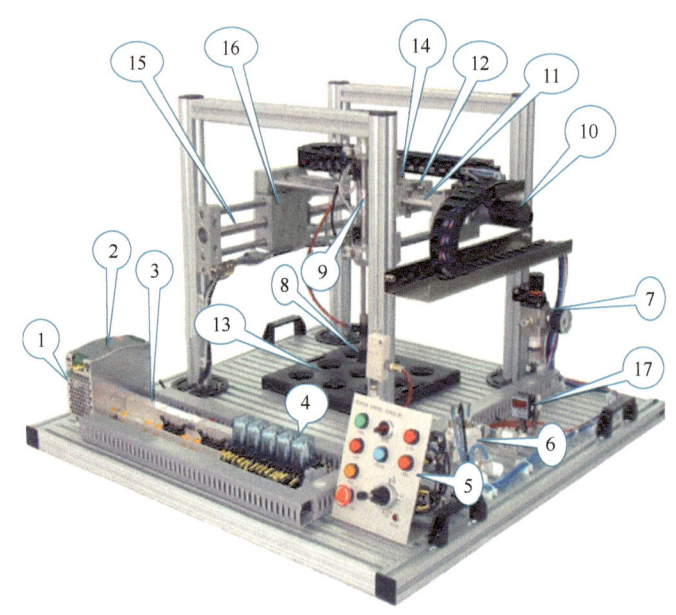

图 5-2-1 双轴运料单元控制系统实训装置

双轴运料单元控制系统实训装置组成如下:
1) 总电源开关:采用断路器控制设备电源通断。
2) 开关电源:将交流 220 V 转换为直流 24 V,供中间继电器、电磁阀等弱电电路使用。
3) 接线端子:实现接线转换。
4) 中间继电器:灵活控制电磁阀、电动机等通断。

本系统使用 OMROM 型号为 MY4NJ/DC24 V 的中间继电器,该中间继电器共有 14 个触头,用于增加外部开关量的触点的数量及容量,能灵敏地对电压变化做出反应。该中间继电器用于接入正反转电路,控制主轴的运动方向。

5）控制盒：控制盒如图 5-2-2 所示，每个元件的作用如下。

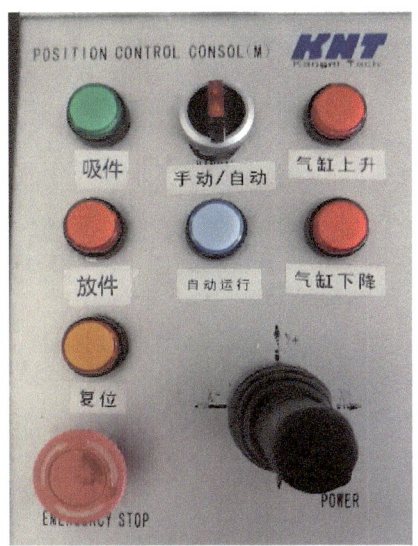

图 5-2-2　控制盒

① 吸件：吸盘吸取。
② 放件：吸盘放开。
③ 复位：气缸回到原点。
④ EMERGENCY STOP：紧急停止。
⑤ 手动/自动：手动（左）/自动（右）切换。
⑥ 自动运行：自动模式下启动按钮。
⑦ 气缸上升：控制气缸的上升。
⑧ 气缸下降：控制气缸的下降。
⑨ X-X+，Y-Y+：丝杠螺母座在 $x$ 轴左行/右行，在 $y$ 轴上行/下行。

6）电磁阀：接入气动回路，控制气动回路的通断。本系统通过两个电磁阀的通断，分别使气缸升降和吸盘吸件/放件。

本任务所采用的电磁阀如图 5-2-3 所示，带手动换向、加锁钮，有锁定（LOCK）和开启（PUSH）两个位置。用小螺丝刀把加锁钮旋转到 LOCK 位置时，手控开关向下凹进去，不能进行手控操作。只有在 PUSH 位置，可用工具向下按，信号为"1"，等同于该侧的电磁信号为"1"；常态时，手控开关的信号为"0"。在进行设备调试时，可以使用手控开关对阀进行控制，从而实现对相应气路的控制，达到调试的目的。

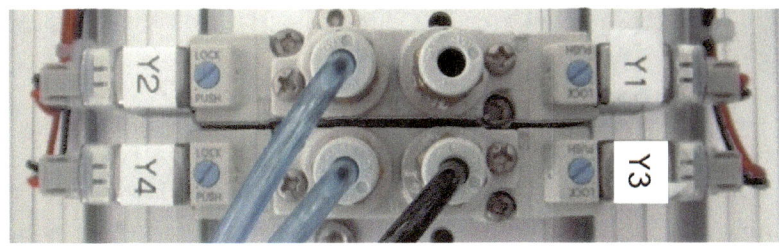

图 5-2-3　电磁阀

7）空气过滤器：气压传动往往使用空气压缩机将空气压缩后存储至专用的存储单元，通常称为气源。空气中难免会有油污、水蒸气等一些杂质在空气压缩的过程中被吸入压缩机当中，混合在气源中。为了设备更好地发挥性能，在气源接入设备之前安装了空气过滤器，以保证较清洁的空气接入设备当中。

8）吸盘：通过空气真空发生器吸出吸盘内的空气，吸住物体配合 $x$、$y$、$z$ 轴移动。

9）$z$ 轴升降气缸：$z$ 轴通过工厂自动化常用的气动双作用气缸和气动真空吸盘来控制取放工件。$z$ 轴方向的运动通过一个双作用气缸来实现。真空吸盘安装在双作用气缸的前端，通过电磁阀来控制气路通断，从而吸取或释放工件。通过电磁阀切换气路控制气缸伸缩，完成 $z$ 轴的升降。

10）$x$ 轴驱动电动机：$x$ 轴移动的动力源，驱动电机为 DC 电动机，通过联轴器与滚珠丝杠相连驱动 $x$ 轴旋转，通过丝杠螺母座驱动 $x$ 轴移动。

11）滚珠丝杠：$x$ 轴移动的传动部件，配合丝杠螺母座完成轴运动。

12）丝杠螺母座：$x$ 轴移动的传动部件，配合丝杠完成轴运动。

13）物品容器：摆放要移动的物品。

14）$y$ 轴驱动电动机：$y$ 轴移动的动力源，驱动电动机为 DC 电动机，通过联轴器与滚珠丝杠相连驱动 $y$ 轴旋转，通过丝杠螺母座驱动 $y$ 轴移动。

15）滚珠丝杠：$y$ 轴移动的传动部件，配合丝杠螺母座完成轴运动。

16）丝杠螺母座：$y$ 轴移动的传动部件，配合丝杠完成轴运动。

17）压力传感器：显示当前负压值。

**3. 双轴运料单元控制系统的主要传感器**

双轴运料单元控制系统的主要传感器分布如图 5-2-4 所示。

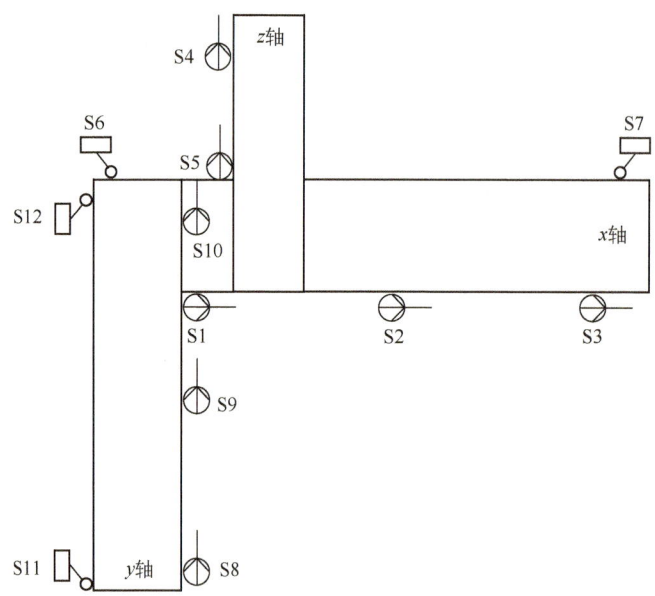

图 5-2-4　双轴运料单元控制系统的主要传感器分布图

1）S1 为 $x$ 轴前位置传感器（磁性开关）。

磁力式接近开关（简称磁性开关）的基本工作原理是：当磁性物质接近传感器时，传感器便会动作，并输出传感器信号。

在 PLC 的自动控制中，可以利用该信号判断 $x$ 轴移动所处的位置。在传感器上设置了 LED 显示，用于显示传感器的信号状态，供调试时使用。传感器动作时，输出信号"1"，LED 亮；传感器不动作时，输出信号"0"，LED 不亮。磁性开关的安装位置可以调整，调整方法是松开磁性开关的紧定螺栓，让磁性开关顺着气缸滑动，到达指定位置后，再旋紧紧定螺栓。

磁性开关有蓝色和棕色两根引出线，使用时，蓝色引出线应连接到 PLC 输入公共端，棕色引出线应连接到 PLC 输入端子。磁性开关的内部电路如图 5-2-5 虚线框内所示，为了防止实训时错误接线而损坏磁性开关，所有磁性开关的棕色引出线都串联了电阻和二极管支路。因此，使用时若引出线极性接反，则该磁性开关不能工作。

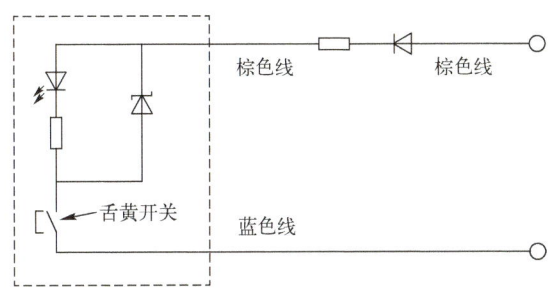

图 5-2-5　磁性开关内部电路

2）S2 为 $x$ 轴中位置传感器（磁性开关）。

3）S3 为 $x$ 轴后位置传感器（磁性开关）。

4）S4 为气缸上传感器（磁性开关）。

若在气缸的活塞（或活塞杆）上安装上磁性物质，在气缸缸筒外面的两端位置各安装一个磁性开关，就可以用这两个传感器分别标识气缸运动的两个极限位置。当气缸的活塞杆运动到一端时，那一端的磁感应式接近开关就动作并发出电信号。

5）S5 为气缸下传感器（磁性开关）。

6）S6 为 $x$ 轴左限位开关。

7）S7 为 $x$ 轴右限位开关。

8）S8 为 $y$ 轴前位置传感器（磁性开关）。

9）S9 为 $y$ 轴中位置传感器（磁性开关）。

10）S10 为 $y$ 轴后位置传感器（磁性开关）。

11）S11 为 $y$ 轴前限位开关。

12）S12 为 $y$ 轴后限位开关。

**4. 双轴运料单元控制系统机械机构**

1）双轴运料单元控制系统关键部件（即丝杠部分）总装图如图 5-2-6 所示。

2）丝杠部分分解解析图如图 5-2-7 所示。

丝杠部分各部件如下：

① 电动机组件。

② 电动机组件固定座。

③ 弹性联轴器（连接电动机轴和丝杠轴）。

④ 前端支撑块。

⑤ 导柱。

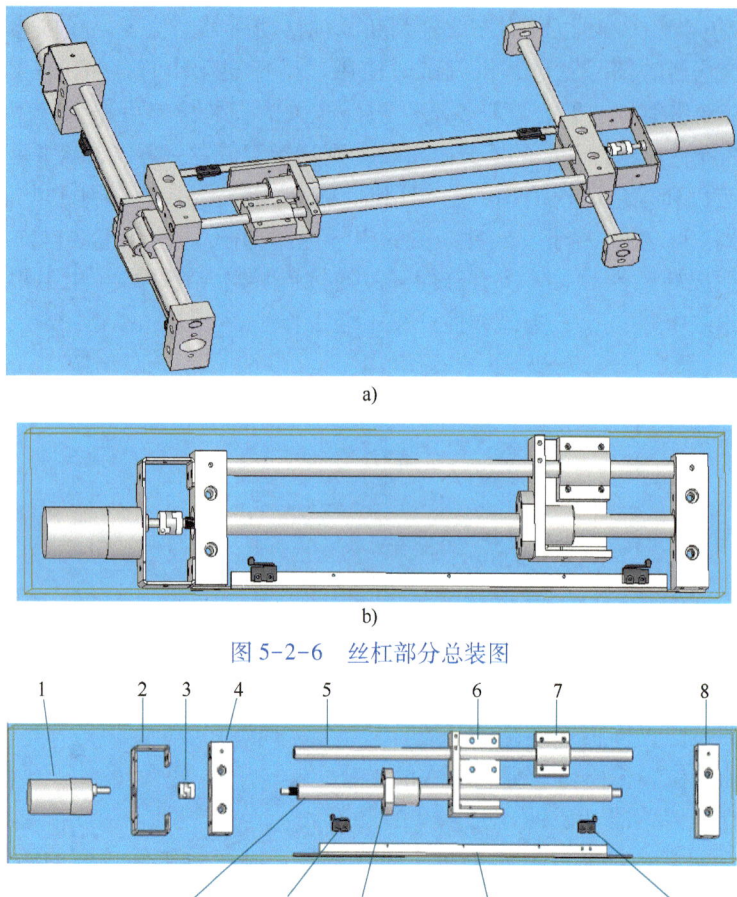

图 5-2-6 丝杠部分总装图

图 5-2-7 丝杠部分分解解析图

⑥ 滑座。
⑦ 箱式轴承。
⑧ 后端支撑块。
⑨ 滚珠丝杠。
⑩ 丝杠螺母座。
⑪ 左限位开关。
⑫ 限位开关固定座。
⑬ 右限位开关。

**5. 控制要求**

双轴控制装置共有 9 个工位，工位号码如图 5-2-8 所示。双轴运料控制分为手动、自动两种模式，具体控制要求如下。

（1）复位

在任何位置按下复位键，将吸盘释放，气缸上升，移动到 1 号工位，等待加工程序开始信号。

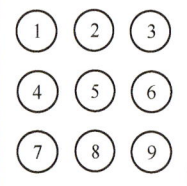

图 5-2-8 工位号码

（2）工作

1）自动模式。将自动/手动切换开关切换到自动状态，$z$ 轴升降气缸将工件从 1 号位搬运至 9 号位，最后回归 1 号工位。

具体工作流程：

1 号工位：气缸下降→吸盘吸件→气缸上升→移至 9 号工位。

9 号工位：气缸下降→吸盘放件→气缸上升→回归 1 号工位，循环以上流程。

2）手动模式。将开关切换到手动状态。

① 按下"气缸下降"→气缸下降。

② 按下"吸件"→吸件。

③ 按下"气缸上升"→气缸上升。

④ 按下"右行/X+"→气缸移至 3 号工位。

⑤ 按下"下行/Y-"→气缸移至 9 号工位。

⑥ 按下"气缸下降"→气缸下降。

⑦ 按下"放件"→放件。

⑧ 按下"气缸上升"→气缸上升。

⑨ 按下"左行/X-"→气缸移至 7 号工位。

⑩ 按下"上行/Y+"→气缸移至 1 号工位。

## 6. 技术条件

本任务的技术条件如下：

1）测试台提供 AC220 V 电源。

2）中间继电器、指示灯：$U_N = DC24\ V$。

3）PLC、开关电源：$U_N = AC220\ V$。

## 7. 评分标准

本任务评分明细见表 5-2-1。

表 5-2-1　任务评分明细

| 序号 | 主要内容 | 考核要求 | 评分标准 | 配分 | 考核要点 |
|---|---|---|---|---|---|
| 1 | 电路设计 | 1）根据提出的电气控制要求，正确绘出电路图<br>2）按所设计的电路图，提出主要材料单、线号统计表 | 1）电路设计出现 1 处错误，扣 5 分<br>2）电路绘制不符合标准，每处扣 1 分<br>3）主要材料单、工具单有误，每处扣 1 分 | 30 | 节能减排：在电路设计和装接过程中，注重节能减排，减少不必要的能耗，提高能源利用效率 |
| 2 | 元件安装 | 1）按图纸的要求，正确使用工具和仪表，熟练地安装电气元器件<br>2）元件在配电板上布置要合理，安装要准确紧固<br>3）按钮固定在板上 | 1）元件布置不整齐、不匀称、不合理，每处扣 1 分<br>2）元件安装不牢固、安装元件错误，每处扣 1 分<br>3）安装时漏装螺钉，每处扣 1 分<br>4）损坏元件或工具，每个扣 2 分 | 10 | |
| 3 | 布线工艺 | 1）要求美观、紧固、无毛刺、节能，导线要放进线槽<br>2）线标标注符合标准<br>3）电源和电动机配线、按钮接线要接到端子排上<br>4）强电回路和弱电回路进行区分 | 1）有导线未放进线槽，每处扣 0.5 分<br>2）线标标注不符合标准，每处扣 0.5 分<br>3）强电回路和弱电回路未进行区分，扣 2 分<br>4）接线不牢固，每处扣 0.5 分<br>5）接点松动、接头露铜过长、反圈、压绝缘层，每处扣 0.5 分<br>6）损伤导线绝缘或线芯，每根扣 0.5 分 | 25 | |

（续）

| 序号 | 主要内容 | 考核要求 | 评分标准 | 配分 | 考核要点 |
|---|---|---|---|---|---|
| 4 | 通电试验 | 在保证人身和设备安全的前提下，要求通电试验一次成功 | 1) 信号灯运行正常，但未按电路图接线，扣2分<br>2) 启动后出现电源短路或烧坏元器件，该项0分<br>3) 一次试验不成功扣10分；二次试验不成功扣20分；三次试验不成功扣30分 | 30 | 安全生产：在试验过程中，严格按照操作规程进行，确保每一步操作都准确无误 |
| 5 | 工具使用/工位整理 | 能够按照电工作业标准正确使用工具与仪器，整理工位 | 使用不规范，根据情况酌情扣分<br>整理不规范，根据情况酌情扣分 | 5 | 规范操作、责任担当：正确使用PLC编程软件、装调工具；完成试验后，对工位进行整理和清洁，确保工作环境整洁有序 |
| 6 | 创新 | 可在轴运动控制策略、系统安全与可靠性方面对双轴运料单元控制系统进行创新。如是否支持点动、连续运动等多种运动模式，以满足不同运料需求；是否加入了过载、碰撞、越界等安全保护机制，确保双轴运料单元的安全运行；当系统出现故障时，是否具备自动诊断、报警和自恢复功能，以减少停机时间 | 每个创新点+5分 | | 创新应用：探索PLC技术的创新应用，提出新颖的解决方案，实现技术创新和工程应用优化 |
| 7 | 安全文明 | 发现有重大事故隐患时，要立即予以制止，并扣安全文明生产分10分；如未经老师允许擅自通电，扣30分；未经允许擅自通电产生安全事故，扣50分 | | | |
| | | 合计 | | 100 | |

注：前6项每项最低为0分，第6项对应附加分（附加分上限为10分），第7项为倒扣分。

### 8. 任务实施

#### （1）分配 I/O 地址

I/O 地址分配见表 5-2-2。

表 5-2-2 输入/输出（I/O）地址分配表

| 输入 | | | 输出 | | |
|---|---|---|---|---|---|
| 输入点 | 输入元件 | 作用 | 输出点 | 输出元件 | 作用 |
| X0 | SA | 手动/自动切换 | Y0 | KA1 | 左行 |
| X1 | SB1 | 复位 | Y1 | KA2 | 右行 |
| X2 | SB2 | 左行按钮 | Y2 | KA3 | 上行 |
| X3 | SB3 | 右行按钮 | Y3 | KA4 | 下行 |
| X4 | SB4 | 上行按钮 | Y4 | 1Y | 气缸上升 |
| X5 | SB5 | 下行按钮 | Y5 | 2Y | 气缸下降 |
| X6 | SB6 | 气缸上升按钮 | Y6 | 3Y | 吸件 |
| X7 | SB7 | 气缸下降按钮 | Y7 | 4Y | 放件 |
| X10 | SB8 | 吸件按钮 | | | |

（续）

| 输 入 | | | 输 出 | | |
|---|---|---|---|---|---|
| 输 入 点 | 输入元件 | 作 用 | 输 出 点 | 输出元件 | 作 用 |
| X11 | SB9 | 放件按钮 | | | |
| X12 | SB10 | 自动运行按钮 | | | |
| X13 | SQ1 | $y$ 轴上极限 | | | |
| X14 | SQ2 | $x$ 轴左极限 | | | |
| X15 | SQ3 | $y$ 轴下极限 | | | |
| X16 | SQ4 | $x$ 轴右极限 | | | |
| X17 | 1B1 | $y$ 轴上传感器 | | | |
| X20 | 2B1 | $x$ 轴左传感器 | | | |
| X21 | 1B2 | $y$ 轴中传感器 | | | |
| X22 | 2B2 | $x$ 轴中传感器 | | | |
| X23 | 1B3 | $y$ 轴下传感器 | | | |
| X24 | 2B3 | $x$ 轴右传感器 | | | |
| X25 | 3B1 | 气缸上限 | | | |
| X26 | 3B2 | 气缸下限 | | | |
| X27 | SP | 压力传感器 | | | |

（2）设计电路原理图

1）主电路。本任务的主电路为直流电动机正反转电路，电路原理图如图 5-2-9 所示。

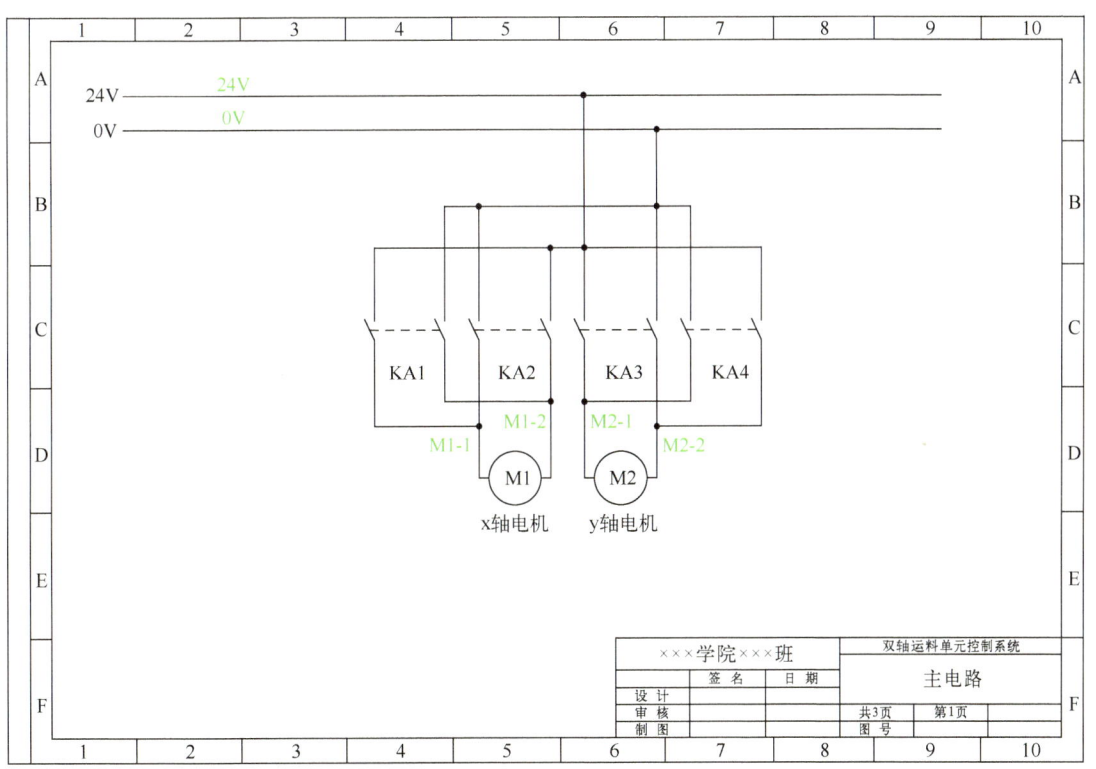

图 5-2-9　主电路原理图

2）电源电路。本任务的电源电路主要为系统中的 PLC 和开关电源提供工作电源，电路原理图如图 5-2-10 所示。

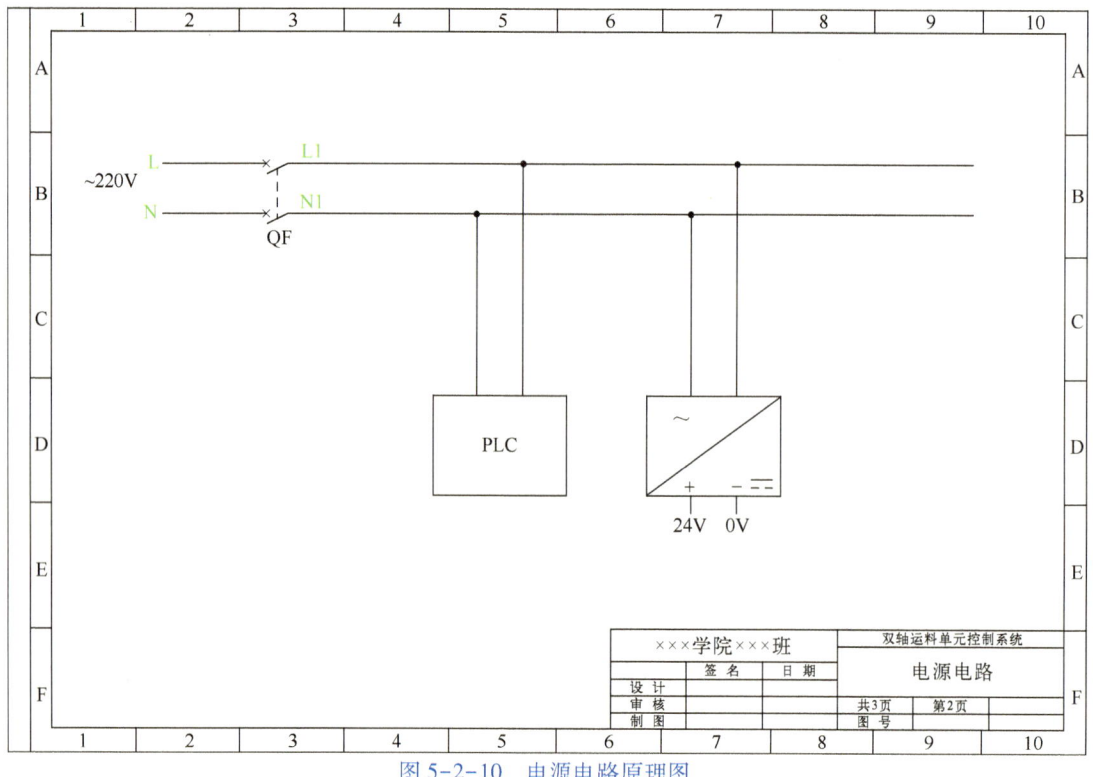

图 5-2-10　电源电路原理图

3）PLC 输入/输出（I/O）电路。本任务选用的 PLC 为 $FX_{3U}$-48MR，其 I/O 电路如图 5-2-11 所示。

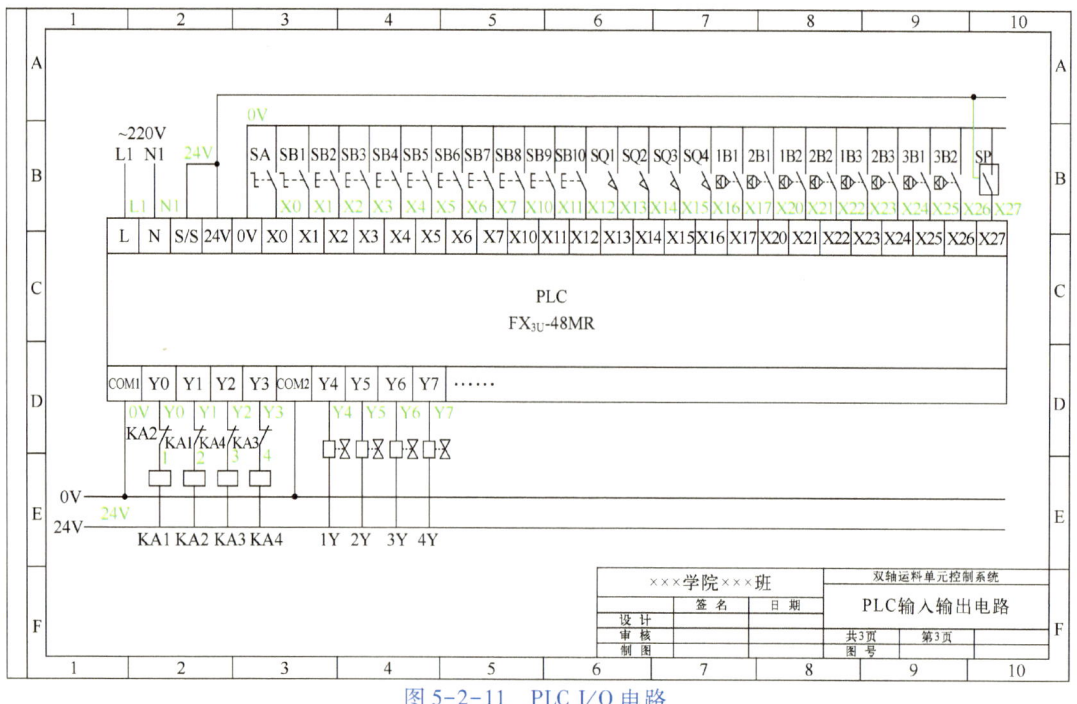

图 5-2-11　PLC I/O 电路

### (3) 设计程序

本任务的参考程序如图 5-2-12 所示。

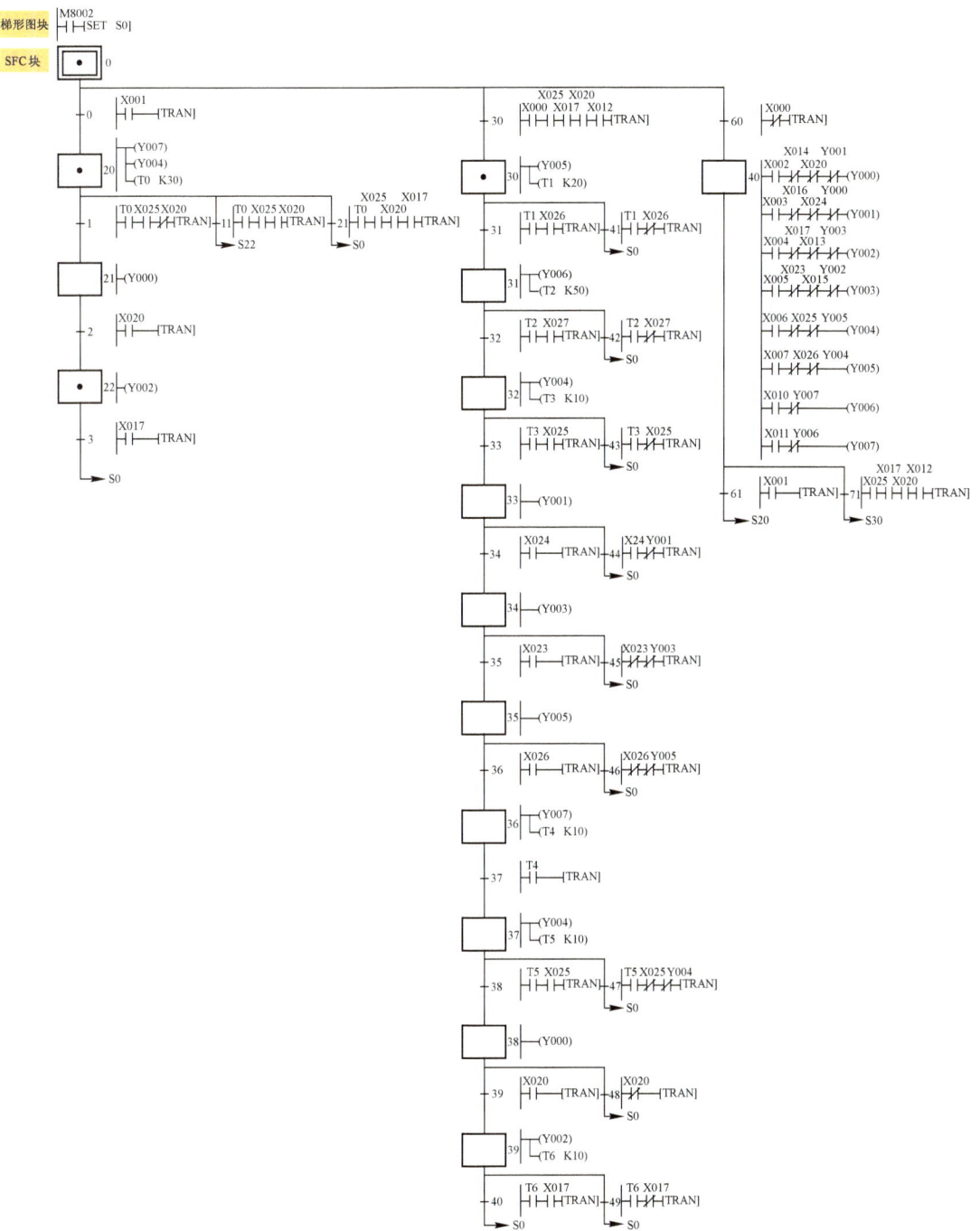

图 5-2-12 双轴运料单元控制系统参考程序

### (4) 统计元器件及线号

1) 列出元器件清单。根据设计的电路原理图汇总任务所需元器件，见表 5-2-3。

表 5-2-3　元器件汇总表

| 序　号 | 元件名称 | 符　号 | 型　号 | 数　量 |
|---|---|---|---|---|
| 1 | 断路器 | QF | DZ47LE-1P+N | 1 |
| 2 | 直流电动机 | M | Z2D30-24A | 2 |
| 3 | 可编程控制器 | PLC | FX$_{3U}$-48MR | 1 |
| 4 | 开关电源 | U | EDR-120-24 | 1 |
| 5 | 转换开关 | SA | NP4-11X/21 | 1 |
| 6 | 按钮 | SB | LAY39B-11BN | 10 |
| 7 | 磁性开关 | B | D-Z73 | 6 |
| 8 | 磁性开关 | B | D-C73 | 2 |
| 9 | 压力传感器 | SP | DP-100 | 1 |
| 10 | 行程开关 | SQ | LXW5-11G | 4 |
| 11 | 中间继电器 | KA | LY4N-J | 4 |
| 12 | 电磁阀 | Y | SY5220-5LZD-01 | 4 |

2）填写线号统计表。根据设计的电路原理图汇总电路导线的线号，见表 5-2-4。

表 5-2-4　线号统计表

| 序号 | 线号名称 | 数量 | 序号 | 线号名称 | 数量 | 序号 | 线号名称 | 数量 |
|---|---|---|---|---|---|---|---|---|
| 1 | 24 V | 28 | 17 | X6 | 2 | 33 | X26 | 2 |
| 2 | 0 V | 60 | 18 | X7 | 2 | 34 | X27 | 2 |
| 3 | M1-1 | 4 | 19 | X10 | 2 | 35 | Y0 | 2 |
| 4 | M1-2 | 4 | 20 | X11 | 2 | 36 | Y1 | 2 |
| 5 | M2-1 | 4 | 21 | X12 | 2 | 37 | Y2 | 2 |
| 6 | M2-2 | 4 | 22 | X13 | 2 | 38 | Y3 | 2 |
| 7 | L | 2 | 23 | X14 | 2 | 39 | Y4 | 2 |
| 8 | N | 2 | 24 | X15 | 2 | 40 | Y5 | 2 |
| 9 | L1 | 4 | 25 | X16 | 2 | 41 | Y6 | 2 |
| 10 | N1 | 4 | 26 | X17 | 2 | 42 | Y7 | 2 |
| 11 | X0 | 2 | 27 | X20 | 2 | 43 | 1 | 2 |
| 12 | X1 | 2 | 28 | X21 | 2 | 44 | 2 | 2 |
| 13 | X2 | 2 | 29 | X22 | 2 | 45 | 3 | 2 |
| 14 | X3 | 2 | 30 | X23 | 2 | 46 | 4 | 2 |
| 15 | X4 | 2 | 31 | X24 | 2 | | | |
| 16 | X5 | 2 | 32 | X25 | 2 | | | |

### （5）装调电路

1）检测元器件。用万用表检测任务所需的所有可检测的元器件。

2）布局元器件。将元器件固定于电路板的导轨上面，按照电气元件布局原则进行布局。

3）装接与调试。根据电路原理图，按照电源电路、主电路、PLC 输入/输出电路的顺序进行装接。前两部分电路每接完一部分进行通电测试，PLC 输入/输出电路先装接，写入程序后进行通电测试。最后进行整机联调。

## 复习与提高

**简答题**

1. 简述磁性开关的工作原理及其与三菱 PLC 的接线方法。
2. 简述压力传感器的工作原理及其与三菱 PLC 的接线方法。
3. 简述电磁阀的工作原理及其与三菱 PLC 的接线方法。

## 5.3 电动机正反转控制系统设计与装调

5.3 电动机正反转控制系统设计与装调

[学习目标]
- 能根据控制要求设计并绘制电动机正反转 PLC 控制系统原理图，根据原理图装接电路并通电试车。

[重点与难点]
- 电动机正反转 PLC 控制系统原理图的设计。

[素养目标]
- 培养创新思维与探索精神：在电动机正反转控制系统设计过程中尝试新的控制策略和优化方法，不断探索和改进控制系统设计。
- 具有质量意识：注重电动机正反转控制系统设计的质量，追求系统的高效、稳定、可靠。

[课前准备]
- 复习 PLC 控制电动机的方法。

### 1. 任务内容

物流系统通常要求运输设备具备自动正反转的功能。如运输线路上的输送带，当物品运达终点时，需要将输送带反向运行，以便将物品返回起点。此时，就可以应用电动机自动正反转技术来实现输送带的快速反向运行，提高工作效率。若输送带有异常情况，则可以在手动模式下进行手动正反转控制。

基于以上应用场景，根据控制要求设计并绘制电动机正反转 PLC 控制系统原理图，根据原理图装接电路，编辑调试。

### 2. 控制要求

电动机正反转控制分为手动、自动两种模式。具体控制要求如下。

1）电路有两个指示灯，手动模式下红灯亮，自动模式下绿灯亮。

2）手动模式。按下正转起动按钮，电动机正转，再按下停止按钮，电动机停止；按下反转起动按钮，电动机反转，再按下停止按钮，电动机停止。手动模式下，不能在正转的时候直接按反转，必须先停止，再反转，反之亦然。

3）自动模式。从手动模式切换过来后，马上开始转动，当触发相应的行程开关后改变方向。没有停止按钮，如果想要停止，则需要切换到手动状态。从手动模式切换自动模式时，电动机必须是停止状态。自动模式下，用行程开关改变电动机运行方向时，中间要用定时器暂停一会儿。

### 3. 技术条件

本任务的技术条件如下：

1）测试台提供 AC36 V/220 V 电源。
2）主电路电源：AC36 V。
3）交流接触器、指示灯：$U_N$ = AC 36 V。
4）PLC、开关电源：$U_N$ = AC 220 V。
5）中间继电器：$U_N$ = DC 24 V。

### 4. 评分标准

本任务评分明细见表 5-3-1。

表 5-3-1 任务评分明细

| 序号 | 主要内容 | 考核要求 | 评分标准 | 配分 | 考核要点 |
|---|---|---|---|---|---|
| 1 | 电路设计 | 1）根据提出的电气控制要求，正确绘出电路图<br>2）按所设计的电路图，提出主要材料单、线号统计表 | 1）电路设计出现1处错误，扣5分<br>2）电路绘制不符合标准，每处扣1分<br>3）主要材料单、工具单有误，每处扣1分 | 30 | 节能减排：在电路设计和装接过程中，注重节能减排，减少不必要的能耗，提高能源利用效率 |
| 2 | 元件安装 | 1）按图纸的要求，正确使用工具和仪表，熟练地安装电气元器件<br>2）元件在配电板上的布置要合理，安装要准确紧固<br>3）按钮固定在板上 | 1）元件布置不整齐、不匀称、不合理，每处扣1分<br>2）元件安装不牢固、安装元件错误，每处扣1分<br>3）安装时漏装螺钉，每处扣1分<br>4）损坏元件或工具，每个扣2分 | 10 | |
| 3 | 布线工艺 | 1）要求美观、紧固、无毛刺、节能、导线要放进线槽<br>2）线标标注符合标准<br>3）电源和电动机配线、按钮接线要接到端子排上<br>4）强电回路和弱电回路进行区分 | 1）有导线未放进线槽，每处扣0.5分<br>2）线标标注不符合标准，每处扣0.5分<br>3）强电回路和弱电回路未进行区分，扣2分<br>4）接线不牢固，每处扣0.5分<br>5）接点松动、接头露铜过长、反圈、压绝缘层，每处扣0.5分<br>6）损伤导线绝缘或线芯，每根扣0.5分 | 25 | |
| 4 | 通电试验 | 在保证人身和设备安全的前提下，要求通电试验一次成功 | 1）信号灯运行正常，但未按电路图接线，扣2分<br>2）起动后出现电源短路或烧坏元器件，该项0分<br>3）一次试验不成功扣10分；二次试验不成功扣20分；三次试验不成功扣30分 | 30 | 安全生产：在试验过程中，严格按照操作规程进行，确保每一步操作都准确无误 |

（续）

| 序号 | 主要内容 | 考核要求 | 评分标准 | 配分 | 考核要点 |
|---|---|---|---|---|---|
| 5 | 工具使用/工位整理 | 能够按照电工作业标准正确使用工具与仪器，整理工位 | 使用不规范，根据情况酌情扣分；整理不规范，根据情况酌情扣分 | 5 | 规范操作、责任担当：正确使用PLC编程软件、装调工具；完成试验后，对工位进行整理和清洁，确保工作环境整洁有序 |
| 6 | 创新 | 可在系统功能、安全保护与故障处理方面进行创新。如是否增加了电动机速度控制、运行时间设定、通过传感器实现自动切换等附加功能，提升系统的实用性；是否设计了电动机过载保护、短路保护等完善的安全保护机制，确保电动机的安全运行；当电动机出现故障时，控制系统是否能快速响应，采取自动停机、报警提示等合适的处理策略 | 每个创新点+5分 |  | 创新应用：探索PLC技术的创新应用，提出新颖的解决方案，实现技术创新和工程应用优化 |
| 7 | 安全文明 | 发现有重大事故隐患时，要立即予以制止，并扣安全文明生产分10分；如未经老师允许擅自通电，扣30分；未经允许擅自通电产生安全事故，扣50分 |  |  |  |
|  |  | 合计 |  | 100 |  |

注：前6项每项最低分为0分，第6项对应附加分（附加分上限为10分），第7项为倒扣分。

### 5. 任务实施

（1）分配 I/O 地址

I/O 地址分配见表 5-3-2。

表 5-3-2 输入/输出（I/O）地址分配表

| 输 入 | | | 输 出 | | |
|---|---|---|---|---|---|
| 输 入 点 | 输 入 元 件 | 作 用 | 输 出 点 | 输 出 元 件 | 作 用 |
| X0 | SA | 手动/自动切换 | Y0 | KA1 | 手动/自动切换 |
| X1 | SQ1 | 自动正转 | Y1 | KA2 | 自动模式下控制正转 KM1 |
| X2 | SQ2 | 自动反转 | Y2 | KA3 | 自动模式下控制反转 KM2 |

（2）设计电路原理图

1）主电路。本任务的主电路为三相电动机正反转电路，电路原理图如图 5-3-1 所示。

2）电源电路

本任务的电源电路主要为系统中的 PLC 和开关电源提供直流 24 V 电源，电路原理图如图 5-3-2 所示。

3）控制电路。本任务的控制电路包含电动机正反转电路的手动和自动两部分，电路原理图如图 5-3-3 所示。

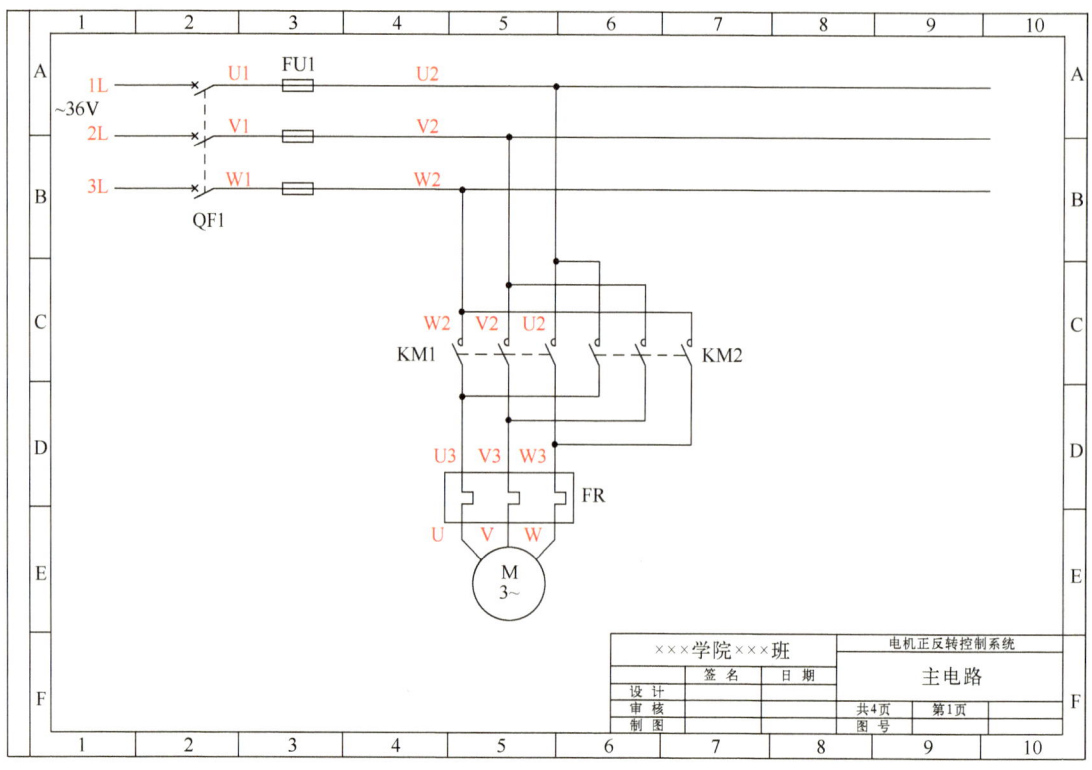

图 5-3-1  主电路原理图

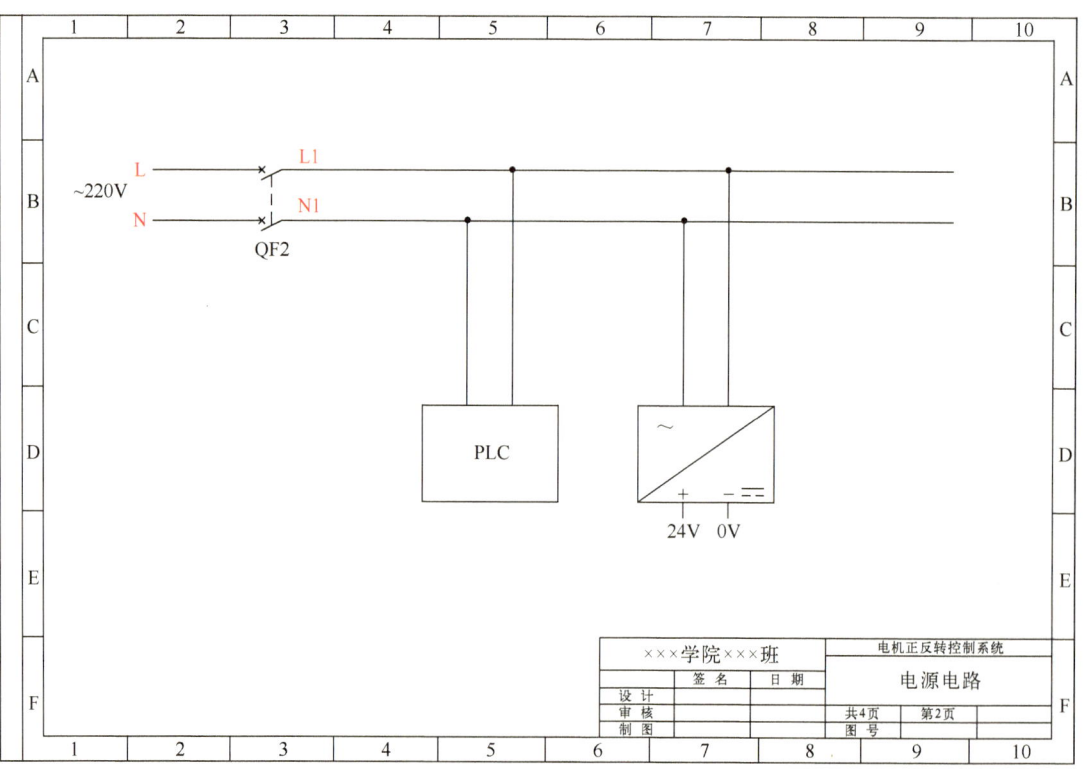

图 5-3-2  电源电路原理图

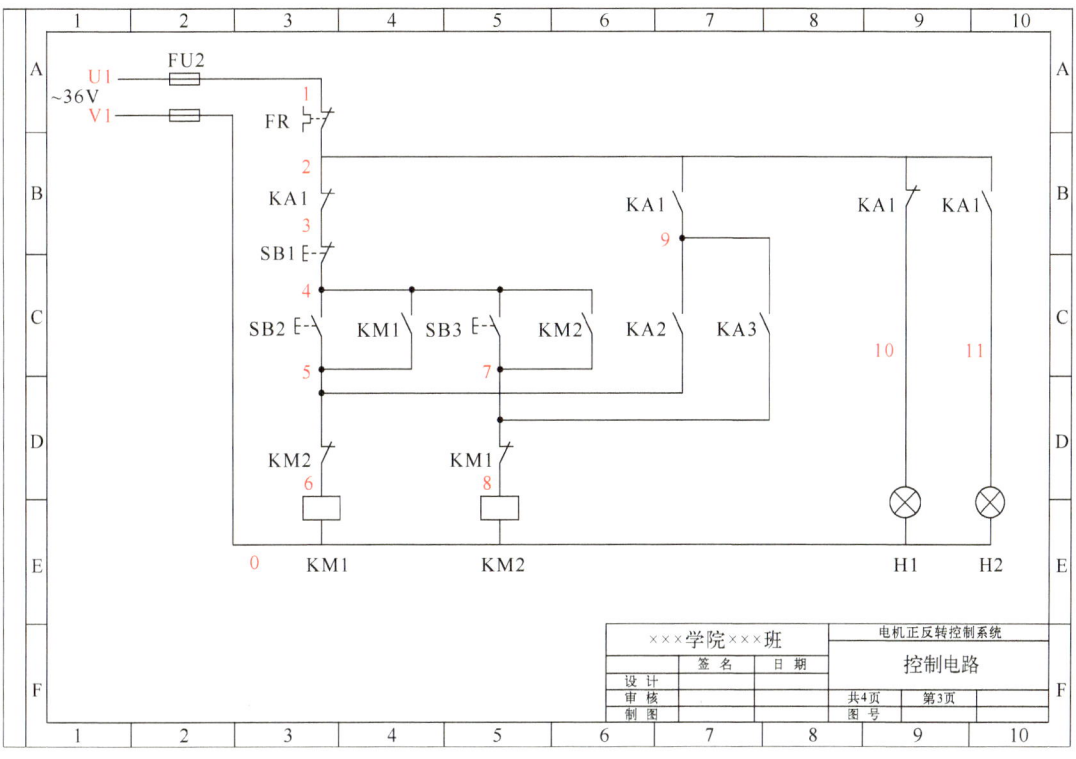

图 5-3-3 控制电路原理图

4）PLC 输入/输出（I/O）电路。本任务选用的 PLC 为 $FX_{3U}-32MR$，其 I/O 电路如图 5-3-4 所示。

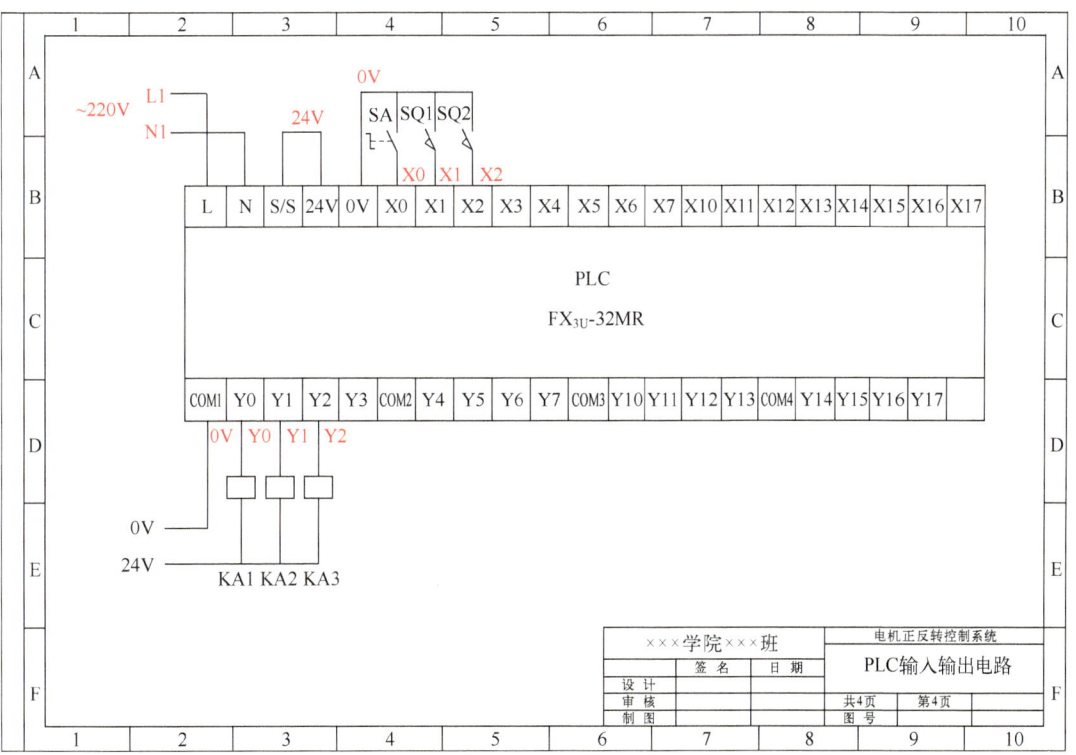

图 5-3-4 PLC I/O 电路

（3）设计程序

本任务的参考程序如图 5-3-5 所示。

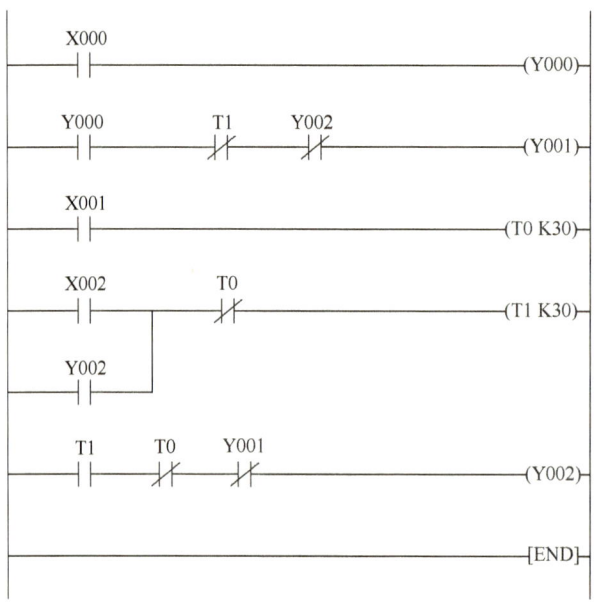

图 5-3-5　电动机正反转控制参考程序

（4）统计元器件及线号

1）列出元器件清单。根据设计的电路原理图汇总任务所需元器件，见表 5-3-3。

表 5-3-3　元器件汇总表

| 序号 | 元件名称 | 符号 | 型号 | 数量 |
| --- | --- | --- | --- | --- |
| 1 | 断路器 | QF | DZ47LE-3P | 1 |
| 2 | 断路器 | QF | DZ47LE-1P+N | 1 |
| 3 | 熔断器 | FU | RT18-32 | 5 |
| 4 | 交流接触器 | KM | CJX2-0910/36 V | 2 |
| 5 | 辅助触头 | KM | CJX2 F4-22 | 2 |
| 6 | 热继电器 | FR | JRS2-63 | 1 |
| 7 | 三相异步电动机 | M | YS5024 | 1 |
| 8 | 可编程控制器 | PLC | FX$_{3U}$-32MR | 1 |
| 9 | 开关电源 | U | EDR-120-24 | 1 |
| 10 | 按钮 | SB | LAY39B-11BN | 1 |
| 11 | 中间继电器 | KA | LY4N-J | 3 |
| 12 | 指示灯 | H | ND16-22DS/2 36 V | 2 |
| 13 | 转换开关 | SA | NP4-11X/21 | 1 |
| 14 | 行程开关 | SQ | YBLX-3/11H | 2 |

2）填写线号统计表。根据设计的电路原理图汇总电路导线的线号，见表5-3-4。

表5-3-4　线号统计表

| 序　号 | 线号名称 | 数　量 | 序　号 | 线号名称 | 数　量 | 序　号 | 线号名称 | 数　量 |
|---|---|---|---|---|---|---|---|---|
| 1 | 1 L | 2 | 14 | V | 2 | 27 | 7 | 6 |
| 2 | 2 L | 2 | 15 | W | 2 | 28 | 8 | 2 |
| 3 | 3 L | 2 | 16 | L | 2 | 29 | 9 | 4 |
| 4 | U1 | 4 | 17 | N | 2 | 30 | 10 | 2 |
| 5 | V1 | 4 | 18 | L1 | 6 | 31 | 11 | 2 |
| 6 | W1 | 2 | 19 | N1 | 6 | 32 | 0 V | 8 |
| 7 | U2 | 4 | 20 | 0 | 8 | 33 | 24 V | 8 |
| 8 | V2 | 4 | 21 | 1 | 2 | 34 | X0 | 2 |
| 9 | W2 | 4 | 22 | 2 | 8 | 35 | X1 | 2 |
| 10 | U3 | 4 | 23 | 3 | 2 | 36 | X2 | 2 |
| 11 | V3 | 4 | 24 | 4 | 8 | 37 | Y0 | 2 |
| 12 | W3 | 4 | 25 | 5 | 6 | 38 | Y1 | 2 |
| 13 | U | 2 | 26 | 6 | 2 | 39 | Y2 | 2 |

（5）装调电路

1）检测元器件。用万用表检测任务所需的所有可检测的元器件。

2）布局元器件。将元器件固定于电路板的导轨上面，按照电气元件布局原则进行布局。

3）装接与调试。根据电路原理图，按照主电路、控制电路手动部分、电源电路、PLC输入/输出电路、控制电路自动部分的顺序进行装接。前三部分电路每接完一部分进行通电测试，后两部分电路先装接，写入程序后进行通电测试。最后进行整机联调。

 复习与提高

### 设计题

项目名称：自动循环送料车的PLC控制

结合交流接触器（$U_N = 220$ V）、中间继电器（$U_N = DC24$ V）、按钮、转换开关（代替限位开关）、信号灯（$U_N = DC24$ V）等低压电器，用三菱PLC实现自动循环送料车的控制，要求如下：

1）自动循环送料车由三相交流异步电动机拖动，直接启动。正转为向右行驶，反转为向左行驶。

2）按下启动按钮SB1，送料车向右行驶，红灯亮起。

3）遇到右限位开关，送料车向左行驶，绿灯亮起。

4）遇到左限位开关，送料车向右行驶，红灯再次亮起。

5）按下停止按钮 SB2，送料车停止运行，灯熄灭。

计算机、PLC 实训装置及仪表参考清单见表 5-3-5。

表 5-3-5　计算机、PLC 实训装置及仪表参考清单

| 序号 | 名称 | | 型号与规格/功能特点 | 单位 | 数量 |
| --- | --- | --- | --- | --- | --- |
| 1 | 计算机 | | 装有 FXTRN 仿真软件和 GX Works2 编程软件 | 台 | 1 |
| 2 | PLC 实训装置 | 断路器 | DZ47LE-32/1P | 个 | 1 |
| | | 开关电源 | 明纬 24 V/5 A | 个 | 1 |
| | | PLC | $FX_{3U}$-16MR | 个 | 1 |
| | | 交流接触器 | CJX2-0910/AC 220 V | 个 | 3 |
| | | 中间继电器 | NXJ-2Z/DC24 V | 个 | 3 |
| | | 热继电器 | JRS2-63F | 个 | 1 |
| | | 指示灯 | $U_N$ = DC24 V | 个 | 5 |
| | | 按钮 | LA38-11BN | 个 | 4 |
| | | 转换开关 | LAY37 | 个 | 4 |
| | | 急停开关 | LA38-11ZS | 个 | 1 |
| | | 三相异步电动机 | YS502/380 V | 个 | 1 |
| 3 | PLC 通信线 | | Mini USB 数据线 | 根 | 1 |
| 4 | 万用表 | | UT30B | 个 | 1 |

## 素养小栏目

**推陈出新、团结协作：PLC 综合应用中的创新与协作**

在实施 PLC 综合应用任务时，不仅要关注技术的实现，更要注重团队的合作与创新。推陈出新、团结协作是确保任务成功实施的关键。

**1. 提升全面、系统思考的能力**

在 PLC 综合应用任务中，面临的是复杂的工业自动化场景。为了找到最佳的解决方案，PLC 编程者需要具备全面、系统思考的能力。从整个任务的角度出发，考虑各个部分之间的关联和影响，确保整体方案的协调性和一致性。同时可将任务分解为多个子系统，分析每个子系统的功能和需求，再将其整合到整体方案中。

**2. 培养创新意识**

在工业自动化领域，技术的创新是推动行业发展的关键。作为 PLC 编程者，需要具备创新意识，勇于尝试新的方法和技术。在任务实施过程中，鼓励团队成员提出新的想法和解决方案，为创新提供土壤和空间。同时将创新思维转化为实际行动，通过实践验证其可行性和效果。

### 3. 强化小组成员的沟通与合作能力

PLC 综合应用任务的成功实施离不开团队的协作。为了强化小组成员的沟通与合作能力，不仅需要明确分工与责任，确保每个团队成员都清楚自己的职责和任务，避免工作重复和冲突，还要建立沟通机制，定期召开项目会议，分享进展、讨论问题、协调资源，以确保信息的畅通和高效沟通。

总之，在 PLC 综合应用任务中，"推陈出新、团结协作"是取得成功的关键。提升全面、系统思考的能力和创新意识，培养耐心钻研、勤奋的做事态度，以及强化小组成员的沟通与合作能力，将能够应对各种挑战，顺利实施任务并达成目标。

# 参 考 文 献

[1] 侍寿永，史宜巧. FX$_{3U}$系列 PLC 技术及应用［M］. 北京：机械工业出版社，2021.
[2] 王烈准. 三菱 FX$_{3U}$系列 PLC 应用技术项目教程［M］. 北京：机械工业出版社，2021.
[3] 廖常初. PLC 基础及应用［M］. 4 版. 北京：机械工业出版社，2019.
[4] 伦洪山，王晓明，周诚计. PLC 技术基础及应用［M］. 北京：电子工业出版社，2022.
[5] 王阿根，等. 三菱可编程控制器原理及设计［M］. 北京：清华大学出版社，2020.
[6] 汤自春. PLC 原理及应用技术［M］. 4 版. 北京：高等教育出版社，2022.
[7] 高月宁，曹拓. PLC 技术及应用［M］. 北京：高等教育出版社，2018.
[8] 黄中玉. PLC 应用技术［M］. 2 版. 北京：人民邮电出版社，2018.
[9] 温贻芳，李洪群，王月芹. PLC 应用与实践：三菱［M］. 北京：高等教育出版社，2017.
[10] 无锡信捷电气股份有限公司. 可编程控制器系统应用编程职业技能等级标准［S］. 2021.
[11] 浙江瑞亚能源科技有限公司. 可编程控制系统集成及应用职业技能等级标准［S］. 2021.
[12] 三菱电机自动化（中国）有限公司. FX3 系列微型可编程控制器编程手册：基本·应用指令说明书［Z］. 2016.
[13] 三菱电机自动化（中国）有限公司. FX3 系列微型可编程控制器编程手册：通信篇［Z］. 2016.
[14] 三菱电机自动化（中国）有限公司. GX Works2 Version1 操作手册公共篇［Z］. 2016.